NOTES

SUR

L'ILE DE LA RÉUNION

(BOURBON)

PUBLICATIONS DU MÊME AUTEUR

CHEZ LANÉE, ÉDITEUR, RUE DE LA PAIX, 8

N° 1. **Carte de l'Ile de la Réunion,** au 1/150,000ᵐᵉ, noire ou coloriée. 6 fr.

N° 2. **Petite Carte** à cinq couleurs........................... 3 »

N° 3. **La même,** repoussée en relief........................... 30 »

N° 4. **Relief grand modèle,** avec double cadre................... 75 »

N° 5. **Le même,** colorié.. 90 »

N° 6. **Le même,** en bronze...................................... 90 »

N° 7. **Relief petit modèle,** cadre et boîte d'emballage........... 18 »

N° 8. **Le même,** colorié.. 24 »

N° 9. **Le même,** en bronze...................................... 45 »

Le coloris des Cartes et Reliefs est, au choix, Géographique, Géologique ou Agricole.

(5518) Saint-Cloud. — Imp. Vᵉ Belin.

NOTES

SUR

L'ILE DE LA RÉUNION

(BOURBON)

PAR

L. MAILLARD

CHEVALIER DE LA LÉGION D'HONNEUR, INGÉNIEUR COLONIAL EN RETRAITE,
EX-MEMBRE DU JURY PERMANENT DES EXPOSITIONS, DU COMITÉ D'ADMINISTRATION DU MUSEUM D'HISTOIRE NATURELLE
ET DE LA SOCIÉTÉ DES SCIENCES ET ARTS DE L'ILE DE LA RÉUNION, MEMBRE DE LA SOCIÉTÉ MÉTÉOROLOGIQUE
DE FRANCE.

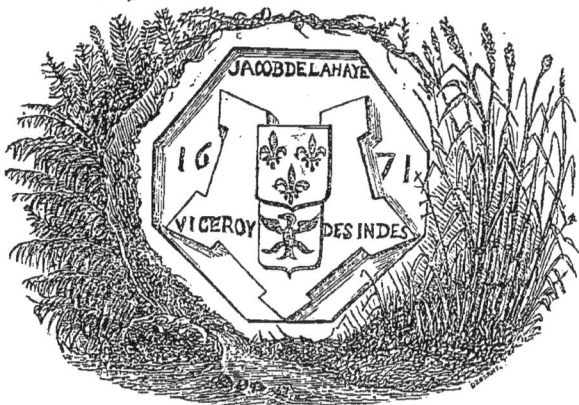

PARIS

DENTU, ÉDITEUR

PALAIS-ROYAL, GALERIE D'ORLÉANS, 13

——

1862

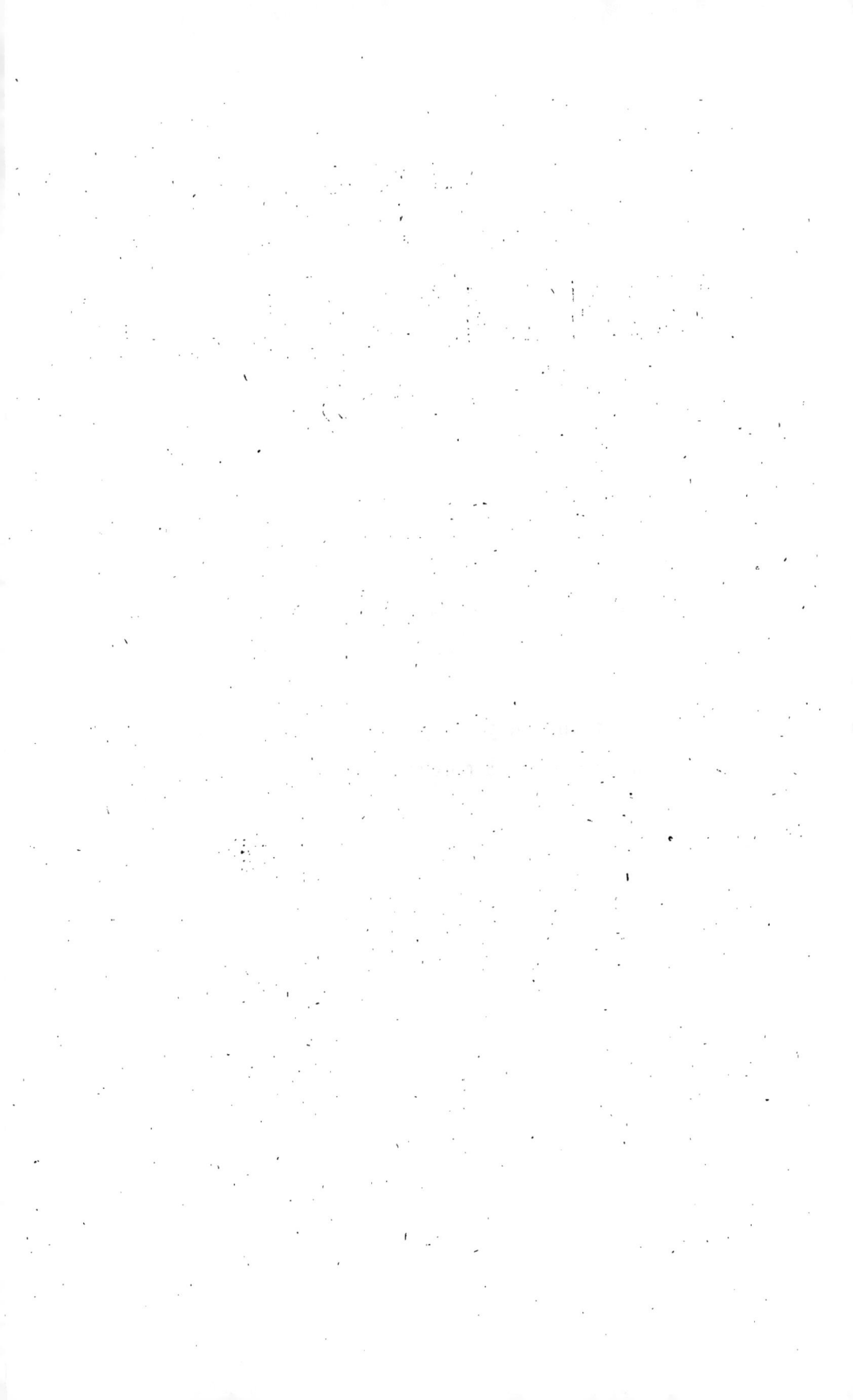

A MADAME GEORGE SAND

MADAME,

Vous m'écriviez il y a quelques années : « PEUT-ÊTRE SEREZ-VOUS
» TENTÉ PLUS TARD, A VOTRE RETOUR, DE FAIRE UN OUVRAGE COMPLET SUR
» CETTE BELLE COLONIE, OU VOUS ALLEZ LAISSER TANT D'UTILES TRAVAUX ET
» DE BONS SOUVENIRS. »

Sans avoir fait un ouvrage complet, j'ai réuni quelques notes, qui,
je l'espère, pourront servir à ceux qui voudront écrire sur Bourbon.
Permettez-moi, Madame, de les offrir à celle qui m'a donné la première
pensée de leur publication.

Votre bien affectionné,

L. MAILLARD.

22 Janvier 1862.

ABRÉVIATIONS

M...... *Moniteur* de la Réunion.

L...... *Legras*, Notes manuscrites.

P....... *Pajot*, Notes et Revues coloniales.

An..... *Annuaires* de la colonie.

Ar..... *Archives* de la colonie.

N...... *De Nanteuil*, Législation de l'île Bourbon.

V...... *Voïart*, Histoire de la colonie.

Az..... *G. Azema*, Histoire de la colonie.

Al..... *Album* de la Réunion.

Div.... *Divers* ouvrages consultés.

Db..... *Dubois*, Voyage à Bourbon.

Tr..... *Très-rare.*

R...... *Rare.*

Pa..... *Peu abondant.*

A...... *Abondant.*

Ta..... *Très-abondant.*

INTRODUCTION

L'auteur de cet ouvrage vient de quitter l'Ile de la Réunion, qu'il a habitée pendant plus de vingt-cinq ans. Dans ce laps de temps, les travaux dont il a été chargé, les études topographiques auxquelles il s'est livré, le grand nombre de commissions et de jurys dont il a fait partie ; enfin, les nombreuses et amicales relations qu'il a entretenues avec presque tous ceux qui, dans ce pays, se sont occupés ou s'occupent de sciences et d'arts, l'ont mis naturellement en position de recueillir et de rédiger une foule de notes qu'il croit utile de coordonner et de publier.

Quelques-uns de ces documents ont déjà été imprimés dans des recueils spéciaux : l'auteur les indiquera avec soin ; plusieurs ont été mis à la disposition de ses amis, qui y ont trouvé des renseignements utiles ; enfin, quelques autres ont été pris dans des travaux et rapports faits par diverses personnes : il en indiquera alors la provenance avec plus de soin encore. Une note bibliographique fera aussi connaître tous les ouvrages qu'il a consultés : heureux si ce travail sert à faire mieux apprécier l'importance et les besoins de la plus belle et de la plus riche de toutes les colonies françaises.

Dans les sources où il a puisé, l'auteur a eu le regret de ne trouver nulle part les noms de MM. Delanux, Gilbert, Selhausen, Lislet Geoffroy, Dayot père, Desmolières, Auguste Vinson père, Beaumont, Mézières Lépervanche, de la Serve et autres, dans les papiers desquels certains administrateurs et certains voyageurs ont trouvé les éléments des ouvrages et cartes qu'ils ont publiés, non-seulement sans citer aucun nom, mais même sans laisser soupçonner qu'ils aient eu des collaborateurs. Il est pourtant évident qu'ils n'ont pu, en quelques mois ou en une année, recueillir eux-mêmes des renseignements sérieux sur toutes les choses dont ils ont parlé.

Observateur consciencieux et collecteur zélé, mais manquant des connaissances scientifiques nécessaires, l'auteur a demandé aux hommes de science la classification de ses collections et de ses notes. Il donnera à *chaque article* les noms de ceux qui auront bien voulu l'aider de leur concours, et se plaît à reconnaître que c'est grâce à leur bienveillance, que ses vingt-cinq ans d'observations ou d'études ne sont pas perdus pour le pays auquel il a consacré les plus belles années de sa vie, et qui en échange lui a rendu tout ce qu'il pouvait désirer en bon accueil et en considération.

D'autres ont été à Bourbon chercher la fortune ; pour lui, il se contente et se trouve plus heureux de son lot.

L'auteur n'a cru devoir tirer aucune conclusion des chiffres et des faits qu'il produit ; il n'a voulu que réunir des matériaux en plus grand nombre possible, se considérant comme suffisamment rétribué de ses peines, si les hommes sérieux daignent chercher quelquefois dans ce volume les éléments de leurs travaux. Il lui a semblé surtout qu'il était bon de placer en ce moment un repère, un point de comparaison pour l'avenir ; car, on ne peut se le dissimuler, Bourbon est destiné à une transformation très-prochaine, par suite de la liberté de commerce qui vient d'être concédée aux colonies, et du percement de l'Isthme de Suez, dont l'ouverture modifiera si complétement la navigation de la mer des Indes. Peut-être aussi que nos neveux se demanderont un jour les causes ou les mobiles qui ont fait agir leurs pères ou entravé leur volonté. L'auteur espère qu'ils trouveront ici les éléments de leurs recherches ; c'est pourquoi il a, contrairement à l'usage de tous ceux qui jusqu'à ce jour ont écrit sur Bourbon, cru devoir ne s'arrêter qu'à l'année courante, sa position lui laissant toute l'indépendance nécessaire pour parler des faits les plus récents avec autant de liberté qu'il traitera ceux qui remontent à la naissance de la colonie. Il déclare encore avoir fait bon marché des traditions

locales, dont il a eu trop souvent l'occasion de constater l'inexactitude. Il peut citer à ce sujet ce qui a été dit du passage des commissaires du directoire exécutif, *Baco* et *Burnel*, sur la rade de Saint-
Denis (1796), fait qui n'a jamais eu lieu. Il pourrait citer encore les
renseignements qui lui ont été fournis sur l'âge de *Lislet Geoffroy*, renseignements qui ont entravé longtemps la réussite des
recherches dont il n'a dû le résultat qu'à la note contenue dans les
œuvres d'Arago.

Qui se douterait que l'histoire de l'île de la Réunion, connue
seulement depuis les temps modernes, commence par une lacune
qui ne sera probablement jamais comblée? Ainsi M. Agassiz peut
nous dire qu'il y a quelques dix mille ans que l'homme est sur la
terre, et il sera peut-être donné à lui ou à un autre de prouver le
fait ainsi avancé, tandis que nul ne saura jamais ce qui se passait ou
qui passait sur la terre de Bourbon, il y a 350 ou 400 ans. Pourtant,
quand on lit les ouvrages de M. le capitaine de vaisseau Guillain,
sur la côte d'Afrique et sur l'Ile de Madagascar, on est conduit à
supposer que les Arabes, qui connaissaient cette portion des mers
de l'Inde, devaient avoir rencontré les îles Mascareignes, lorsqu'ils
ont été détournés de leur route ordinaire, soit par des ouragans, soit
par toute autre cause. Dans ce cas, les Portugais qui doublaient le
cap de Bonne-Espérance en 1486 ; qui, sous les ordres de Vasco de
Gama, passaient en 1497 à Mozambique (ville déjà puissante), et
allaient jusque dans l'Inde, ont pu entendre parler par les Arabes, de
Bourbon, de Maurice ou de Rodrigues.

Quoi qu'il en soit, le cardinal Saraïva, dans l'Index qu'il a publié
en 1841, puis en 1848, et dont les éléments ont été pris dans les
archives du Portugal, sa patrie, dit que don Pedro de Mascarenhas
découvrit en 1513 les îles qui prirent plus tard son nom. Si ce fait
est vrai, il explique suffisamment pourquoi les trois îles citées ci-
dessus sont tracées assez exactement sur une carte portugaise datée
de 1527, et sur laquelle Bourbon porte le nom de *Sainte-Appollonia*
(voir aussi notre pl. VII, carte italienne du XVIe siècle).

Ce gracieux nom ne devait pas rester à notre belle colonie. Vers
et après 1545, on la nomma *Mascareigne*. En 1613, les Anglais, qui la
visitèrent en mars, l'appelèrent *forêt d'Angleterre*. En 1649, de

Flacourt lui donna le nom de *Bourbon,* que la République changea en celui de *Réunion ;* puis ses habitants, après avoir demandé et obtenu l'autorisation de lui donner le nom d'*île Bonaparte,* refusèrent, aux cent jours, de lui rendre ce nom que les Anglais avaient déjà remplacé par celui de *Bourbon.* Elle garda donc cette ancienne dénomination jusqu'à la révolution de 1848, époque à laquelle elle fut encore changée. Le nom officiel actuel est redevenu celui d'*Ile de la Réunion.*

Legouat, qui voulait aller à Bourbon en 1691, à bord d'un navire hollandais, qui le déposa, lui et ses compagnons, sur l'île Rodrigues, appelle notre colonie *Eden,* nom que lui donnent quelques auteurs de l'époque. Le nom de Mascareignes a eu aussi quelques variantes, entre autres, *Mascarin* et *Mascarenhas.*

En plus de tous les noms que nous venons de passer en revue, nous voyons que *Dubois,* qui vint à Bourbon en août 1669, et qui y séjourna, la nomme encore *Mascarenne.* Il trouva l'île couverte de forêts magnifiques, et nous dit *que l'air y est des meilleurs qu'il y ait sous le ciel,* que l'eau des rivières et étangs est remplie de poissons et d'anguilles monstrueuses, et que le gibier y abonde. Outre les cabris et les cochons déposés autrefois par les Portugais et les Anglais, les bœufs apportés par les Français, il y a, dit-il, des *flamands,* des *oies sauvages à bec rouge,* des petits *canards* de rivière, des *butors* vivant de poissons, des poules d'eau, des aigrettes blanches et grises et des *cormorans.*

Les oiseaux de terre sont : le *solitaire (comme une grosse oie)* blanc, avec noir à l'extrémité des ailes et de la queue, où il y a des plumes pareilles à celles de l'autruche, col long, bec de bécasse, mais plus gros, pieds de poule d'Inde : se prennent à la course et volent peu. C'est un des meilleurs gibiers de l'île.

Les oiseaux bleus, gros comme les précédents, *avec bec et pieds rouges, faits comme pieds de poules ,* ne volant pas, mais courant très-vite.

On trouve aussi en abondance des pigeons sauvages, ramiers, tourterelles, petites perdrix, bécasses, râles, huppes, merles, grives, perroquets gris et d'autres couleurs, papangues, pieds jaunes, émerillons, petits oiseaux rouges, etc., etc.

Il y a aussi beaucoup de tortues de terre et de mer, et des chauves-souris grosses comme des petits chats.

Les pays habités, dit-il encore, sont : Sainte-Suzanne où séjournent environ cent blancs et noirs (c'est le pays le plus peuplé de l'île) ; Saint-Denis, qui est aussi habité et où le gouverneur fait sa principale résidence ; Saint-Paul, où il y a trois Français et une habitation pour le roi (le commandant et les habitants y ont longtemps séjourné) ; enfin, Saint-Gilles, où il y a quelques habitants. *Il y a de quoi habiter dans l'île plus de dix mille personnes.*

On recueille dans cette île : riz, blé de Turquie, fèves du Brésil, antacques, haricots, voèmes, amberics, ouvys foutchis, cambarres, songes, oumimes, bananes et figues d'Adam, ananas, acajous, citrons doux et aigres, oranges, vangasecs, limons, orge et avoine. On a commencé à y cultiver le blé.

Outre ces fruits, il y en a de sauvages qui sont bons.

La vigne y vient bien ; on l'a plantée depuis peu. Les cannes à sucre y viennent très-bien ; on y pourrait faire des sucreries. On fait du vin de canne qui vaut le cidre ; le tabac y est assez bon ; l'indigo y vient de lui-même.

Après une très-longue liste de légumes, l'auteur ajoute : Tous les plantages et fruits ci-dessus y ont été apportés par les Français ; il y a cinq ans que l'on porta les mouches à miel dans l'île : elles ont tellement multiplié, que l'on trouve à présent du miel dans les bois quand on en veut.

Il y a des poules, et il commence à y avoir des poulets d'Inde. Sauf de petits scorpions, il n'y a aucun reptile ni bête venimeuse. On y trouve aussi des lézards. Quant aux chats, ils n'y ont que faire ; il n'y a ni rats ni souris.

Sauf les oies et les flamands, qu'il faut tuer au fusil, on peut avoir toutes espèces d'oiseaux à coups de gaule. On prend les cochons et les cabris sauvages avec des chiens qui les arrêtent ; mais les cochons tuent quelquefois les chiens.

L'astronome *Legentil*, qui passa à Bourbon, en parle ainsi dans son Voyage publié en 1781 :

« Je n'exagère pas en assurant qu'une personne qui évite toute » sorte d'excès dans cette île fortunée, peut à coup sûr calculer la

» durée de sa vie; » puis il ajoute plus loin : « Je n'ai pas vu d'en-
» droit où l'affabilité, l'aménité dans la société et l'hospitalité fus-
» sent plus grandes qu'à Bourbon, et où les mœurs fussent plus
» douces. »

Si l'on se reporte aux extraits de l'ouvrage de *Dubois*, on verra
en lisant les notes suivantes, que bien des espèces du règne animal
ont dû être détruites en même temps que les forêts basses de l'île, et
que bon nombre d'autres plantes et. animaux ont été introduits,
volontairement ou accidentellement. Quant à l'aménité et à l'hospitalité créoles, bien qu'elles ne soient plus ce qu'elles étaient du
temps de *Legentil*, et ce, par suite de l'abus qu'en ont fait ceux qui
sont les premiers à s'en plaindre, et malgré le dire de certains voyageurs modernes qui auraient voulu traiter la colonie presque en
pays conquis, l'auteur de ces notes déclare qu'il a eu trop d'occasions de s'assurer de l'affabilité et de l'hospitalité des colons, pour
ne pas protester contre les boutades de ceux qui prétendent n'en
avoir plus trouvé de traces, calomniant ainsi, et souvent plus grave-
ment encore, ceux chez qui il les a vus recevoir l'accueil le plus
gracieux.

L'auteur parlera peu de l'esclavage, institution éteinte; il doit cependant faire connaître qu'à quelques exceptions près, les noirs
avaient à Bourbon l'existence la plus heureuse possible dans cette
position antisociale que la révolution de 1848 a eu le mérite de
faire disparaître du sol français. Certes, presque tous les créoles ont
résisté tant qu'ils ont pu à l'abolition de l'esclavage, qui devait apporter de si grandes perturbations dans leur existence; mais à peu
près tous reconnaissent actuellement que leur pays n'a eu qu'à ga-
gner à cette mesure, et que les fortunes qui y sont maintenant assises sur les terres et sur les capitaux, ont une stabilité qu'elles
n'avaient pas avant l'émancipation des esclaves; et nuls ne peuvent
contester que la richesse du pays ne soit considérablement augmentée depuis l'introduction du travail libre.

Viennent les résultats de l'éducation et de l'instruction qui se
donnent maintenant à tous, et la fusion des classes, plus avancée à
Bourbon que partout ailleurs, sera bientôt complète.

L'auteur, en terminant cette introduction, prie ceux qui l'ont aidé dans son œuvre de vouloir bien accueillir ses sincères remercîments ; il ne lui est pas possible de citer ici tous les noms, mais il ne peut passer sous silence celui de M. *P. Legras*, qui non-seulement a mis ses notes historiques à sa disposition, mais qui l'a aussi aidé de ses conseils, en lui indiquant les sources principales où il aurait à puiser.

NOTES CHRONOLOGIQUES

1513.

Un auteur portugais (Index des découvertes des navigateurs) dit que c'est à cette époque que Pedro de Mascarenhas découvrit les îles qui portent son nom.

1527.

À cette date, il a été dressé une carte portugaise dite de Weimar, sur laquelle figure Bourbon, Rodrigues, et aussi Maurice avec ses trois îlots.

Bourbon y porte le nom de Sainte-Appollonia. (Voir aussi la carte dont nous donnons un extrait, pl. VII.)

1545.

Époque donnée par plusieurs auteurs comme date du passage à Sainte-Appollonia du navigateur portugais Mascarenhas; c'est depuis que cette île fut généralement nommée île Mascareigne.

Les Portugais y déposèrent des chèvres et des cochons. (*Div.*)

1598.

Les Hollandais n'ont jamais séjourné à Bourbon; ils y sont passés seulement vers cette époque, pendant qu'ils occupaient l'île Maurice. (*Div.*)

1613, 24 mars.

La Perle, navire monté par des Anglais, relâche à Bourbon; ils la nomment *forest d'Angleterre ;* ils en repartent le 1ᵉʳ avril.

1638.

François Cauche relâche à l'île Mascarenhas, avec le navire *le Saint-Alexis,* commandé par le capitaine Gaubert, qui la trouve inhabitée et y arbore les armes de France. (*Div.*)

1642, 24 juin.

Concession, pour dix années, faite à la compagnie française de Lorient, par le cardinal de Richelieu, de l'île de Madagascar et autres îles adjacentes, pour y ériger colonies et commerce, et en prendre possession au nom de Sa Majesté très-chrétienne. (*L.*)

1643, septembre.

Prise de possession de Mascarenhas au nom du roi de France, faite par M. Pronis, commis de la compagnie française de Lorient, et commandant à Madagascar pour ladite Compagnie. (*Div.*)

1646.

Pronis déporte, du fort Dauphin à Mascarenhas, douze mutins qui s'étaient révoltés contre lui.

Ces déportés, partis malades de Madagascar, se rétablissent immédiatement grâce à la salubrité du climat et à l'abondance des vivres, que leur procure la chasse des cabris, cochons, tortues et oiseaux, qui pullulent tellement sur tout le littoral, qu'il suffisait d'un bâton pour en tuer. (*Div.*)

1649, 7 septembre.

Retour à Madagascar des douze Français déportés à Mascareigne par M. Pronis ; ils sont rappelés par de Flacourt, qui depuis le 4 décembre 1648 était arrivé au fort Dauphin, et avait remplacé Pronis dans le commandement de l'île de Madagascar. (*L.*)

1649, octobre.

Sur le rapport qui lui est fait par les hommes qu'il a rappelés, de Flacourt envoie prendre possession de Mascareigne, et lui impose le nom de Bourbon. Il y fait aussi déposer quatre génisses et un taureau. (*Div.*)

1654.

De Flacourt envoie une deuxième fois prendre possession de l'île Bourbon, et fait attacher *la prise de possession à un arbre, dessous les armes du Roi*. On y dépose encore quatre génisses et un taureau ; ceux laissés en 1649 avaient multiplié, et étaient au nombre de plus de trente. (*Div.*)

1654, 20 septembre.

Antoine Thaureau part de Madagascar avec l'autorisation de Flacourt et arrive à Bourbon. Il était accompagné de six Français et de six nègres. Ils s'établissent tous sur le bord d'un étang dans une grande anse.

Plus de deux ans après, n'ayant eu aucune nouvelle de Madagascar et se croyant abandonnés, ils profitent d'un navire de passage, *le Thomas-Guillaume*, pour se rendre dans l'Inde, et laissent Bourbon sans habitants. (*Div.*)

1662.

Deux blancs, Louis Payen et son domestique, accompagnés de sept hommes et trois femmes malgaches, se rendent à Bourbon.

Les dix Malgaches se révoltent et partent dans les bois. (*Div.*)

1664, août.

Edit du roi concédant à la compagnie des Indes orientales l'île de Madagascar avec les îles *circonvoisines*, pour en jouir à perpétuité en toute propriété, seigneurie et justice. (*Ar.*)

1665, 5 août.

Arrivée à Saint-Paul, sur les vaisseaux d'un sieur Bausse, de Regnault et des vingt ouvriers envoyés par la compagnie des Indes. Etienne *Regnault* fut le premier Français ayant autorité officielle à Bourbon. Il prend le titre de commandant pour le service du roi, et de nos sieurs de la compagnie des Indes. Dans le premier acte de baptême dressé à Saint-Paul, le 7 août 1667, il figure comme parrain. L. Regnault avait 900 livres de gages. (*Div.*)

1667, 24 février.

Une flotte française mouille à Saint-Paul ; elle y laisse ses malades et un cordelier portugais. Ce débarquement accroît notablement la population de l'île. (*Div.*)

1667.

Construction d'une chapelle desservie en 1671 par Jourdie, qui retourna à Madagascar peu de temps après. (*Div.*)

1669, 30 août.

Le commandant de l'île résidait déjà à Saint-Denis, au dire du sieur Dubois, qui mouille sur la rade de cette localité vis-à-vis du pavillon. (*Db.*)

1671, 1er mai.

Jacob de la Haye, qui prend le titre de vice-roi des Indes, vient à Saint-Denis pour rétablir la santé de ses équipages tombés malades à Madagascar.

Il repart de Bourbon le 22 juin suivant, après avoir pris de nouveau possession de l'île (1). Il y avait remplacé Regnault par de la Heure, qui fut ainsi le deuxième commandant qui administra l'île Bourbon.

Les points habités étaient alors : Saint-Paul, Saint-Denis, Sainte-Suzanne et Saint-Gilles. (*Db.*)

1671, juillet.

On plante, pour la première fois, trois boisseaux de blé de l'Inde, en partie mangé par les charançons. Il vient très-bien, et trois mois après on en recueillit plus de soixante boisseaux.

On eut le tort de semer de nouveau à contre-saison ; la pluie fit périr la plantation et la semence fut perdue. (*Db.*)

1674.

C'est le 26 août qu'eut lieu le massacre des Français à Madagascar, et la population de l'île Bourbon s'accrut de tous ceux qui purent s'échapper du fort Dauphin. (*Div.*)

---

(1) La vignette placée en tête de ces notes est la reproduction exacte de la pierre qu'il fit graver alors, et que l'on a incrustée dans la muraille du péristyle de l'hôtel du Gouvernement.

1674.

De la Haye passe à Saint-Paul en rentrant en France ; il y était le 26 novembre, ainsi que le constate un acte passé à cette époque. (*Ar.*)

1689, 11 décembre.

M. de Vauboulon arrive avec des pouvoirs très-étendus, et le titre *de Gouverneur pour le Roi et la compagnie, et juge en dernier ressort de toutes matières à l'île Bourbon*. Il amena avec lui le père Hyacinthe, capucin de Quimper.

Soit qu'il y eût beaucoup à réformer, soit qu'il ait abusé de son pouvoir, M. de Vauboulon mécontenta fortement la population, qui, à un signal donné à l'église pendant *le Domine salvum*, se saisit de lui et le mit en prison. Il y mourut à Saint-Denis le 18 août 1692, après un mois de maladie et près de deux ans de détention. (*L.*)

1690, 20 janvier.

Concession faite par M. de Vauboulon à Athanase Touchard, d'un terrain que cet habitant occupait depuis vingt ans près de l'étang de Saint-Paul.

Cette concession est la première dont il reste des traces dans les archives de la colonie. (*Ar.*)

1690, 20 décembre.

Le père Hyacinthe, capucin, chef de révolte, fait déposer le gouverneur de Vauboulon, et installer à sa place le sieur Firelin, commis de la compagnie.

Le père Hyacinthe continua ses fonctions de curé à Saint-Paul jusqu'à son départ pour la France, qui n'eut lieu qu'en août 1696.

A la suite de cette révolte, plusieurs habitants furent envoyés en France, et condamnés aux galères ; mais le curé de Saint-Paul ne fut pas même recherché. (*L.*)

1702.

A cette époque on tire un certain nombre d'esclaves de l'île Sainte-Marie de Madagascar. (*Div.*)

1703, août.

Le cardinal de Tournon, légat du pape aux Indes et en Chine, passe à Bourbon. (*Ar.*)

1710.

La compagnie des Indes renonce à Madagascar pour s'occuper spécialement de Bourbon. (*Statistique officielle*.)

1711, 7 mars.

Création d'un conseil provincial chargé de régler toutes les affaires publiques et judiciaires.

Il ne fonctionne qu'à partir du 3 novembre 1714. On pouvait appeler de ses décisions au conseil supérieur de Pondichéry. (*L*.)

1715, 20 septembre.

Prise de possession de l'île Maurice par Guillaume Dufresne, capitaine commandant *le Chasseur*.

Il partit de la mer Rouge où lui fut remis l'ordre du comte de Pontchartrain, et arriva à Maurice, *dont* (après s'être assuré qu'il n'y existait aucun habitant) *il prit possession au nom de Sa Majesté, et lui donna le nom d'*île de France, *le tout conformément aux ordres du roi*. Il repartit de suite pour Bourbon en laissant sur la plage un piquet de quelques hommes pour garder le pavillon.

Une deuxième prise de possession eut lieu, le 23 septembre 1721, par de Fourgeray Garnier, commandant le navire le Saint-Malo. (*Ar*.)

1715, octobre.

Découverte du café du pays, dit café marron. A la suite de cette découverte, les habitants se réunirent en conseil provincial, et décidèrent que le gouverneur de Parat *serait envoyé en France pour aviser la Cour d'un événement aussi avantageux au royaume et à cette île*. (*Ar*.)

1717, août.

Édit de création de la nouvelle compagnie des Indes. (*Ar*.)

1718 ou fin de 1717.

Introduction à l'île Bourbon du *vrai café*, originaire de Moka. (*Café d'Arabie*). (*L*.)

1718, 23 novembre.

Organisation d'une milice régulière. (*Ar*.)

1721.

Amnistie accordée aux forbans qui consentiront à se soumettre et à habiter la colonie. Cette mesure avait déjà été prise plusieurs fois, ce qui n'empêchait pas les pirates d'enlever les navires jusque sur les rades de l'île. (*Div.*)

1723, 23 avril.

Instruction du conseil du roi à Desforges Boucher :

« Défense à MM. les prêtres de se mêler en aucune façon des affaires de la colonie, et d'y avoir des habitations en dehors du presbytère ;

» Ordre d'exclure du conseil provincial les prêtres de Saint-Lazare qui prétendaient y avoir le pas sur le gouverneur. » (*Ar.*)

1723, novembre.

Édit de suppression du conseil provincial et de création d'un conseil supérieur, jugéant en premier et dernier ressort. Ce conseil ne fut installé que le 20 septembre 1724 ; il étendait alors sa juridiction sur l'île Maurice. Renouvelé par édit de novembre 1734, ses attributions furent restreintes au territoire de l'île Bourbon. (*Ar.*)

1724, 1er décembre.

Ordonnance du conseil supérieur qui prescrit le retrait des terres concédées à tout individu qui ne justifiera pas avoir, par tête de noir travaillant, au moins deux cents caféiers en rapport, et ce, nonobstant le café sauvage qu'il doit fournir, et qui ne coûte que la peine de le ramasser. La même ordonnance punit *de mort* tout individu qui détruira un pied de café en rapport. Tout noir volant du café était aussi puni *de mort*. (*N.*)

1729, mars.

M. Dumas, directeur général des deux îles, se rend à l'île de France pour y rétablir l'ordre, à la suite d'une tentative de révolte. (*L.*)

1729, juin.

Epidémie à Saint-Paul. *Les chirurgiens l'attribuent à la fiente et ordure des sauterelles qui couvrent et infectent les plantages.* (*L.*)

1730, février.

Les esclaves ourdissent une redoutable conspiration contre les blancs dans le but de massacrer ceux-ci et de s'emparer de la colonie.

Les principaux conspirateurs furent rompus vifs, et les dénonciateurs reçurent la liberté. (*Ar.*)

1735, octobre.

Mahé de Labourdonnais se rend à l'île de France, qui devient le chef-lieu des deux îles. (*Ar.*)

L'île Maurice ne dut cet avantage qu'à ses ports naturels; car jusqu'alors, et longtemps après encore, elle dut avoir recours à Bourbon pour la subsistance de ses habitants et le ravitaillement des navires qui y mouillaient.

1735.

La compagnie des Indes fait tracer un chemin dans le quartier Saint-Paul. Il fut poussé jusqu'au repos la Leu en 1736, et jusqu'à la rivière d'Abord en 1737. Le chemin de Saint-Denis avait été fait vers 1720.

Enfin, en 1738, on répara et élargit le chemin de la rivière d'Abord à Saint-Benoît par Saint-Paul et Saint-Denis. (*Div.*)

1738, 27 septembre.

Translation définitive du siége du gouvernement de Saint-Paul à Saint-Denis.

Antérieurement, le gouverneur et le conseil supérieur avaient séjourné alternativement dans l'une et dans l'autre de ces villes. (*Ar.*)

1758.

Un corps de volontaires est formé à Bourbon et sert dans l'Inde pendant toute la guerre de Sept ans.

Ce corps se distingue très-souvent sur terre et sur mer. (*P.*)

1764, août.

Ordonnance de rétrocession au roi, des îles de France et Bourbon. MM. Dumas et Poivre sont désignés pour en reprendre possession (juillet 1767). La compagnie reçoit en échange 1,200,000 livres de rente. (Voir, à ce sujet, l'adresse du Conseil au roi, 8 et 22 avril 1770; et les lettres patentes, 22 avril 1770.) (*Ar.*)

1766, 1er juillet.

Poivre est nommé ordonnateur aux deux îles, et intendant le 14 décembre 1770. (*Ar.*)

1766, 20 août.

Ordonnance du roi défendant l'affranchissement des esclaves sans l'autorisation des gouverneurs.

Autre, du 9 août 1777, qui défend de le s'emmener en France. (*Ar.*)

1766, 25 septembre.

Ordonnance de création d'un nouveau conseil supérieur n'ayant que des attributions judiciaires. Ses pouvoirs furent encore restreints en novembre 1771, et il fut enfin dissous le 3 avril 1793, par le décret de l'assemblée coloniale, qui créa de nouveaux pouvoirs judiciaires électifs. (*Div.*)

1766, 25 septembre.

Ordonnance du roi portant création d'un tribunal terrier, chargé spécialement de juger toutes les contestations que pourraient faire naître les concessions des terrains. (*L.*)

1766, 25 septembre.

Ordonnance portant organisation de l'administration et du gouvernement de la colonie. (*P.*)

1766, 28 novembre.

Instruction au sieur Poivre :

« Recommandation d'arriver par tous les moyens possibles à culti-
» ver les épices.

» Recommandation de créer une milice semblable à celle des An-
» tilles. » (*Ar.*)

1767, 7 septembre.

Ordonnance qui punit de l'amende, tout blanc qui recèle un esclave.

Dans le cas où les recéleurs affranchis, ou de cette origine, n'auraient pas pu payer l'amende, ils devaient être réduits en servitude. (*N.*)

1767, 24 octobre.

Arrêté sur la chasse, défendant de tuer les martins, sous peine de 500 livres d'amende, et de chasser les cabris, cochons, pintades, etc.

Un deuxième arrêté, du 11 mars 1786, rappela le premier tombé en désuétude. (*Ar.*)

1767, 5 novembre.

De Bellecombe installe le nouveau conseil supérieur nommé par le roi en 1766.

C'est à partir de cette époque que la compagnie des Indes fit réellement la rétrocession de l'île au roi, bien que cette rétrocession fût prononcée depuis 1764. (*Ar.*)

1768, 19 juillet.

Constitution de la Commune générale; conseil électif des notables des communes, réunis à Saint-Denis sous la présidence de l'ordonnateur, pour administrer l'emploi des fonds, provenant d'un faible impôt de capitation sur les esclaves (de 0 fr. 50 à 1 fr. 50). Cet impôt était destiné à pourvoir aux dépenses purement locales.

Ce conseil, qui avait son trésorier spécial, n'a été aboli qu'en 1790, lors de l'élection de l'Assemblée coloniale. (*P.*)

1768, 19 juillet et 12 décembre 1772.

Règlement qui accorde 300 livres à celui qui arrête un noir dont le marronnage dure depuis plus d'un mois. (*Ar.*)

1768, 1er août.

Ordonnance qui porte à deux sols la valeur des pièces de six liards.

Un édit de décembre 1771 a porté cette valeur à trois sols, d'où il est résulté qu'à l'île Bourbon, la livre créole ne valait que dix sols de France, et qu'après la création des monnaies décimales, le franc y passait pour deux livres et le décime pour quatre sols du pays. (*Ar.*)

1768, 1er août.

Ordonnance concernant l'établissement des milices à Bourbon.

Elle ne fut appliquée que le 2 janvier 1770. (*Ar.*)

1769, 28 avril.

Règlement qui oblige chaque habitant à fournir douze têtes d'oi-seaux à gros becs, et quarante-huit queues de rat, par année et par esclave.

Renouvellement de ce règlement, entre autres en mai 1770 et sep-tembre 1774. (*Ar.*)

Vers 1769.

M. de Crémont fait construire le canal des Moulins, dans la ri-vière Saint-Denis, et d'autres travaux d'utilité et d'embellisse-ment. (*V.*)

1770.

Décision du roi :

« La population est certainement un des objets qui méritent le plus d'attention aux îles de France et Bourbon; MM. Desroches et Poivre ne sauraient trop favoriser les mariages; ils devront, pour cet effet, donner de préférence les concessions et autres objets utiles à ceux qui voudront prendre femme dans les deux îles; mais la si-tuation des finances ne permet pas encore de leur faire des avances en esclaves et en troupeaux, comme MM. Desroches et Poivre le pro-posent. » (*Ar.*)

1771, 9 avril.

Ordonnance qui fixe à soixante livres la charge à faire porter par les noirs, et à cinquante livres celle des négresses. (*Ar.*)

1771, octobre.

Edit de création d'un tribunal ou juridiction royale, décidant en première instance civile et criminelle. Il ne fut installé qu'en 1774, et cessa de fonctionner le 3 avril 1793. (*Div.*)

1772.

On apporte de Maurice des plants de muscadiers et de gérofliers.

Vers 1753, et le 8 juin 1755, Poivre introduisit lui-même le mus-cadier à l'île de France; il envoya plus tard, et à deux reprises, des navires aux Moluques pour y chercher des plants d'arbres à épices. La première expédition rapporta d'abord, le 24 juin 1770, quatre cents muscadiers et soixante et dix girofliers; la seconde, qui revient en 1772, introduisit encore un plus grand nombre de ces deux arbres. (*Div.*)

1773.

L'île Bourbon fournit tous les vivres nécessaires aux escadres de la mer des Indes, pendant les campagnes de 1773 à 1783. (*Div.*)

1775, 4 mai.

Règlement portant commutation de la peine de mort appliquée aux esclaves, marrons depuis plus d'un mois.

« Ils seront à l'avenir, » dit ce règlement, « mis à la chaîne à perpétuité, et marqués d'une fleur de lis sur la joue gauche. » (*Ar.*)

1776, juin.

Edit portant dépôt des chartres coloniales aux archives de Versailles. (*Ar.*)

1776, 15 décembre.

Ordonnance qui crée le quartier du Repos de Laleu ou Lalleu (Saint-Leu). (*Ar.*)

1777, 8 mars.

Ordonnance du vicomte de Souillac, qui remédie à divers abus concernant la recherche des noirs marrons, et prescrit diverses peines à infliger à ceux pour qui cette véritable chasse était l'occasion d'atrocités révoltantes. (*Ar.*)

1779, 8 juillet.

Le Conseil supérieur, présidé par M. de Saint-Maurice, condamne le nommé Zélindor, noir créole, à être rompu vif et roué; d'autres condamnations sont aussi prononcées contre ses complices, tous convaincus de complot avec projet de massacre des blancs.

Zélindor fut exécuté le même jour. (*Ar.*)

1780, 15 février.

Il est payé 10 livres (5 francs) à l'exécuteur François, pour avoir coupé les oreilles au nommé la Ramée, noir malgache, appartenant au sieur Chevalier Dumenil.

Les archives contiennent un grand nombre de documents semblables et surtout antérieurs. (*Ar.*)

1781, 7 décembre.

Départ des volontaires de Bourbon pour la guerre des Indes; ils s'embarquent sur la flûte *les Bons Amis,* et ne rentrent qu'après la paix, le 18 décembre 1783.

Le corps des volontaires de Bourbon, créé d'abord en 1758, puis reconstitué par ordonnance du 1ᵉʳ avril 1779, et licencié par celle du 17 novembre 1789, fut réorganisé par le gouverneur Duplessis, le 5 octobre 1793. (*Ar.*)

1784, 2 décembre.

Règlement portant établissement de la poste aux lettres sur tout le pourtour de la colonie. (*Ar.*)

1785, 31 mars.

Création du quartier Saint-Joseph. (*Ar.*)

1785, 12 septembre.

Jugement qui approuve et fixe les abornements du quartier Saint-Pierre, rivière d'Abord, conformément au plan dressé par le chevalier Bancks. (*Ar.*)

1785, 24 septembre.

Duplessis Lomet lève le plan d'un canal de dérivation ouvert par M. Lainé de Beaulieu, pour établir *un moulin à sucre* au bord de la mer, sur la rive gauche de la rivière des Marsouins. (*Ar.*)

1787, 20 juin.

M. Guyomard, vice-préfet apostolique, publie, le 20 juin 1787, un mandement pour diminuer le nombre des fêtes que l'on chômait dans la colonie.

L'administration locale appuie la suppression de cet abus. (*Ar.*)

1790, 10 mars.

Réception du décret portant création de l'assemblée coloniale élective. (*Ar.*)

1790, 25 mai.

Première réunion de l'assemblée coloniale, composée de cent vingt-huit députés des quartiers. Ils avaient été élus dans les paroisses (subdivisions des quartiers), le 24 mars précédent. (*Div.*)

1790, 8 août.

Première réunion des assemblées primaires pour la nomination des municipalités. (*P.*)

1791, 1er août.

Loi donnant force *de loi du royaume* aux délibérations des assemblées coloniales. (*Ar.*)

1793, 16 février.

Proclamation de la république. (*P.*)

1793, 19 mars.

Décret qui change le nom de l'île Bourbon en celui d'île de la Réunion; il n'est appliqué qu'à partir du 9 avril 1794. (*Ar.*)

1793, 3 avril.

Ordonnance de l'assemblée coloniale créant des tribunaux de première instance et d'appel électifs. (*Ar.*)

1793, 10 mai.

Application à la colonie de la loi du 20 septembre 1792, qui établit des officiers de l'état civil. Les registres, tenus précédemment par les curés des paroisses, leur furent retirés sur inventaire. (*V.*)

1793, 22 juin.

Loi d'organisation coloniale votée par l'assemblée. Cette loi annihila en grande partie les pouvoirs des gouverneurs, qui jusqu'en 1803 ne furent plus, pour ainsi dire, que des commandants militaires.

Le 27 juin 1798, une nouvelle organisation votée par l'assemblée causa une espèce de révolte.

Le 13 février 1799, il fut de nouveau tenté un mouvement contre l'assemblée, à la suite duquel les fauteurs furent déportés. En 1800, il y eut encore un mouvement; enfin l'organisation coloniale fut de nouveau modifiée, le 7 janvier 1801. (*Div.*)

1794, 8 août.

L'assemblée coloniale vote la loi qui suspendit la traite des noirs à la Réunion. (*Ar.*)

1794, 22 septembre.

Le calendrier républicain a été employé officiellement, du 22 septembre 1794 (1er vendémiaire an III), au 11 germinal an XIV (1er avril 1806), époque où a été rétabli le calendrier grégorien. (*Ar.*)

Pour plus de clarté, nous n'avons employé dans cette liste chronologique que le calendrier grégorien.

1796, 21 juin.

Les habitants de l'île de France chassent les commissaires du directoire exécutif, Baco et Burnel, qui étaient venus pour mettre à exécution dans les deux colonies le décret d'abolition de l'esclavage. C'est à tort que l'on a dit, qu'ils se présentèrent sur la rade de Saint-Denis; leur rapport, ainsi que le journal de mer du navire, prouvent le contraire.

On voit aussi, qu'en réponse à l'avis de ce qui s'était passé à l'île de France, l'assemblée coloniale envoya MM. Osoux et Ste-Croix porter son adhésion à tout ce qui avait eu lieu. (*Ar.*)

1798, janvier.

Des ambassadeurs de Tipoo-Saïb viennent demander à l'assemblée coloniale un secours en hommes pour combattre les Anglais.

Ce secours leur fut accordé. (*V.*)

1798.

A la suite de troubles et d'une révolte suscitée à Saint-Pierre par un sieur Belleville, l'assemblée le fait déporter ainsi qu'un certain nombre d'habitants, entre autres M. Sanglier père, le curé Lafosse, Florent et Célestin Payet, Georget, etc., etc.

L'abbé Lafosse ayant pris une part active aux désordres, ses biens furent séquestrés par ordre de l'assemblée coloniale.

Le 7 février 1799, à la suite d'un nouveau complot, l'assemblée ordonna encore un certain nombre de déportations, dont le chiffre fut augmenté par des décisions postérieures.

Environ soixante de ces déportés disparurent en mer. On a dit que le navire qui les portait avait été coulé par une frégate anglaise. (*V.*)

1798.

L'assemblée coloniale exclut de ses séances divers membres trop turbulents. (*Ar.*)

1803, novembre.

Le général Magallon, envoyé par le général Decaen, arrive de l'île de France, et reprend l'administration du pays des mains de l'assemblée coloniale, qui est dissoute. (*Div.*)

1804, 8 janvier.

Création des conseils des communes. (*Ar.*)

1804, septembre.

Il passe sur la rade de Saint-Denis une corvette portant soixante déportés, condamnés comme complices de l'attentat du 3 nivôse sur le premier consul (*Bory de Saint-Vincent*).

1804, 10 novembre.

Proclamation de Napoléon Ier, comme Empereur des Français. (*Ar.*)

1805, 17 octobre.

Promulgation du code civil dans les deux îles.

Un arrêté supplémentaire, du 25 octobre 1805, contient les additions et modifications jugées nécessaires.

Les autres codes furent successivement promulgués.

1806, 1er octobre.

Sur la demande des habitants, le nom d'île de la Réunion est changé en celui d'île Bonaparte.

Cette mesure n'est mise à exécution qu'à partir du 11 octobre. (*Ar.*)

1809, 16 août.

Descente des Anglais à Sainte-Rose. La garde nationale de Saint-Benoît les force à se rembarquer deux jours après. (*Ar.*)

1809, 21 septembre.

Débarquement des Anglais à Saint-Paul. Ils incendient les magasins du gouvernement et se rembarquent. (*L.*)

1810, 7 et 8 juillet.

Débarquement des Anglais à la Grande-Chaloupe, et à la rivière des Pluies. Ils arrivent à Saint-Denis, le 9, avec cinq mille hommes.

Après une défense meurtrière, faite par les cinq ou six cents soldats et gardes nationaux sous les armes, ceux-ci obtinrent une capitulation honorable. (*Ar.*)

1811.

Le gouverneur Keating, voulant former un régiment de volontaires de Bourbon, ne trouva que trois ou quatre créoles qui consentirent à porter l'uniforme anglais. (*V.*)

1811, 5, 6, 7 et 8 novembre.

Révolte des esclaves à Saint-Leu, et massacre de quelques blancs: Les esclaves fidèles défendirent leurs maîtres, et concoururent puissamment à l'anéantissement des révoltés.

Plus de trente coupables furent exécutés dans divers quartiers de l'île, et un grand nombre condamnés aux galères. (*Div.*)

1815, 6 avril.

Rétrocession de l'île par les Anglais.

Bouvet de Lozier, qui avait été nommé commandant de Bourbon, le 27 juillet 1814, en reprend possession au nom du roi de France.

1815, 26 août.

Arrivée d'un aviso portant pavillon tricolore, et annonçant le retour de Napoléon. L'équipage et les officiers sont arrêtés, et le drapeau refusé par les habitants. (*Ar.*)

1815, 15 octobre.

Les Anglais veulent reprendre l'île Bourbon. Assemblée des notables, les 6, 7 et 14 octobre, à la suite de laquelle on refuse de rendre l'île. On se préparait à une défense énergique, lorsque, le 28 octobre, la nouvelle de la deuxième restauration arrivant, la croisière anglaise se retira avant d'avoir donné suite à ses menaces d'attaque. (*Ar.*)

1816, 13 novembre.

Nomination du comité consultatif de la colonie, dit comité d'agriculture. Il entretenait un député à Paris. Ce comité fut remplacé, le 21 août 1825, par un conseil général, composé de douze membres, nommés par le roi. (*Ar.*)

1817.

Le Télémaque, navire de 300 tonneaux, est construit à Saint-Pierre, et expédié à Bordeaux.

C'est le seul navire de haut bord qui ait été lancé à Bourbon. (*Div.*)

1819, 10 mars.

Arrêté de création du collége de Saint-Denis : cette mesure avait été prescrite par l'ordonnance du 24 décembre 1818. (*Ar.*)

On assure, toutefois, que les cours furent ouverts le 7 janvier 1819. (*Div.*)

1819, 18 avril.

Ordonnance sur l'habillement des esclaves. M. Milius, à la suite d'un quiproquo qui lui avait fait prendre une servante pour la maîtresse de la maison, rendit une ordonnance qui obligeait les esclaves à ne se vêtir que d'étoffes communes, leur interdisant les bijoux, etc., etc.

Cette ordonnance ridicule était déjà tombée en désuétude, même avant le départ de son auteur. (*Ar.*)

1819, 27 novembre.

Pose de la première pierre du Barrachois de Saint-Denis. (*Ar.*)

1820, 6 janvier.

Première apparition du choléra dans la colonie. Il cesse vers la fin de mars. Le tiers de la population de Saint-Denis avait fui, malgré les cordons sanitaires. (*Ar.*)

1821, 10 novembre.

Arrêté qui crée une caisse d'escompte au capital de 750,000 francs. Elle cessa ses opérations quand parut l'ordonnance du 4 mai 1826, autorisant l'établissement d'une autre caisse d'escompte, qui ouvrit le 20 décembre même année, et cessa de fonctionner le 23 décembre 1831. Un comptoir d'escompte fut autorisé le 16 avril 1849. Il commença ses opérations le 29 mai suivant, et les cessa à cause de la création de la banque coloniale. (*P.*)

1822, 13 mars.

A la suite d'une enquête, constatant que plusieurs navires de guerre chargés de réprimer la traite, se prêtaient, au contraire, à ce trafic, M. Frappaz, et plusieurs autres officiers de marine, sont cassés ou renvoyés en France. (*P.*)

1822, 23 mai.

Pose de la première pierre du puits de Baril, premier pas vers la création de la commune de Saint-Philippe. (*Ar.*)

1830, 30 octobre.

Le drapeau tricolore est de nouveau arboré à Bourbon. (*Div.*)

1831, 3 juin.

Proclamation de l'ordonnance du 4 octobre 1830, qui érige en commune, sous le nom de Saint-Philippe, la section de Baril dépendant de la commune de Saint-Joseph. L'administration municipale n'y fut réellement installée qu'à partir du 1er juillet 1831. (*Ar.*)

1833, 24 avril.

Loi qui remplace le conseil général par un conseil colonial électif, ayant qualité pour faire des lois et règlements.

1841, 1er janvier.

Les mesures et poids métriques sont rendus obligatoires dans les services publics et le commerce. (*Ar.*)

1844.

« La culture de la canne envahit tout! remplace tout! Pour planter les cannes, on abat les caféiers et girofliers ; on détruit des jardins, on démolit des maisons, on déboise les collines jusqu'à leur sommet. » (*V.*)

1845, 18 juillet.

Loi qui prépare l'émancipation des esclaves et leur donne le droit de se racheter. (*Ar.*)

1848, 1er avril.

Création des ateliers de discipline. (*Ar.*

1848, premiers jours de mai.

On venait de fêter la Saint-Philippe, lorsque la nouvelle des événements de février se répandit dans la colonie, sans qu'il ait été possible de constater par quelle voie ces nouvelles étaient arrivées. (*M.*)

1848, 9 juin.

Proclamation officielle de la république. L'île reprend le nom de Réunion. (*M.*)

1848, 20 décembre.

Affranchissement de soixante mille six cent vingt-neuf esclaves, hommes, femmes et enfants. Le décret de leur affranchissement rendu par l'assemblée nationale fut promulgué à la Réunion, le 20 octobre 1848. (*Ar.*)

1849, 30 avril.

Loi qui crée la banque locale. Elle ouvre ses bureaux le 17 mai 1853. (*M.*)

1849, 25 octobre.

MM. Barbaroux et de Greslan sont proclamés représentants à l'Assemblée législative. (*M.*)

1850, 27 septembre.

Saint-Denis est érigé en évêché. Il n'y avait eu jusqu'alors à Bourbon qu'un préfet apostolique.

Le premier évêque prit possession de son siége le 22 mai 1851. (*Ar.*)

1851, 4 novembre.

Arrêté sur la colonisation des plaines des Palmistes et des Cafres. (*Ar.*)

1852, août.

Epidémie de variole, qui emporte un grand nombre des nouveaux affranchis et même beaucoup de blancs. (*Ar.*)

1853, 20 février.

Proclamation de l'Empire. (*Ar.*)

1853, 7 octobre.

Première exposition de l'industrie coloniale. (*M.*)

1854.

M. Duboisé, sucrier à Sainte-Marie, installe les premières turbines employées à la purgation du sucre. (*P.*)

1854, 26 juillet.

Décret de création du nouveau conseil général. (*M.*)

1854, 26 octobre.

Achèvement de la première route de ceinture. Jusqu'alors il n'y avait eu sur plusieurs points, que des chemins de cavaliers, et il était impossible de faire le tour de l'île en voiture. (*Ar.*)

1855.

Création et ouverture de la bibliothèque publique, formée par la réunion des bibliothèques de divers établissements. (*Ar.*)

Il est à regretter que cette institution ne reçoive pas tous les secours et encouragements que son utilité comporte.

1856, 23 juin.

Arrêté de création du nouvel atelier colonial, une des mesures les plus utiles pour le pays. (*Ar.*)

1857, 15 avril.

Pose de la première pierre de la deuxième route de ceinture, appelée, sur la demande du pays et par décret impérial, *route Henry Delisle*. (*M.*)

Jusqu'alors, il y avait bien sur certains points une deuxième route, dite chemin colonial ; mais cette route placée généralement trop bas, et mal entretenue par les communes, dut être laissée pour desservir certains intérêts particuliers, et l'on entreprit un travail d'ensemble et d'intérêt plus général.

1857, 6 septembre.

Arrêté de création d'une compagnie du génie indigène (effectif

150 hommes). Le décret impérial du 4 avril 1860 a régularisé la position de ce corps. (*Ar.*)

1858, 20 octobre.

Arrêté créant un pénitencier pour les jeunes détenus, et leur imposant un travail obligatoire.

Ils sont employés à des travaux de défrichement et de jardinage. (*M.*)

1859, 6 janvier.

Lettre du prince Napoléon, qui ordonne de cesser tout recrutement à la côte d'Afrique et à Madagascar.

Elle recommande l'exécution stricte et prompte de l'ordre donné. (*M.*)

1859, 6 mars.

Le choléra est importé à la Réunion par le navire le Mascareigne, venant de la côte d'Afrique avec un chargement d'engagés.

Cette maladie, qui se déclara le 17 mars, fit un grand nombre de victimes, surtout à Saint-Denis et à Saint-Louis : elle ne s'arrêta qu'à la fin de mai. (*Div.*)

CHRONOLOGIE DES GOUVERNEURS

Les dates données dans cette liste ont en grande partie été trouvées dans diverses pièces où les gouverneurs ont signé, soit comme accordant des concessions, soit comme présidant le conseil supérieur, soit à tout autre titre. Les lacunes indiquent donc que c'est entre les époques citées, qu'a eu lieu la mutation entre les deux chefs de la colonie. Nous avons pu ne pas trouver de traces de l'administration de quelques intérimaires, mais nous pouvons affirmer que, pour ce qui est marqué ici et ailleurs des lettres *Ar*, les dates et faits ont été relevés par nous sur les pièces officielles des archives de la colonie, des mairies, des greffes ou des notariats.

Pour les dates postérieures à la rétrocession de l'île par les Anglais, nous avons eu recours aux registres du bureau de la solde, et pu constater ainsi *très-rigoureusement* les époques précises des entrées en fonction.

Aucune liste rigoureuse des gouverneurs n'ayant encore été publiée, nous avons cru faire une chose utile en dressant celle qui va suivre.

1665, 5 août (L.). — 1671, 8 mai (Div.).

ETIENNE REGNAULT, *commandant pour le roi et la Compagnie des Indes,* fut le premier qui séjourna à Bourbon avec un droit officiel au commandement. Il arriva avec un détachement de vingt ouvriers envoyés par la Compagnie des Indes, et prit quelquefois le titre de gouverneur. (*L.*)

1671, 9 mai (L.). — 1674, novembre (L.).

DE LA HEURE, *commandant.* Pendant sa présence à Bourbon, *De la Haye, vice-roi des Indes,* remplaça *Regnault* par *De la Heure,* ancien capitaine d'infanterie réformé. (*L.*)

De la Haye revint à Saint-Paul en novembre 1674. (*Ar.*) Cette époque correspondant au remplacement de *De la Heure* par *d'Orgeret,* il est probable que c'est encore le vice-roi qui a fait cette mutation.

1674, novembre (L.). — 1678, 17 juin (L.).

HENRI ESSE D'ORGERET, *gouverneur,* ancien capitaine de troupes, meurt en fonctions, le 17 juin 1678. (*L.*)

1678, 18 juin (L.). — 1680, janvier (L.).

DE FLEURIMONT, *gouverneur,* signe aussi *lieutenant du roi.* Il est évident qu'il fut d'abord intérimaire ; il mourut en fonctions, en janvier 1680. (*L.*)

1680, janvier (L.). — 1686, 1ᵉʳ décembre (L.).

BERNARDIN DE QUIMPER, capucin, *commandant par intérim,* installa son successeur, et partit pour la France en décembre 1686, laissant le pays sans pasteur. Il se plaignait du peu de réussite de ses prédications, surtout auprès de la classe noire. (*L.*)

1686, 2 décembre (Ar.). — 1689, 10 décembre (L.).

JEAN-BAPTISTE DROUILLARD, *gouverneur par intérim,* fut élu par la population sur la demande de son prédécesseur, qui voulait retourner en France. (*L.*)

1689, 11 décembre (L.). — 1690, 15 novembre (L.).

H. DE VAUBOULON, *gouverneur,* fut envoyé de France avec des pouvoirs très-étendus, et le droit de justice en dernier ressort sur toutes matières ; à l'instigation *du père capucin Hyacinthe de Quimper* qui était venu de France avec lui, il fut arrêté et déposé par les habitants. Il mourut à la prison de Saint-Denis, le 18 août 1692. (*L.*)

Le père Hyacinthe n'a jamais paru comme commandant de la colonie dans aucun acte.

1690, 16 novembre (L.). — 1693, 11 août (Ar.).

MICHEL FIRELIN, *commis de la Compagnie*, prit le titre de *commandant* après la mort de *Vauboulon*. (*Ar.*) Il administra cependant sous la direction du père *Hyacinthe*, et aussitôt après l'arrestation de *Vauboulon*. (*L.*)

1694. — (L.).

DE PRADES, *commandant*, est signalé par M. Legras. Il y a une lacune dans les archives de cette époque, sauf le 24 août 1696, où le sieur *Lemayeur* signait à Saint-Paul comme *directeur pour la Compagnie*. (*Ar.*)

1696, août (L.). — 1698, 6 juin (Ar.).

JOSEPH BASTIDE, *commandant*, était capitaine d'armes sur un des vaisseaux de la compagnie, lorsqu'il prit le gouvernement de la colonie. (*Ar.*)

1698, 21 octobre (Ar.). — 1701, 13 mai (Ar.).

JACQUES DE LA COUR, *gouverneur*. On ne trouve dans les archives aucun acte important de son administration.

1701, 12 juin (Ar.). — 1709, 5 août (Ar.).

DE VILLERS, *gouverneur*, même observation. C'est lui qui dut recevoir, à son passage à Bourbon, le cardinal-légat envoyé en Chine. (*Az.*)

1709, 10 septembre (Ar.). — 1710, 24 mars (Ar.).

DE CHARANVILLE, *gouverneur*, eut à réprimer le marronnage. C'est sous son gouvernement que l'on trouve le plus de traces de mutilations. Il fit aussi appliquer la question à quelques chefs de révolte. (*Ar.*)

1710, 22 avril (Ar.). — 1715, 14 novembre (Ar.).

DE PARAT, *gouverneur*, quitta la colonie en décembre 1715, pour aller annoncer en France que l'on avait découvert le café sauvage dans les forêts de l'île. (*Ar.*)

1715, 4 décembre (Ar.). — 1718, 14 février (Ar.).

HENRY JUSTAMOND, *commandant par intérim*, est installé dans ce poste par *de Parat*, qui se dispose à quitter la colonie. (*Ar.*)

1718, 9 décembre (Ar.). — 1723, 22 août (L.).

JOSEPH BEAUVOLLIER, *gouverneur*. C'est à lui que l'on doit les premiers travaux de route de Saint-Paul à Saint-Denis. (*Div.*)

1723, 23 août (L.). — 1725, 1er décembre (L.).

DESFORGES BOUCHER, *gouverneur*, fut nommé par le roi le 17 janvier 1723 (*Ar.*), et mourut en fonctions le 1er décembre 1725. (*L.*)

1725, 2 décembre (L.). — 1727, 28 mai (Ar.).

HÉLIE DIORÉ, *commandant*, puis *gouverneur*, fit une absence, ainsi que le constate *Sicre de Fombrune*, qui signe comme *commandant*, le 17 septembre 1726. (*Ar.*)

1727, 21 juillet (Ar.). — 1735, 11 juillet (Ar.).

PIERRE-BENOIT DUMAS, *directeur général des îles de Bourbon et de France*, fit enregistrer ses pouvoirs au conseil supérieur le 21 juillet 1727. On trouve encore des arrêtés rendus par lui le 11 juillet 1735, et un le 12, concurremment avec *Labourdonnais*. (*Ar.*)

1735, 12 juillet (Ar.). — 1735, 1er octobre (Ar.).

MAHÉ DE LABOURDONNAIS, fut nommé *directeur général des îles de France et de Bourbon*, avec ordre de fixer le siége de son gouvernement dans la première de ces deux colonies. Avant de partir pour l'île de France, et toutes les fois qu'il se trouvait à Bourbon, il signa cependant *directeur général des îles de Bourbon et de France*. (*Ar.*)

1735, 2 octobre (Ar.). — 1739, 28 septembre (Ar.).

LEMERY DUMONT, *commandant*, fut installé par *Labourdonnais*, sous les ordres duquel il administra pendant près de quatre ans ; toutefois, de *Villamoy* signa à plusieurs reprises comme *commandant* en l'absence de *Dumont*, notamment les 21 décembre 1736, 22 octobre et 22 décembre 1737. (*Ar.*)

1739, 11 novembre (Ar.). — 1743, 12 décembre (Ar.).

PIERRE-ANDRÉ D'HÉGUERTY, *commandant*, fit l'intérim en

attendant que le roi nomme un titulaire au poste de commandant de Bourbon. (*Ar.*)

1743, 13 décembre (Ar.). — 1745, 8 mai (Ar.).

DIDIER DE SAINT-MARTIN, *commandant,* nommé par le roi, prête serment entre les mains de *d'Heguerty,* le 13 décembre 1743. (*Ar.*)

1745, 15 mai (L.). — 1745, 31 octobre (Ar.).

JEAN-BAPTISTE AZÉMA, *commandant,* est envoyé sur sa demande à l'île Bourbon, pendant que *Saint-Martin* va le remplacer comme gouverneur par intérim à l'île de France. (*Az.*)

Ce commandant meurt en fonctions le 31 octobre 1745. (*Ar.*)

1745, novembre (Ar.). — 1745, 18 décembre (Ar.).

D. DIER DE SAINT-MARTIN, *commandant,* revient prendre son poste presque aussitôt après la mort d'*Azéma.* (*Ar.*)

1745, 29 décembre (Ar.). — 1747, 28 mars (Ar.).

GÉRARD DE BALLADE, *commandant,* paraît faire un intérim en l'absence du titulaire *Saint-Martin.* (*Ar.*)

1747, 15 avril (Ar.). — 1748, 11 novembre (Ar.).

DIDIER DE SAINT-MARTIN, *commandant,* reparaît jusqu'à son départ pour la France. Il fait affranchir tous ses noirs, conformément à l'autorisation que sur sa demande le roi lui en avait donnée. (*Ar.*)

1748, 22 novembre (Ar.). — 1749, 17 mars (Ar.).

GÉRARD DE BALLADE, *gouverneur,* signe l'affranchissement des esclaves de *Saint-Martin,* et quelques autres actes d'administration; il meurt le 5 septembre 1749. (*L.*)

1749, 24 mai (Ar.). — 1749, 23 août (Ar.).

DESFORGES BOUCHER, *président du conseil et gouverneur par intérim,* était fils du précédent gouverneur de ce nom. Il administra la colonie pendant la maladie et jusqu'à la mort de *de Ballade.*

Desforges Boucher fils, d'abord ingénieur de la compagnie des Indes, fut plus tard gouverneur général des îles de France et de Bourbon.

1749, 6 septembre (L.). — 1750, 1er octobre (Ar.).

JOSEPH BRENIER, *commandant*, puis *gouverneur*, paraît ici faire un intérim. (*Ar.*)

1750, 2 octobre (Ar.). — 1752, 13 décembre (Ar.).

JEAN-BAPTISTE BOUVET, *gouverneur*, fait enregistrer ses pouvoirs et s'absente de la colonie en décembre 1752. (*Ar.*)

1752, 20 décembre (Ar.). — 1756, 14 janvier (Ar.).

JOSEPH BRENIER, *gouverneur par intérim*, administre en l'absence du titulaire, qui reste près de trois ans hors de la colonie. (*Ar.*)

1756, 21 janvier (Ar.). — 1757, 8 juillet (Ar.).

JEAN-BAPTISTE BOUVET, *gouverneur*, vient reprendre l'administration de Bourbon, et s'absente encore en juillet 1757. (*Ar.*)

1757, 27 juillet (Ar.). — 1757, 15 octobre (Ar.).

DESFORGES BOUCHER, *gouverneur*, fait l'intérim en l'absence du titulaire. (*Ar.*)

1757, 19 octobre (Ar.). — 1763, 6 septembre (L.).

JEAN-BAPTISTE BOUVET, *gouverneur*, vient reprendre son poste et le garde jusqu'en 1763. (*Ar.*)

1763, 7 septembre (Ar.). — 1763, 14 octobre (Ar.).

SENTUARI, *commandant*, administre pendant quelques jours, évidemment comme intérimaire. (*Ar.*)

1763, 5 novembre (Ar.). — 1767, 30 mars (Ar.).

BERTIN, *commandant*, puis *gouverneur*, est autorisé, sur sa demande, à repasser en Europe. (*Ar.*)

1767, 31 mars (Ar.). — 1767, 4 novembre (Ar.).

M. A. BELLIER, *commandant*, est nommé comme successeur de *Bertin* (ordre de *Desforges Boucher*, gouverneur général). (*Ar.*)

1767, 5 novembre (Ar.). — 1772, 26 juillet (Ar.).

DE BELLECOMBE, *commandant*, fait enregistrer ses pouvoirs qu'il tient du roi, et paraît s'absenter en 1772. (*Ar.*)

1772, 20 octobre (L.). — 1773, 4 mars (L.).

DE SAVOURNIN, *gouverneur par intérim* (M. P. Legras a eu en sa possession des pièces constatant cet intérim). Entre juillet 1772 et juillet 1773, il n'a été fait aucune concession ni rendu aucun arrêté.

1773, 27 juillet (Ar.). — 1773, 4 octobre (L.).

DE BELLECOMBE, *gouverneur*, reparaît à ces époques, et signe plusieurs actes. (*Ar.*)

1773, 15 décembre (Ar.). — 1776, 15 octobre (Ar.).

DE STEYNAVER, *commandant*, s'occupa beaucoup de l'agriculture et de la destruction des animaux nuisibles ; il fit aussi des règlements modifiant et diminuant les peines encourues par les esclaves marrons. (*Ar.*)

1776, 26 octobre (Ar.). — 1779, 14 juillet (Ar.).

FRANÇOIS DE SOUILLAC, *commandant*, entra dans les vues de son prédécesseur et prescrivit les peines à infliger à ceux qui se livraient à des atrocités contre les esclaves marrons. (*Ar.*)

1779, 8 juillet (Ar.). — 1781, 22 août (Ar.).

DE SAINT-MAURICE, *commandant*. Sous son gouvernement il y eut une tentative de complot parmi les esclaves, qui virent rétablir à ce sujet des supplices abolis ou tombés en désuétude depuis quelques années.

1781, 25 août (Ar.). — 1785, 21 avril (Ar.).

DE SOUVILLE, *commandant*, fut le premier gouverneur qui fit le tour de l'île, ainsi que le constate une inscription creusée dans la lave près de l'endroit appelé Baril.

1785, 2 mai (Ar.). — 1788, 15 février (Ar.).

ELIE DIORE, *commandant*, étant fils du précédent commandant de ce nom qui gouverna la colonie de 1725 à 1727. (*Ar.*)

1788, 8 juillet (Ar.). — 1790, 16 août (Ar.).

DE COSSIGNY, *commandant*, quitta le gouvernement de Bourbon pour aller prendre celui de l'île de France. (*Ar.*)

1790, 8 septembre (Ar.). — 1792, 14 septembre (Ar.).

DE CHERMONT, *commandant,* ne partit de l'île de France qu'après l'arrivée de Cossigny. Il y a donc eu un intérim de vingt-deux jours.

1792, 17 novembre (Ar.). — 1794, 11 avril (P.).

DU PLESSIS, *gouverneur,* fut déposé à la suite d'une émeute, et conduit à l'île de France. (*Ar.*)

1794, 12 avril (P.). — 1795, 30 septembre (Ar.).

ROUBAUD, *gouverneur par intérim.* On n'a trouvé aucune trace indiquant de quelle autorité cet administrateur tenait son pouvoir.

1795, novembre (P.). — 1803, 9 novembre (V.).

JACOB, *commandant.* Comme chef de la force armée, il eut à défendre plusieurs fois l'assemblée et notamment contre la révolte de Belleville.

1803, 10 novembre (V.). — 1805, 31 décembre (Ar.).

DE MAGALLON, *commandant,* fit proclamer à Bourbon tous les actes du gouverneur général *Decaen,* et y installa les conseils de commune.

1806, 9 janvier (Ar.). — 1809, 25 septembre (Ar.).

DES BRUSLYS, *commandant,* se suicida à la suite d'une descente des Anglais à Saint-Paul. (*Ar.*)

1809, 9 octobre (Ar.). — 1810, 8 juillet (Ar.).

DE SAINTE-SUZANNE, *commandant,* fut envoyé de l'île de France, aussitôt que le gouverneur général *Decaen* apprit la mort de *des Bruslys.* C'est lui qui signa la capitulation de la colonie après une défense honorable. (*Ar.*)

1810, 9 juillet (Ar.). — 1810, octobre (V.).

FARQUHAR, *gouverneur,* nommé d'avance par le gouverneur général des Indes anglaises, est installé comme chef de la colonie. *Keating* prit le titre de lieutenant-gouverneur. (*V.*)

1810, octobre (V.). — 1810, 19 décembre (V.).

FRASER, *gouverneur par intérim,* pendant une absence du gouverneur et du lieutenant-gouverneur. (*V.*)

1810, 20 décembre (V.). — 1811, 25 avril (V.).

KEATING, *gouverneur*, revient prendre le commandement, *Farquhar* étant resté à Maurice comme gouverneur général des deux îles. (*V.*)

1811, 26 avril (V.). — 1811, 10 juillet (V.).

FARQUHAR, *gouverneur*, reprend le poste de Bourbon après avoir été remplacé à Maurice par de Varde. (*V.*)

1811, 11 juillet (V.). — 1811, 2 octobre (V.).

KEATING, *gouverneur*, remplace *Farquhar* qui retourne gouverneur général de Maurice. Le 2 octobre, *Keating* s'embarque sur le navire *Race Horse*. (*V.*)

1811, 3 octobre (V.). — 1811, 22 décembre (V.).

PICTON, *gouverneur par intérim*, remplace *Keating* pendant son absence, qui dura près de trois mois. (*V.*)

1811, 23 décembre (V.). — 1815, 5 avril (Ar.).

KEATING, *gouverneur*, revient à son poste et le garde jusqu'à la rétrocession de l'île de Bourbon à la France. (*V.*)

1815, 6 avril (Ar.). — 1817, 30 juin (Ar.).

BOUVET DE LOZIER, *commandant*, vient reprendre possession de Bourbon. Il dut, à son retour en France, rendre un compte sévère des actes arbitraires qu'il avait commis pendant son gouvernement.

1817, 1ᵉʳ juillet (Ar.). — 1818, 9 septembre (Ar.).

DE LAFITTE DU COURTEIL, *commandant*, demanda à rentrer en France presque aussitôt après son arrivée dans la colonie.

1818, 10 septembre (Ar.). — 1821, 14 février (Ar.).

MILIUS, *commandant*, nommé le 11 mars 1818, n'arriva dans la colonie qu'en septembre. Il fit améliorer quelques routes et commencer les travaux du Barrachois de Saint-Denis.

1821, 15 février (Ar.). — 1826, 19 octobre (Ar.).

DE FRÉCINET, *commandant*. Ce gouverneur fit venir d'Angleterre, et mettre en place les deux premiers ponts suspendus, avant même que ce système fût employé en France.

1826, 20 octobre (Ar.). — 1830, 4 juillet (Ar.).

DE CHEFFONTAINES, *gouverneur;* c'est sous son administration et avec le concours de M. de *Lancastel*, directeur général de l'intérieur, que les travaux publics prirent le plus grand essor, et que la colonie entra sérieusement dans la voie du progrès.

1830, 5 juillet (Ar.).—1832, 7 novembre (Ar.).

DUVAL D'AILLY, *gouverneur* nommé par la restauration, vit avec regret la révolution de 1830. Il y eut même quelques troubles, lorsque, sans et peut-être malgré les ordres de l'autorité, la population arbora le drapeau tricolore.

Ce gouverneur dut aussi céder à l'esprit public, et autoriser la nomination d'un conseil général électif.

1832, 8 novembre (Ar.). — 1838, 4 mai (Ar.).

CUVILLIER, *gouverneur*, qui, à l'imitation du pouvoir métropolitain, fit de la popularité, rendit aussi aux travaux publics l'impulsion première, qui avait été arrêtée par les désastres de 1829-30.

1838, 5 mai (Ar.). — 1841, 14 octobre (Ar.).

DE HELL, *gouverneur*. La population habituée aux allures de son prédécesseur, trouvait les siennes un peu raides. On lui doit l'amélioration et l'embellissement de quelques établissements publics. Il fit aussi beaucoup pour le district de Salasie, dont, le premier, il reconnut l'importance comme source de productions pour l'alimentation de la ville de Saint-Denis et des communes voisines.

1841, 15 octobre (Ar.). — 1846, 4 juin (Ar.).

BAZOCHE, *gouverneur*, ancien marin, en avait un peu les allures et toute la franchise. Sous son administration les travaux publics prirent une grande activité.

1846, 5 juin (Ar.). — 1848, 13 octobre (Ar.).

GRAEB, *gouverneur*, homme du monde et dévoué au pays qui lui avait été confié, eut à lui faire accepter les mesures préparatoires prises par le gouvernement de juillet, en vue de l'émancipation prochaine des esclaves. Il le fit avec une telle réserve, qu'il conserva quand même l'affection du pays.

Il eut aussi à calmer une révolte des petits blancs de la commune de Saint-Louis, et surtout à lutter contre l'envahissement du clergé, qui chargé de la moralisation des esclaves, s'immisçait par trop dans les relations de ceux-ci avec leurs maîtres. Dans l'échauffourée au sujet de l'abbé Monet, qu'il fit embarquer pour France, il comprit parfaitement qu'il venait de se sacrifier à l'intérêt de la colonie, et nous disait : « *Je viens de briser mon épée sur la robe de ce prêtre.* » Disons cependant que, plus tard, justice lui fut rendue par le président de la république.

1848, 14 octobre (Ar.). — 1850, 8 mars (Ar.).

SARDA GARRIGA, *commissaire général de la république,* sauva la colonie par les sages mesures qu'il prit avant et après l'émancipation des esclaves, qui cependant l'appelaient leur père. Il n'en fut pas moins destitué, peut-être par suite de l'animosité que lui portait un administrateur pourtant créole, lequel poussa la rancune, après la remise du service, jusqu'à exiger qu'il cessât de demeurer dans l'hôtel du gouvernement, bien que son successeur ne fût pas arrivé, et que l'intérimaire ne jugeât pas devoir aller y loger lui-même.

1850, 9 mars (Ar.). — 1850, 14 avril (Ar.).

DE BAROLET DE PULIGNY, *gouverneur par intérim;* étant commandant militaire, il fit l'intérim pendant les quelques jours qui s'écoulèrent entre la remise du gouvernement par M. Sarda, et l'arrivée de M. Doret.

1850, 15 avril (Ar.). — 1852, 8 août (Ar.).

DORET, *gouverneur*, eut à combattre contre certains empiétements. Ses luttes avec le premier évêque de la colonie sont connues.

Outre les travaux publics qu'il poussa autant que le lui permit l'état peu prospère du pays, c'est à lui que l'on doit la colonisation des plaines des Palmistes et des Cafres, que l'on néglige malheureusement beaucoup trop. L'avenir de ces plaines dépend des routes qui s'exécutent très-lentement, par suite de la parcimonie des votes du conseil général.

1852, 9 août (Ar.). — 1858, 10 janvier (Ar.).

HENRY-HUBERT DELISLE, *gouverneur*. Son passage restera

comme un des plus profitables au pays. Sous son administration la route de ceinture fut achevée et une deuxième commencée. Enfin les travaux du port de Saint-Pierre furent entrepris.

1858, 11 janvier (Ar.). — 1858, 27 mars (Ar.).

LEFÈVRE, *gouverneur par intérim*, prit l'administration des mains de M. *Delisle*, obligé de rentrer en France pour cause de santé.

1858, 28 mars (Ar.).

LE BARON DARRICAU, *gouverneur*, encore en fonctions, a eu à lutter jusqu'ici contre de bien mauvaises chances. Outre un arriéré dans la caisse de réserve, par suite d'une erreur de comptabilité commise avant son arrivée, de nombreux cataclismes atmosphériques sont venus se joindre à une terrible épidémie. Il y a lieu d'espérer que la position du pays, maintenant si prospère, lui donnera la facilité d'attacher son nom à quelques travaux sérieux.

TOPOGRAPHIE

Située dans l'Océan oriental ou mer des Indes, l'île de la Réunion (Pl. III) a pour chef-lieu la ville de Saint-Denis, dont la position géographique a été déterminée avec soin. On a pris pour repère le belvédère de l'hôtel du gouvernement, qui est situé par 20°,51′,41″ de latitude sud et 53°,10′,00″ de longitude est.

Nous donnons ci-dessous un tableau (en milles marins de 1852 mètres l'un), indiquant les distances de l'île de la Réunion à certains lieux, et aussi la modification que l'ouverture du canal de Suez apportera à la longueur de ces distances. Elles ont été calculées sur la route moyenne d'un navire mixte, ou sur celle d'un navire à voiles, en ne tenant pas compte des fausses routes que les vents contraires l'obligent quelquefois à faire.

DÉSIGNATION DES POINTS.	DISTANCES EN MILLES.		La première route étant 100 celle par Suez sera :
	Voie du Cap.	Voie par Suez.	
Afrique (cap d'Elgado).........	1,200	.....	..
Cap de Bonne-Espérance......	2,400	.....	..
Constantinople.............	10,800	5,300	49
Le Havre..............	9,600	7,800	81
Lisbonne.. :............	8,800	6,900	78
Londres................	9,900	8,000	80

DÉSIGNATION DES POINTS.	DISTANCES EN MILLES.		La première route étant 100 celle par Suez sera :
	Voie du Cap.	Voie par Suez.	
Madagascar (Manourou)	400	. . . . .	. .
Marseille	9,600	6,200	64
Maurice	100	. . . . .	. .
Nouvelle-Hollande (cap Leeuwin) . .	4,100	. . . . .	. .
Pékin	6,500	. . . . .	. .
Pondichéry	3,800	. . . . .	. .

L'île se compose de deux groupes de montagnes réunis par un col ou plateau, appelé la plaine des Cafres, qui est élevé de 1,600 mètres au-dessus du niveau de la mer. Le groupe O.-N.-O. a pour point culminant le Piton des Neiges (3,069 m.), et celui E.-S.-E. le grand cratère (2,625 m.) encore fumant et très-voisin du cratère brûlant. Le développement des côtes est de 207 kilom. 30; la longueur de l'île, de la pointe des Galets à celle d'Ango, de 71 kilom. 20; sa largeur, de Saint-Pierre à Sainte-Suzanne, de 50 kilom. 60, et sa surface, de 251,160 hectares.

Bourbon est divisé naturellement en deux parties par l'arête générale des montagnes, qui prend du bord de la mer à la Grande-Chaloupe, entre Saint-Denis et la Possession, et va se terminer à la mer, au centre du Grand-Brûlé. Cette arête passe par les sommets de la Possession, ceux des plaines d'Affouche et des Chicots, par les crêtes du Cimendef et du morne de Fourche, suit les Pitons du Gros-Morne et des Neiges, les sommets de l'Entre-Deux, des plaines des Cafres, des Remparts et des Sables; puis enfin franchit le sommet du grand cratère, celui du cratère brûlant et le centre des grandes pentes.

La seule inspection de la carte (Pl. III) indique combien est fausse la désignation générale donnée à chacune des deux divisions de l'île, celle N.-N.-E. étant nommée partie du vent, et celle S.-S.-O. partie sous le vent; tandis que ce sont les côtes N.-N.-E. et S.-S.-O. de ces deux parties, qui ressentent le plus les brises, une espèce de renvoi les rendant moins fortes du côté du volcan. La portion sous le vent ne s'étend réellement que de la pointe de l'Etang-Salé à celle des Chiendents.

Les deux groupes de l'île sont sillonnés de nombreux torrents s'échappant soit des cirques intérieurs, soit des pentes générales formant le flanc des montagnes. Parmi ces torrents, les plus importants sont ceux sortant des cirques ou des grandes plaines de l'intérieur, savoir : 1° *la rivière Saint-Étienne* qui débite toutes les eaux du cirque de Cilaos par le bras de ce nom ; toutes celles de l'Entre-Deux par le bras de la plaine, et la plus grande partie de celles de la plaine des Cafres par le bras de Pontho ; 2° *la rivière du Mât* qui débite toutes les eaux du cirque de Salazie et des pentes voisines ; 3° *la rivière des Galets* qui sert d'écoulement à toutes les eaux du cirque du même nom et à celles des pentes du Gros-Morne et des mornes de Fourche ; 4°, *la rivière des Marsouins* qui déverse à la mer toutes les eaux de la plaine des Salazes. Outre ces quatre grands cours d'eau, le groupe O.-N.-O., ou du Piton des Neiges, renferme encore bon nombre de torrents, entre autres ceux dits, rivière des Roches, rivière des Pluies, ravine du Chaudron ou du premier bras, rivière Saint-Denis, ravine de la Grande-Chaloupe, rivière Saint-Gilles, ravine des Trois-Bassins, la Grande-Ravine, la ravine des Avirons, la rivière du Gol et la rivière d'Abord.

Le groupe du volcan ne contient aucun cirque intérieur ; mais il renferme de vastes coupées, d'où s'échappent, la rivière des Remparts, la rivière de Langevin, la ravine de la Basse-Vallée et la rivière de l'Est. Il renferme de plus un grand nombre d'autres petits ravins, dont le principal est la ravine de Manapany. Presque tous ces torrents ont, comme ceux d'Europe, et surtout des Alpes, leurs bassins de réception aux parois plus ou moins croulantes, leur gorge enserrée entre des remparts escarpés et leur lit de déjection. Quelques-uns, mais très-peu, ont à la suite de ce dernier ce que l'on appelle un lit d'écoulement, où l'eau reste plus calme ; ce sont : la rivière des Roches, la rivière Saint-Jean, celle Sainte-Suzanne et le Bernica, toutes quatre comprises dans le groupe du Piton des Neiges. Tous les torrents du groupe du volcan, et la plus grande partie de ceux du premier groupe, n'ont pas encore établi leur régime régulier ; ils exhaussent constamment leur lit de déjection, et surtout l'allongent, en prenant sur la mer, qui roule le long des côtes les sables et galets incessamment fournis par ces fougueux cours d'eau.

Presque tous à sec dans la belle saison, les torrents de Bourbon débitent, aux époques des grandes pluies, des masses d'eau incroyables qui s'écoulent sur des lits de blocs et de roches, dont la pente moyenne est d'environ 7 pour cent. Aucun de ces torrents, même ceux qui ont un lit d'écoulement plus calme, ne sont navigables, parce que les blocs et galets qu'ils charrient forment une barre infranchissable, et aussi que la mer, roulant leurs débris sur presque toutes les côtes, entretient des barrages d'embouchure qui déterminent quelques bassins d'eau saumâtre, sans communication avec la mer.

Les cirques et plaines des plateaux de l'intérieur du premier groupe contiennent quelques étangs, anciens cratères ou affaissements remplis d'eau. Le plus important, le grand étang, se dessèche tous les ans; il est situé près de la plaine des Palmites, et comporte à peine 2,000 mètres de longueur. Les autres ne sont que de véritables mares, telles que les mares à poule d'eau, à citron et à gouyaves, dans le cirque de Salazie, et les trois mares de l'îlet des Étangs, dans le cirque de Cilaos.

D'autres étangs se sont formés sur les bords de la mer, dans les anciens lits de déjection, savoir : l'étang du Champ-Borne, dans lequel se déverse le trop plein des eaux de la rivière Saint-Jean; l'étang de Saint-Paul, qui reçoit les eaux du Bernica, et de plusieurs autres ravines; le petit bassin de Saint-Gilles; l'Etang-Salé, presque toujours à sec, et l'étang du Gol. Tous ces étangs vont en diminuant et se comblent de détritus; ils disparaîtront certainement tous dans un temps donné, comme l'ont déjà fait bon nombre dont on trouve des traces, entre autres, au quartier Français, à la mare de Saint-Denis dans les hauts de la ville, à l'Hermitage et sur d'autres points.

Le groupe du volcan ne contient aucun étang, et ses rivières et ravins, sauf celles des Remparts, de Langevin et de l'Est, sont à sec presque toute l'année; nous devons toutefois en excepter l'endroit dit les Cascades, où l'on retrouve en miniature, au fond d'une petite baie, tous les détails d'un grand cours d'eau, avec cascades, lit rocheux, puis sablonneux, bassin d'embouchure, mare, etc., etc. ; et ce, sur un espace de cinq cents mètres de longueur et autant de largeur, le tout formant dans cette localité une véritable oasis, dans les terrains de scories décomposées, situés entre le village de Sainte-Rose et le pays Brûlé.

Si le lit irrégulier des torrents et la nature du sous-sol indiquent que Bourbon n'appartient pas à une formation très-ancienne, les magnifiques forêts s'étendant presque du sommet des montagnes jusqu'au bord de la mer, dont nous parlent les anciens voyageurs, et les beaux restes que nous avons pu voir nous-mêmes, à notre arrivée dans cette colonie, sont au moins des preuves d'une ancienneté assez grande. Dans le lit même du volcan, au milieu du Grand-Brûlé, les forêts forment des bouquets épargnés par la lave, et le voyageur y jouit d'une fraîcheur qu'il apprécie d'autant mieux qu'il vient de traverser des coulées plus ou moins récentes, où il a, quel que soit le temps, éprouvé une chaleur excessive, augmentée encore par l'aspect désolé du sol qu'il a parcouru.

La coulée de Sainte-Rose, qui date de 1745, ne commence encore à se couvrir que de quelques arbustes, et cependant elle est située au milieu de terres cultivées qui ont dû, par les pluies et les brises, lui fournir vite un peu d'humus, ou au moins de détritus. Quelle doit donc être la date des coulées recouvertes par les forêts du Grand-Brûlé, dont le sol est jonché de troncs décomposés des grands arbres, débris d'une végétation antérieure? D'autres forêts sont en formation dans le même enclos, et si la lave ne les renverse pas, elles arriveront un jour au degré de végétation atteint par leurs voisines. Rien n'est plus beau, mais aussi rien n'est plus triste que de voir une rivière de feu traversant ces forêts, en fauchant broussailles et grands arbres avec une puissance et une régularité d'action qui démontre la force irrésistible que développent ces courants de lave. Pourtant quelques pauvres créoles habitent encore les oasis du Grand-Brûlé; ils y sont toujours sur le qui-vive, et veillent à chaque coulée si la lave ne descend pas vers leur modeste ajoupa. Nous avons vu, en 1844, tout un groupe de ces malheureux, obligé de fuir devant la lave, et de lui abandonner leurs modestes cases, n'emportant que quelques hardes, leur natte, leur hache et leur marmite, seuls meubles ou à peu près que possèdent ces petits créoles, qui vivent du produit de la pêche, de l'élève de quelques animaux, et surtout de la fabrication des sacs de *vacoua*, destinés à l'expédition du sucre, et que les femmes tissent ou plutôt nattent avec une rapidité incroyable.

La forme à peu près ronde de l'île, et le rayonnement du lit de toutes les ravines de la mer vers le centre, a considérablement facilité la connaissance du pays, au moins pour la côte; aussi voyons-nous que, dès 1658, de Flacourt en publiait une carte assez exacte, où nous retrouvons presque les mêmes noms que nous connaissons encore aujourd'hui.

Outre la division en parties du vent et de sous le vent, l'île de la Réunion fut subdivisée autrefois en quartiers; puis, plus tard, en cantons et communes, ayant pour limites, ou lignes de séparation, le lit des ravines, dont on ne connaissait alors que le cours inférieur.

Il a été souvent question d'augmenter le nombre des communes, dont quelques-unes ont des surfaces énormes. Des intérêts particuliers me semblent seuls s'opposer à cette mesure, à laquelle il faudrait pourtant joindre la création des arrondissements, et celle des cantons qui remplaceraient, ou à peu près, les communes actuelles et en prendraient les charges.

Nous donnons ici le tableau des justices de paix et communes, sans y comprendre le tribunal de Saint-Leu, institué depuis bien des années par décret impérial, mais dont d'autres intérêts particuliers font suspendre l'installation au grand détriment de toute une population.

Il y a encore à Bourbon des institutions toutes particulières que l'éloignement des centres a forcé d'établir, ce sont : deux districts s'administrant complétement en dehors des communes dont ils font partie, savoir : Salazie et la plaine des Palmistes, et deux adjoints, dits spéciaux, administrant, au moins en ce qui concerne la police et l'état civil, les deux divisions de communes dont ils sont chargés, savoir : l'Entre-Deux et la Possession. Enfin, on a été obligé de placer un syndic à la plaine des Cafres, avec des attributions spéciales. Toutes ces sous-divisions, plus ou moins régulières, indiquent suffisamment l'absolue nécessité d'augmenter le nombre des communes, et de régler celui des paroisses sur la même base, afin de rendre la surveillance plus uniforme et plus facile ; car chaque paroisse a ou doit avoir son cimetière ; or, il n'est pas rare de voir, par suite de la différence qui existe entre les subdivisions administratives et religieuses, enterrer dans une commune un individu mort dans une autre. Il résulte aussi de cette position exceptionnelle des paroisses, que l'administration est souvent obligée d'intervenir pour diviser les charges entre les deux communes à qui appartiennent, sans distinction et à degré égal, les églises, les presbytères et autres établissements religieux.

DIVISION DE L'ILE DE LA RÉUNION.

JUSTICES DE PAIX.	COMMUNES.	SOUS – DIVISIONS de communes.
PARTIE DU VENT.		
Saint-Denis.	Saint-Denis.	Néant.
Sainte-Suzanne.	Sainte-Marie..	Idem.
	Sainte-Suzanne. . . . :	Idem.
Saint-André.	Saint-André.	Salazie.
Saint-Benoît.	Saint-Benoît..	Plaine des Palmistes.
	Sainte–Rose.	Néant.
PARTIE SOUS LE VENT.		
Saint-Joseph.	Saint-Philippe.	Néant.
	Saint-Joseph..	Idem.
Saint-Pierre..	Saint-Pierre..	Plaine des Cafres. Entre-Deux.
Saint-Louis.	Saint-Louis.	Néant.
	Saint-Leu.	Idem.
Saint-Paul..	Saint-Paul.	La Possession.

Dans la subdivision topographique, nous ne tiendrons pas compte de ce que l'on appelle les cantons, dont toute l'administration spéciale se résume en une justice de paix, chaque commune ou sous-division ayant même un commissaire de police.

Des articles spéciaux donneront des détails sur la population des communes, sur leur surface, etc., etc.

SAINT-DENIS est le chef-lieu de la colonie depuis 1738. Cette commune a pour bornes : au S.-O., la ravine de la Grande-Chaloupe, et à l'E., la rivière des Pluies. *Comme toutes les autres communes*, ses limites inférieures et supérieures sont la mer et la dénomination vague de sommet des montagnes. Saint-Denis paraît avoir été habité dès 1665, mais l'était sûrement en 1669, puisqu'à cette époque le voyageur Dubois dit que le gouverneur, Regnault, y demeurait. La ville, chef-lieu de la commune, est le siége d'une cour d'assises d'une cour impériale, et du tribunal de première instance de la partie du vent. Elle renferme naturellement, en sa qualité de capitale, tous les principaux établissements d'utilité générale, tels que : colléges, casernes, parc d'artillerie, muséum d'histoire naturelle, bibliothèque, observatoire, hôpital, jardin botanique, école professionnelle, geôle, chambres d'agriculture et de commerce, banque, société des sciences et arts, etc., etc.

L'aspect de la ville est assez pittoresque. Ses rues sont généralement régulières et bien alignées ; elles sont, sauf les rues marchandes, bordées de murs de clôture et de grilles, entourant des jardins au centre desquels sont construites les habitations particulières.

La population de Saint-Denis augmente depuis quelques années avec une très-grande rapidité. Cette commune n'avait, en 1831, que 18,000 habitants ; en 1855, il y en avait 26,000 ; en 1858, 33,000 ; et en 1860, il y en a 36,000. Parmi les monuments, nous devons citer : l'hôtel du gouverneur, l'hôtel de ville, la banque, la grande caserne, le lycée, le bazar (marché), quelques églises et une cathédrale en construction.

Le jardin public est une promenade charmante, mais peu fréquentée. Les places publiques, plantées d'arbres, sont d'un aspect agréable, mais mal entretenues. Au centre de celle dite du Gouvernement, on a érigé une belle statue en bronze à *Mahé de Labourdonnais ;* trop petite pour cette vaste place, elle se perd dans le tapis de gazon qui en couvre la surface. La statue devait être dressée en face de la mer, sur une petite place réservée exprès, et où elle eût produit un bien meilleur effet ; on a modifié ce projet, et transformé la place en une simple rue. Une très-jolie fontaine, don d'un ancien maire, M. Gustave Manes, a le tort d'être placée en contre-bas sur la place de l'Eglise.

En venant de la mer, le voyageur qui débarque par un pont en fer, en partie démoli par les ouragans, arrive sur un quai où s'élèvent quelques bâtiments publics, entre autres, la direction du génie militaire. Ce quai est malheureusement déparé par un ignoble parc à charbon de terre laissé là en dépit des récriminations générales, et dont le déplacement coûterait dix fois moins que la valeur des pertes éprouvées par le service de la marine, et causées par la détérioration du charbon laissé sous l'action des pluies et du soleil des tropiques, qui l'échauffe quelquefois jusqu'à l'énorme température de 70°, et le transforme en poussière.

SAINTE-MARIE était habité en 1671. Cette commune est bornée, à l'O. par la rivière des Pluies, et à l'E. par la ravine des Chèvres. Le chef-lieu est un petit village, n'ayant pour tout monument qu'une église assez convenable et une modeste mairie. C'est dans le haut des campagnes de cette commune, au lieu dit la Ressource, que se sont d'abord établis les jésuites, qui depuis ont étendu leurs établissements sur d'autres points de l'île.

SAINTE-SUZANNE paraît avoir été fondé dès la prise de possession de l'île; car on voit figurer ce quartier sur la carte de Flacourt (1658) et sur d'autres cartes, sous le nom d'habitation de l'Assomption, ou habitation des Français. Il a même été quelque temps le point le plus habité de la colonie, et les gouverneurs y avaient une résidence, d'où ils ont rendu beaucoup d'arrêtés. Maintenant, c'est toujours un des points les plus frais de la colonie, ayant pour limites la ravine des Chèvres à l'ouest, et la rivière Saint-Jean à l'est. Le chef-lieu, joli petit bourg bien tenu, a une église parfaitement placée, et un établissement de charité fort bien dirigé par les sœurs de Saint-Joseph. Le phare du Bel-Air domine cette partie de l'île, et signale aux marins la roche la Marianne et celle du Cousin, seuls dangers des côtes de Bourbon, qui, si elles n'offrent aucun abri au navigateur, ont au moins l'immense avantage d'être très-saines et sans écueils cachés.

SAINT-ANDRÉ, commune voisine, en continuant notre tour de l'île, a pour borne ouest, la rivière Saint-Jean, et pour borne sud, la rivière du Mât et le cirque de Salazie. Quand ce quartier fut fondé, vers 1741, il s'étendait jusqu'à quelques kilomètres au delà, et était borné par le chemin des Limites, qui sépare en deux la localité du bras Panon ; mais, par suite d'une espèce de réaction contre l'autorité républicaine, pendant laquelle l'arbre de la liberté fut abattu et le bonnet phrygien sali, ce district fut supprimé, son église rasée, et le sol partagé entre les deux communes voisines, Sainte-Suzanne et Saint-Benoît.

Quand ce quartier fut rétabli, en 1798, on lui rendit son territoire primitif, sauf toutefois la partie entre la rivière du Mât et le chemin des Limites, qui resta définitivement à la commune de Saint-Benoît. Saint-André n'a point de village, mais des maisons tout le long de la route ; elles vont en se serrant un peu plus, près de la vaste mais triste église que l'on a reconstruite. Près de cette église on a édifié deux belles écoles pour les garçons et pour les filles ; ces établissements sont tenus, l'un par les frères de la doctrine chrétienne, et l'autre, par les sœurs de Saint-Joseph, qui, à Bourbon, ont presque le monopole de l'éducation des jeunes filles.

Saint-André et Saint-Louis sont les seuls grands centres de population qui ne soient pas bâtis sur le bord de la mer.

SALAZIE, dont le territoire fait partie de la commune de Saint-André, ne commença à être habité qu'en 1829, par M. Th. Cazeau, qui alla y planter sa paillotte sur le bord de la mare à poule d'eau. Il fallut alors du courage pour s'isoler ainsi, à deux journées de toute habitation, dans un lieu cerné par des rivières qu'il fallait passer 35 fois pour pouvoir communiquer avec les lieux habités. Combien de fois ces torrents, dans leurs débordements, l'ont-ils retenu prisonnier et presque sans vivres pendant des semaines entières. Heureusement que l'année suivante les plantations avaient prospéré, et que des voisins étaient venus s'établir de l'autre côté de la mare.

La première source thermale de cette localité fut découverte en 1831, et la colonisation se compléta à la suite de l'ouverture de chemins, et surtout de la construction des ponts par M. *Pierre Cazeau*, qui rendit ainsi abordable la belle localité dont son frère avait été le premier habitant.

Salazie contient maintenant deux villages. Le principal, nommé Hell-Ville, où se trouvent une jolie petite église, la mairie et les écoles ; l'autre est situé près des eaux thermales. Salazie a été érigé en district, avec conseil d'agence municipale, le 11 octobre 1856. Ses limites sont, au nord-est, le pont de l'Escalier, et pour le reste tout le périmètre du cirque d'où s'écoule la rivière du Mât.

SAINT-BENOIT, la plus grande commune de l'île, est borné au nord par la rivière du Mât et le cirque de Salazie, et au sud-est par la rivière de l'Est. Son chef-lieu, fondé en 1734, et auquel on pourrait peut-être discuter le titre de ville, fut longtemps un des plus importants de l'île. C'est là qu'on se rendait de toute la partie du vent, quand on voulait assister à une joyeuse fête, et consulter un savant ou un habile cultivateur ; enfin, c'est dans son sol que l'on venait chercher les plantes et toutes les espèces d'arbres rares dont s'est couvert la colonie.

Les monuments de cette localité sont : l'église, la plus jolie de l'île Bourbon, et la caserne, malheureusement inhabitée. La rivière des Marsouins, qui traverse le chef-lieu et le divise en deux parties, fut, après la ravine des Chèvres, la première pontée dans la colonie. Ce travail fort remarquable avait été fait aux frais et par les soins de M. Hubert Montfleury ; il dura jusqu'en 1838, époque où il fut remplacé par celui existant. Un obélisque a été placé sur la culée du pont Montfleury, pour perpétuer le souvenir de cet acte de générosité en faveur de ses concitoyens.

LA PLAINE DES PALMISTES, Agence municipale fondée en 1859, n'était habitée que par quelques créoles, et notamment par le sieur Fleury, lorsqu'en 1851 fut rendu l'arrêté du 4 novembre, autorisant la colonisation de cette plaine qui est bornée, au nord-est, par la montée Letort ; au sud-ouest, par le rempart de la Grande-Montée ; au nord-ouest, par le rempart dit des Songes, et au sud-est, par les pentes des Tabacs et de Saint-François. Le chiffre de sa population, donné par les tables statistiques, indique suffisamment l'importance déjà acquise par cette localité, concédée peut-être par trop petits lots, mais dans la partie réservée de laquelle s'élève en ce moment une ferme-modèle, dont les créateurs espèrent les meilleurs résultats.

Le chef-lieu de cette localité, le hameau de Sainte-Agathe, possède une chapelle.

SAINTE-ROSE, borné, au nord-ouest, par la rivière de l'Est, et au sud, par l'axe du grand pays Brûlé, est la sentinelle avancée de la colonie vers ce grand foyer, qui déjà une fois depuis les temps connus, en 1745, est venu la séparer des autres lieux habités. Ce quartier ne possède qu'un village groupé autour de son église, qui a été construite près du lieu connu sous le nom de Port-Carron. C'est devant les côtes de cette commune que se livra le combat des frégates commandées par les capitaines Bouvet et Corbet; et au bord de la mer, au bas du village, que les Anglais élevèrent un monument sans inscription à leur capitaine vaincu, mais mort avant de tomber entre les mains du vainqueur. Peut-être nos voisins n'ont-ils pas voulu laisser de traces d'une défaite reconnue pourtant également honorable pour les deux partis.

Le quartier Sainte-Rose était habité avant 1745, mais dépendait de Saint-Benoît; il n'en fut séparé que peu avant 1790. La partie la plus peuplée de la commune n'est pas le village, mais bien l'endroit appelé le Piton.

Traversons maintenant *le Grand-Brûlé,* qui a plus de sept kilomètres de large; car, si, géographiquement, son axe seul sert de limites aux deux communes riveraines, elles n'en sont pas moins séparées physiquement par ce vaste espace livré aux feux du volcan, et par les escarpements de l'enclos, dont celui du côté de Sainte-Rose est nommé Rempart du Bois-Blanc, et celui du côté de Saint-Philippe, Rempart du Tremblet. Au centre de cet enclos, nous trouvons une pierre sur laquelle est gravé le souvenir de l'inauguration de la première route de ceinture, et la date de son achèvement (1854). Remarquons en passant que, dans la coulée de 1858, la lave a semblé vouloir respecter ce modeste monument, en coulant à droite et à gauche sans le toucher.

SAINT-PHILIPPE est borné, au nord, par le milieu du Grand-Brûlé; mais on ne se considère réellement comme étant dans cette commune, que quand on est sorti du grand enclos du volcan; en marchant ensuite de coulées en coulées, entremêlées de zones de cultures, on arrive à la rivière de la Basse-Vallée, limite ouest de cette

commune, que les feux du volcan ont visitée depuis les temps con--
nus, et pourraient bien visiter encore. Cette localité, habitée avant
la fin du siècle dernier, dépendait de Saint-Joseph. C'est l'absence
·d'eau qui avait longtemps empêché la population de se porter davantage sur ce point, heureusement très-pluvieux, ce qui permet
aux habitants de recueillir dans des auges en bois l'eau nécessaire à
leurs besoins; mais, habitués aux pluies presque journalières, et par
conséquent peu prévoyants, il leur arrivait souvent, quand venaient
huit ou dix jours de sécheresse, d'être obligés de faire un voyage de
plusieurs lieues afin d'apaiser leur soif.

Pour obvier à cet inconvénient, on fit creuser, en 1822, près du
bord de la mer, le puits nommé Puits de Baril, asssez joli travail
donnant de l'eau un peu saumâtre, mais certainement bien supé-'
rieure à celle généralement corrompue des auges en bois, encore
employées par suite de la nonchalance des habitants. D'autres puits
furent creusés plus tard, et, en 1823, on construisit une chapelle
dans cette localité, qui fut définitivement érigée en commune le
1er juillet 1831.

On vient de reconstruire la chapelle qui tombait en ruines; mais
on ne voit autour d'elle que deux ou trois maisons.

SAINT-JOSEPH est borné, à l'est, par la rivière de la Basse-Vallée,
et à l'ouest, par celle de Manapany. Déjà habité, comme annexe de
Saint-Pierre, nous trouvons qu'en 1783, on décida quelques créoles
à aller s'y fixer en leur accordant des concessions. Toutefois, Saint-
Joseph ne fut érigé en commune que le 31 mars 1785; encore alors
la limite ouest était-elle la ravine Panon; ce ne fut que trois ans
plus tard que cette limite fut, sur la demande des habitants, portée
jusqu'à Manapany.

On a bâti successivement, à Saint-Joseph, deux églises en bois;
la dernière vient d'être remplacée par une assez jolie construction
en pierre, dont l'aspect est pourtant un peu lourd. Le bourg, séparé
par la rivière des Remparts, ne se compose que de trois rues et n'a
pas d'autre monument que son église.

On doit toutefois y ériger prochainement une mairie.

SAINT-PIERRE, longtemps connu sous le nom de quartier de la
rivière d'Abord, ne fut érigé en paroisse qu'en 1735. Avant cette

époque, le chef-lieu paraît avoir été au Gol, puis porté ensuite à la rivière d'Abord. Les registres de l'état civil, ou plutôt de baptêmes, mariages et enterrements, tenus par les curés, y remontent à 1728.

Les limites du quartier sont, à l'est : la rivière de Manapany, et au nord-ouest, la rivière Saint-Etienne.

Le plan de la ville, dressé par le chevalier Banks, fut approuvé le 12 septembre 1785. Tracée en amphithéâtre et avec des rues bien alignées, cette ville, vue de la mer, produit un assez bon effet. C'est la seule de la colonie dont les rues soient largement arrosées par des cours d'eau assez volumineux. C'est aussi le seul point de l'île où les bateaux de côte trouvent un petit bassin intérieur, où ils puissent se mettre à l'abri des fureurs de la mer, et où presque tous viennent se réparer. On est occupé à transformer ce petit bassin en un port qui pourra contenir de trente à cinquante navires.

On vient aussi d'ériger une très-jolie fontaine sur la place de la mairie, dont on va faire un square planté d'arbres et de fleurs.

Nous ne parlerons pas de l'église, qui est peu digne d'une localité aussi importante, qui a du reste d'autres monuments, entre autres, son palais de justice, érigé par décret impérial, et où vont être transférés la cour d'assises et le tribunal de première instance de Saint-Paul. Citons encore son hôtel de ville, ancien magasin de la compagnie des Indes; son école des frères, ancien hôtel des directeurs, et sa caserne de gendarmerie.

Les deux localités suivantes font partie de la commune de Saint-Pierre.

1° *L'Entre-Deux*, où résident un adjoint spécial et un commissaire de police. Cette localité, enserrée entre les bras de Cilaos et de la Plaine, qui, en se réunissant à l'Éperon, forment la rivière Saint-Etienne, contient une population nombreuse. On y remarque une assez jolie chapelle et les restes d'un ancien étang naturel.

2° *La plaine des Cafres*, où un syndic est chargé de la police et est revêtu de quelques autres attributions, a pour limites des lignes fictives, qui s'accordent peu avec la configuration du sol, et qui seront certainement modifiées un jour. Chargé d'y faire des études en 1837, nous avons vu y créer l'établissement Reilhac. Cet habitant, qui y possède toujours de beaux troupeaux, y a exécuté des travaux fort remarquables, et on doit le considérer comme le fondateur de cette localité. On croyait la plaine des Cafres privée d'eau, aussi n'a-t-elle été habitée qu'après la découverte d'une source dont M. Reilhac était parvenu à conduire les eaux jusque dans les bas du quartier Saint-Pierre.

Concédée par arrêté du 4 novembre 1851, la plaine des Cafres sert à l'élève des bestiaux. Sa surface est couverte d'un assez maigre pâturage, dont la nature peut être facilement améliorée.

SAINT-LOUIS, dont la colonisation paraît se confondre avec celle de Saint-Pierre, était déjà érigé en paroisse spéciale en 1736. Cette commune a pour limites, au sud-est, la rivière Saint-Etienne, et au nord-ouest, la ravine des Avirons.

Le bourg, chef-lieu, s'est successivement déplacé en se rapprochant de la rivière Saint-Etienne; car on voit, dans les hauteurs de l'Etang-Salé, les ruines de la première église construite. Celle actuelle, plus rapprochée du bourg, se trouve déjà tout à fait en dehors de ses limites; aussi a-t-on décidé son abandon et est-on en train d'en construire une plus vaste au centre de la population. Il y a encore dans la commune de Saint-Louis un petit hameau habité par des pêcheurs; il est situé entre les bords arides de la mer et de l'Etang-Salé dont il prend le nom.

Saint-Louis, qui n'a aucun monument remarquable, sauf sa belle école des frères, est toutefois en voie de progrès. En sus de son église, elle édifie en ce moment une mairie et une école de jeunes filles. Outre quelques plaines intérieures, Saint-Louis a encore une annexe, le cirque de Cilaos, qui contient une nombreuse population, et où l'on trouve la plus belle source thermale de la colonie.

Nous ne pouvons quitter ce quartier sans parler du château du Gol, situé au milieu d'une vaste plaine gagnée sur les marécages de l'étang. Ce château a été construit, dit-on, en 1777, par M. Desforges Boucher fils, ancien ingénieur de la compagnie des Indes.

SAINT-LEU, autrefois le Repos de Laleu, fut habité très-anciennement; toutefois il ne fut érigé en quartier que par ordonnance du 15 décembre 1776. Il a pour limites, au sud-est, la ravine des Avirons, et, au nord, celle des Trois-Bassins. Sa modeste église, à laquelle on s'occupe d'ajouter un fort joli clocher, ne fut élevée qu'en 1790. On installe aussi en mairie l'ancien logement des agents de la compagnie des Indes, et les magasins voisins ont été transformés, l'un en caserne de gendarmerie, l'autre en geôle et poste de police. Une modeste fontaine donne à toute la population du chef-lieu l'eau potable nécessaire à ses besoins. L'administration communale actuelle a notablement amélioré une partie des voies rurales, et a construit un pont fort remarquable dans les hauts de la Grande-Ravine.

Le bourg central ne se compose que d'une seule rue ombragée de beaux bois noirs; malheureusement le peu de hauteur au-dessus du niveau de la mer, du banc de sable sur lequel il est construit, le rend très-humide dans les temps de pluie.

Nous terminerons notre tour de l'île par le quartier SAINT-PAUL, berceau de la colonie, et dont la ville a été, jusqu'à ce jour, considérée comme la deuxième de l'île de la Réunion. Les limites de cette commune sont, au sud, la ravine des Trois-Bassins, et, au nord-est, celle de la Grande-Chaloupe. Le premier lieu habité (en 1662) fut celui appelé la Caverne. Plus tard, on alla s'établir de l'autre côté de l'étang, au lieu connu sous le nom du vieux Saint-Paul; enfin, le centre de la population s'est définitivement transporté à la base du Bernica, où se trouve la ville actuelle.

Saint-Paul est le siége d'une cour d'assises et d'un tribunal de première instance, qui, comme nous l'avons dit, doivent être prochainement transportés à Saint-Pierre, ville plus centrale. Il y a peu de monuments à Saint-Paul; l'église y est vaste, mais d'une architecture très-ordinaire; la caserne, ancien magasin de la compagnie des Indes, est le seul bâtiment remarquable, et la fontaine qui lui fait face, la seule eau courante, due au travail des habitants. Pourtant, de la ceinture de rochers qui entoure la ville, s'échappent de nombreuses cascades d'une eau, la plus belle et la plus pure que l'on puisse voir. On s'occupe actuellement de conduire en ville les eaux de la ravine Saint-Gilles.

Saint-Paul a un bazar assez bien construit, et surtout approvisionné. Il a aussi un hôpital, une grande geôle et un beau pont en fer pour le débarquement des passagers; celui des marchandises se fait encore, comme autrefois, sur la plage de sable et à dos d'homme.

Les rues de la ville sont droites, mais percées irrégulièrement. La Chaussée, le long de l'étang, serait peut-être la plus belle promenade de la colonie si les plantations en étaient entretenues avec soin.

Saint-Paul, placé au fond de la plus belle rade de la colonie, pourrait devenir un des points les plus importants de l'île, si sa population, avec plus d'homogénéité, ne se laissait pas leurrer d'un vain espoir, et se décidait à abandonner, comme centre de commerce ou de débarquement, les bords de son étang vaseux, et consentait à reporter toute l'activité nécessaire sur le cap la Houssaye, un des points les plus convenables pour la création d'un vaste établissement maritime à la Réunion.

Loin de la ville, dans la baie de Saint-Gilles, existe un petit village, charmant oasis, où la population aisée de Saint-Paul va passer la saison chaude. Il est situé au bord d'un cours d'eau charmant et près d'un des seuls lieux de la colonie où l'on puisse prendre facilement des bains de mer.

De Saint-Paul dépend le cirque de la rivière des Galets, dans lequel se trouve la source sulfureuse de Mafatte, et le plateau d'O-rère, où sont cultivés presque tous les fruits d'Europe.

La Possession dépend aussi de la commune de Saint-Paul; mais il y a un adjoint spécial qui administre le hameau situé près du débarcadère et la population des campagnes environnantes. Ce lieu, où abordèrent les Français et où ils prirent peut-être possession de l'île, en 1643 et 1649, mais certainement en 1654, n'est plus qu'un lieu de transit, et n'a d'autre importance que celle de servir de point de débarquement aux nombreux voyageurs qui vont de Saint-Denis à Saint-Paul. La côte y est encore ce qu'elle était en 1656 : on y jette ou coule les voyageurs sur le banc de galets, ni plus ni moins que dans le pays le plus sauvage du monde.

Maintenant que nous avons passé en revue toutes les divisions administratives de l'île, il nous reste à donner les surfaces de ces localités; nous le faisons en un tableau divisé par communes et sous-divisions de communes.

La première colonne de chiffres indique, en hectares, la surface des terres concédées susceptibles de culture.

La deuxième, celle des terres cultivables et qui sont le sujet de contestations entre le domaine et des particuliers.

La troisième, celle des terres cultivables et concessibles appartenant au domaine.

La quatrième, celle des terres incultivables.

La cinquième, la surface totale par sous-division.

Enfin, la sixième, la surface totale par commune.

Les forêts qui existent encore sont comprises dans les surfaces cultivables, ou dans celles incultivables, selon la nature du sol; elles n'ont plus à Bourbon qu'une importance fort secondaire, et le temps est proche, où à moins d'un prix très-élevé le bois manquera pour les constructions. Les pas géométriques étant en partie concédés ou plutôt donnés en permis d'établir, nous les avons comptés dans les terres des bas concédés à divers; nous pourrions même ajouter que la plupart des portions non concédées n'en sont pas moins occupées, et que le domaine, en faisant régulariser toutes ces positions, créerait au trésor colonial un revenu sérieux, et contre lequel nul n'aurait le droit de se récrier, surtout les grands propriétaires et sucriers, qui sont ceux qui en occupent le plus et en payent le moins.

Nous ne donnons ce tableau que comme nos appréciations personnelles, en ce qui concerne les terres cultivables et incultivables, et aussi pour celles incultivables dans les bas, que nous considérons, à titre de lits de ravines, comme appartenant au domaine. Quant aux surfaces totales des localités, elles sont le résultat de calculs rigoureux faits sur une carte manuscrite à grande échelle que nous avons dressée, et qui a servi de minute pour celle au 1/150,000^{me} que nous avons publiée en 1853.

En donnant dans le tableau suivant la surface des terres cultivables, que l'on pourrait encore concéder, nous sommes loin de vouloir conseiller cette mesure qui serait surtout désastreuse pour les plaines supérieures; car, une fois dénudées, non-seulement elles n'arrêteraient plus les nuages, mais surtout elles ne conserveraient plus cette humidité constante que l'on trouve sous les forêts, même de broussailles, dont la disparition laisserait s'évaporer les eaux si

nécessaires à l'alimentation des sources, qui tendent constamment
à diminuer. On devrait ménager aussi les petites vallées et les fonds
de ravines, et se contenter de concéder les plateaux abrités et les
plaines de l'intérieur; il faudrait surtout tenir la main, plus qu'on
ne l'a fait jusqu'à ce jour, à l'exécution de la clause qui prescrit de
réserver en forêt une partie des concessions, clause qui est devenue
illusoire par suite de la négligence des personnes chargées de
surveiller l'exécution de ces sages prescriptions.

NOMS des COMMUNES.	NOMS des SOUS-DIVISIONS DE COMMUNES.	SURFACE DES TERRAINS EN			
		Terres concédées.	en litige	Terres concessibles.	Terres incultes
Saint-Denis........	Terres des Bas............	6,800	»	5	1,0
	Ilet à Guillaume.........	60	»	»	1
	Brûlu de Saint-Denis......	460	»	600	4(
	Bassin du Chaudron... ...	»	»	100	8;
	Lit de la rivière Saint-Denis.	5	»	205	1,5(
	Lit de la rivière des Pluies $\frac{5}{16}$.	»	»	300	2;
	Plaines des Chicots........	»	»	»	1,4;
	Plaine d'Affouche.........	»	900	»	1;
Sainte-Marie........	Terres des Bas............	5,900	»	»	5;
	Plaines des Fougères... $\frac{7}{16}$.	1,000	»	»	4;
	Lit de la rivière des Pluies. $\frac{5}{16}$.	»	»	200	2;
Sainte-Suzanne....	Terres des Bas............	4,500	»	»	4(
	Plaine des Fougères..... $\frac{3}{16}$.	350	»	»	2;
Saint-André........	Terres des Bas............	4,300	»	»	1;
	Le Petit-Trou............	»	»	170	1
	Le Grand-Trou...........	»	»	740	1(
Salazie...........	Surface totale...........	5,430	»	»	5,5(
Saint-Benoît.......	Terres des Bas...	18,500	»	»	1,4;
	Pentes des Treize-Cantons .	»	»	»	4,6;
	Plaine des Remparts.... $\frac{4}{16}$.	»	»	»	7!
	Le Grand-Etang..........	»	»	»	2;
	Ilet de Patience..........	»	»	»	6;
	Plaine des Salazes........	»	»	2,000	3,7!
	Pentes du Mazerin........	»	»	500	2,0;
	Piton des Neiges..........	»	»	»	5;
	Plaine de Belous.........	»	»	1,000	4;
Plaine des Palmistes	Surface totale...........	2,500	»	610	1,6;
Sainte-Rose.......	Terres des Bas............	8,000	»	»	2,1;
	Grand-Brûlé......... $\frac{5}{16}$.	»	»	»	4,;
	Plaine des Sables....... $\frac{1}{16}$.	»	»	»	2,!
Saint-Philippe.....	Terres des Bas...........	2,500	»	»	1,4;
	Cratères Ramond........	»	»	»	!
	Grand-Brûlé .... $\frac{5}{16}$.	»	»	»	4,;
	Forêts du Domaine........	»	»	3,000	2(
Saint-Joseph......	Terres des Bas...........	10,500	»	»	4,;
	Hauts de la ravine Panon...	»	»	500	1(
	Plaine des Remparts.... $\frac{c}{16}$.	»	»	»	1,
	Plaine des Sables..... $\frac{3}{16}$.	»	»	»	
Saint-Pierre......	Terres des Bas...........	22,500	»	»	2!
	Entre-Deux............	1,000	»	»	1,(
	Lit du bras de la Plaine....	»	»	1,000	3,;
	Plaine des Cafres.........	400	»	2,000	2,;
Saint-Louis.......	Terres des Bas...........	8,000	»	»	!
	Cilaos et ilets des Bas.....	2,000	500	2,240	4;
	Plaines des Hauts	»	1,000	»	
Saint-Leu........	Terres des Bas...........	12,000	»	»	6,
	Plateau du Bénard........	»	»	»	
Saint-Paul........	Terres des Bas...........	15,000	»	»	2;
	Brûlé de Saint-Paul.......	»	»	»	1,
	Bassin de la rivière des Galets	95	»	3,150	4,
	La Possession............	2,190	»	»	4;
	Totaux...........	133,990	2,400	17,920	9;

RES.		OBSERVATIONS.
sion.	Par Commune.	
35 60 60 05 10 95 80 45	15,090	Anciennes concessions. Concédé. Déjà habité par divers, qui demandent la concession de la partie supérieure. De peu de valeur. Quelques îlets sont cultivables. Partie des îlets sont habités sans titres de concession. Surface de lave. Le sieur Ardouin se prétend le propriétaire de cette plaine.
50 00 95	8,445	Anciennes concessions. Pentes en forêts et broussailles. En partie habité sans titres de concession.
80 00	5,580	Anciennes concessions. Pente en forêts et broussailles.
80 210 345	5,535	Anciennes concessions. Jolie vallée d'un accès difficile. On n'y arrive que par le précédent.
930	10,930	Concédée en trois catégories.
980 360 748 225 395 740 505 510 495	36,558	Anciennes concessions Couvertes de forêts et broussailles. Lave sans végétation. Bonne terre, mais se noyant tous les ans. Terres presque inaccessibles et sans valeur. En partie cultivable. Forêts et broussailles. Débris volcaniques. Appelé aussi plaine du Bras-de-Caverne (bonne terre).
715	4,715	Concédée en grande partie.
190 705 880	17,775	Anciennes concessions et brûlé de Sainte-Rose. Laves récentes et quelques broussailles ou forêts. Détritus volcaniques très-menus.
960 335 705 330	15,330	Concessions limitées en hauteur et brûlés divers. Surface couverte de petits cratères éteints. Laves récentes et forêts. A peu près les seules belles forêts de la colonie.
360 110 122 725	18,817	Anciennes concessions. Terres presque sans valeur et anciennes forêts. Lave sans végétation. Détritus volcaniques très-menus.
390 380 970 130	36,270	Anciennes concessions. Partie cultivable et partie en forêts épuisées. Les îlets cultivables sont occupés sans titre. Surface de pâturages et de laves avec peu de bois.
235 240 905	21,380	Anciennes concessions. Partie concédée et partie occupée par tolérance. Contestées au Domaine par les concessionnaires des Bas.
130 900	19,330	Anciennes concessions. Lave et roches anguleuses, déjections du volcan.
370 300 745 590	35,405	Anciennes concessions. Laves et broussailles. Ilet d'Orère (a été concédé à M. Lemarchand). Le peu de terres cultivables ne doit sa fertilité qu'aux irrigations.
160	251,160	

Avant de terminer ce chapitre, nous croyons devoir donner l'iti-néraire détaillé des routes et chemins de la colonie ainsi que l'al-titude de quelques points, bien que nous ayons pris le soin de la donner en regard, toutes les fois que nous connaissions rigoureuse-ment celle du lieu dont nous parlions. Ces altitudes sont du reste gravées près de chaque point sur la grande carte que nous avons publiée en 1853. Pour les distances du tableau suivant, les bornes kilométriques partent de Saint-Denis en allant à Saint-Pierre, par le vent comme par sous le vent. Tous nos chiffres indiquent des kilomètres.

Route impériale du tour de l'île.

(Longueur, 232 kilomètres.)

NOMS DES COMMUNES.	DISTANCE de Saint-Denis au chef-lieu.	DISTANCE entre les villes et bourgs.	DÉVELOPPE-MENT de route dans chaque commune.	LONGUEURS partielles.
Saint-Denis........................	»	12	7	Par la partie du vent 125 k.
Sainte-Marie......................	12		8	
Sainte-Suzanne...................	20	8	8	
Saint-André.......................	26	6	6	
Saint-Benoît......................	39	13	23	
Sainte-Rose.......................	58	19	23	
Saint-Philippe....................	88	30	21	
Saint-Joseph......................	107	19	16	
Saint-Pierre......................	125	18	13	
Saint-Pierre......................	107	10	9	Par la partie sous le vent, 107 k.
Saint-Louis.......................	97	22	13	
Saint-Leu.........................	75	29	23	
Saint-Paul........................	46	13	23	
La Possession.....................	33	33	19	
Saint-Denis.......................	»		20	

Route de l'intérieur de Saint-Benoît à Saint-Pierre.

De Saint-Benoît vers et dans la plaine des Palmistes (Route de voitures).   23 kilom.

Montée entre les plaines des Palmistes et des Cafres (sentier).....   8 —

Dans la plaine des Cafres (sentier)....................   10 —

           A reporter...........   41 kilom.

Report. . . . . 41 kilom.
De la plaine des Cafres à la ravine blanche (Chémin de charrettes).. 15 —
De la Ravine blanche à Saint-Pierre (Route de voitures). . . . . . . 12 —

Longueur totale. . . . . 68 —

Route de Salazie jusqu'aux eaux.

De la route Impériale au pont de l'Escalier (Route de voitures). . . . . 8 kilom.
Après le pont de l'Escalier (Route de voitures).. . . . . 7 —
De là aux eaux (Chemin de cavaliers). . . . . 8 —

Longueur totale. . . . . 23 —

Route de Cilaos jusqu'à la source.

De Saint-Louis à l'Aloès (Route de voitures). . . . . 6 kilom.
De l'Aloès au Pavillon (Route de cavaliers).. . . . . 14 —
Du Pavillon à la Plate-Forme (Id.). . . . . 7 —
De la Plate-Forme à l'Eglise (Id.). . . . . 9 —
De l'Eglise aux Sources. . . . . (Id.). . . . . 2 —

Longueur totale.. . . . . 38 —

Route de Mafatte.

Sauf quelques kilomètres terminés, on ne peut encore aller à Mafatte, qu'en remontant le lit de la rivière des Galets.

Route Henry Delisle (Deuxième route de ceinture).

DÉSIGNATION DES COMMUNES ou LA ROUTE EST COMMENCÉE.	LONGUEUR FAITE EN ROUTE		SENTIER.	TOTAUX.
	empierrée.	ouverte.		
Saint-Benoît.	9,000 m.	3,000 m.	1,000	13,000 m.
Saint-Paul..	4,100	1,300	200	5,600
Saint-Leu.	100	2,600	16,200	18,900
Saint-Pierre.	3,150	850	14,000	18,000
Saint-Joseph.	1,600	2,800	1,200	5,600
Totaux..	17,950	10,550	32,600	61,100

ALTITUDE DE QUELQUES POINTS.

———

Montée avant Sainte-Marie. . . . . route de ceinture.	22 mètres.
Sommet du Bel-Air. . . . . ———	35 —
Sommet du Bourbier..' . . . . ———	28 —
Sommet de la Rivière de l'Est.. . . . . ———	200 —
Sommet du Bois-Blanc.. . . . . ———	75 —
Milieu du Grand-Brûlé.. . . . . ———	96 —
Sommet de la Rampe du Tremblet.. . . . . . . ———	154 —
Saint-Philippe, Mare longue. . . . . ———	12 —
Sommet de la Basse-Vallée. . . . . ———	130 —
Sommet de Langevin.. . . . . ———	86 —
Saint-Joseph. . . . . ———	40 —
Manapany (Pont). . . . . ———	111 —
Petite-Ile (Idem).. . . . . ———	197 —
Saint-Pierre (Rue Royale). . . . . ———	24 —
Saint-Louis. . . . . ———	15 —
Ravine du Trou. . . . . ———	293 —
Saint-Leu.. . . . . ———	5 —
Petite-Ravine.. . . . . ———	135 —
Grande-Ravine. . . . . ———	18 —
Saline. . . . . ———	505 —
Saint-Paul. . . . . ———	5 —
Canal de la rivière des Galets.. . . . . ———	107 —
Possession.. . . . . ———	4 —
Sommet de la Grande-Chaloupe.. . . . . ———	649 —
Vigie de Saint-Denis.. . . . . ———	415 —
Route Henry Delisle Saint-Benoît.. . . . . moyenne.	400 —
—————————— Saint-Paul.. . . . . ———	850
—————————— Saint-Leu. . . . . ———	750 —
—————————— Saint-Pierre.. . . . . ———	600 —
—————————— Saint-Joseph.. . . . . ———	500 —

HYDROGRAPHIE.

L'hydrographie de l'île Bourbon a été faite avec soin par plusieurs officiers de notre marine militaire, et principalement vers 1850 par M. Cloué, alors lieutenant de vaisseau. Outre la carte générale des côtes qu'il a dressée, il a levé le plan particulier de presque toutes les rades. Ces travaux ont été publiés par le Dépôt des cartes et plans de la marine.

Les rivages de la Réunion sont partout sains, mais peu abordables par suite de la grosse mer qui règne généralement sur les côtes, et aussi à cause des courants qui sont très-forts et sans aucune régularité.

Les brises qui règnent presque toujours du *sud-est* à l'*est-sud-est* sont remplacées la nuit par les vents de terre soufflant, quel que soit le point de la côte, du centre de l'île vers le large. Ces vents viennent offrir au navigateur une garantie contre les courants, que les rares calmes rendant quelquefois dangereux.

Un phare lenticulaire de deuxième ordre et à feu fixe a été placé sur la pointe du Bel-Air (Sainte-Suzanne); des feux de port sont aussi installés à Saint-Denis, Saint-Paul et Saint-Pierre.

Le feu du phare, situé par 20° 53′ 11″ de latitude *sud* et 53° 19′ 12″ de longitude *est*, est élevé de *quarante-trois mètres* au-dessus du niveau de la mer : situé au vent de Saint-Denis, il en facilite l'atterrissage aux navires venant du large ou de Maurice, et leur permet de se tenir suffisamment au vent en attendant le jour.

A l'île Bourbon, il y a peu ou point de marées. Le maximum, entre les plus basses et les plus hautes mers, n'y dépasse guère, sauf le cas d'ouragan, plus de 1 mètre 10 cent.

Si les côtes sont saines, il est toutefois des pointes dont il faut se méfier la nuit, entre autres celle des Galets, parce qu'elle est très-basse, et qu'elle ne se voit que de très-près.

La pointe du Champ-Borne est aussi fort basse, mais s'étend peu à la mer. Citons encore celle des Aigrettes, près du cap la Houssaye; la pointe de Saint-Leu ou de Bretagne; celle de la rivière d'Abord et celle de la Table, que viennent reconnaître les navires se rendant sous le vent; enfin, celle des Cascades, qui sert de repère à presque tous les navires, à cause de la facilité qu'ils ont de reconnaître le piton rouge qui la domine. Un feu serait bien nécessaire sur ce point.

La côte n'offre aucun refuge aux navires; quant aux bateaux caboteurs, ils peuvent entrer avec facilité dans le petit bassin de Saint-Pierre, et, selon l'état de la mer, se réfugier quelquefois derrière les bancs madréporiques de l'Étang-Salé, de l'Hermitage, de Saint-Leu et de Saint-Gilles. Avec belle mer et des moyens de halage pour franchir la barre, ils peuvent aussi entrer dans l'étang de Saint-Paul, dont le niveau moyen est de soixante-quinze centimètres au-dessus du niveau de la mer. Quant au barrachois de Saint-Denis, spécialement destiné aux chaloupes et embarcations, les bateaux caboteurs ne peuvent y entrer que par belle mer, et après avoir enlevé leur mâture.

Les rades de la colonie, où les navires sont autorisés à mouiller, sont les suivantes: Saint-Denis, — le Butor de Saint-Denis, — Sainte-Marie, — Sainte-Suzanne, — le Bois-Rouge, — le Champ-Borne, — le Bourbier, — Saint-Benoît, — Sainte-Rose, — Manapany, — Saint-Pierre, — Saint-Louis, — l'Étang-Salé, — Saint-Leu, — Saint-Gilles, — Saint-Paul — et la Possession.

L'île de la Réunion est divisée en trois quartiers maritimes, qui sont: Saint-Denis, pour toute la partie du vent; Saint-Paul, pour cette commune, la Possession et Saint-Leu; enfin, Saint-Pierre, pour cette commune, celles de Saint-Louis, de Saint-Joseph et de Saint-Philippe.

Il y aurait eu lieu de parler ici des coups de vent et des raz de marées, si nous n'avions consacré une note particulière aux premiers, et traité des seconds dans l'article *Météorologie*, où leur place était naturellement marquée.

MÉTÉOROLOGIE

Le 11 juillet 1853, M. Valenciennes voulut bien présenter en notre nom, à l'Académie des sciences, une note sur la météorologie de l'île Bourbon; elle fut insérée dans les comptes rendus de l'époque. Nous ne croyons pouvoir mieux faire que de la reproduire, en l'augmentant toutefois du résultat des observations faites pendant les huit dernières années. Nous devons faire remarquer que les chiffres que nous donnons ne se rapportent qu'aux lieux indiqués, les phénomènes météorologiques se modifiant, selon que l'on se rapproche ou s'éloigne du rivage, que l'on s'élève ou s'abaisse dans l'atmosphère, que l'on est au vent ou sous le vent de l'île, enfin que le lieu où l'on observe est plus ou moins entouré de montagnes. A Saint-Paul, qui se trouve placé sous le vent de l'île, construit sur un banc de sable, enfermé par des montagnes, et où il pleut très-rarement, la moyenne thermométrique est d'environ un degré au-dessus de celle de Saint-Denis; et sur tout le pourtour de l'île, la température s'abaisse d'environ un degré par 250 mètres d'élévation au-dessus du niveau de la mer. A ce sujet, il sera bon de faire observer aux météorologistes qui voudraient comparer Bourbon à Maurice, qu'ils auraient tort de prendre pour la moyenne de cette dernière île celle de la ville du Port-Louis, où la chaleur est excessive, et la position identique à celle de Saint-Paul, dont nous venons de parler.

L'île Bourbon se compose de deux mamelons principaux, dont un seul, celui de sud-est, conserve encore un volcan en activité. La partie nord-ouest est formée de terrains volcaniques plus anciens; enfin, ces deux mamelons sont réunis par un col dont la hauteur est de 1,560 mètres au-dessus du niveau de la mer.

Les vents généraux, qui soufflent de l'est-sud-est, la divisent naturellement en deux parties: celle au vent et celle sous le vent.

L'inspection de la carte topographique (planche III) indiquera suffisamment les causes des anomalies, qui semblent découler des chiffres donnés ci-dessous.

Toutes les observations ont été faites près du bord de la mer: à Saint-Denis, par M. Desmolières, ou à l'observatoire du Port et dans tous les autres points, par nous ou nos agents.

Tous les baromètres ont été comparés à celui du Gouvernement, qui lui-même a été comparé à ceux de l'observatoire de Paris. Quant aux thermomètres, ils ont été rectifiés au moyen de l'étalon vérifié qui nous a été remis en 1853 par M. Ch. Sainte-Claire-Deville, et que nous avons de nouveau comparé aussitôt notre retour à Paris.

Des tentatives d'observations générales ont été faites dans toutes les communes; elles étaient dirigées par M. Desbassins, président de la chambre d'agriculture; mais l'inexactitude des instruments employés, et le peu de soin de la plupart des observateurs, ne permettent pas de puiser avec certitude dans ces documents, qui ne sont bons que comme renseignements généraux et approximatifs.

PASSAGE DU SOLEIL.

A Bourbon, le soleil passe au zénith vers le 1er décembre et vers le 10 janvier.

DURÉE DU JOUR.

La longueur des jours et des nuits, à Bourbon, est à peu près la même pendant toute l'année; les jours les plus longs (*Décembre*) étant de 13 h. 16 m. (*entre 5 h. 22 m. du matin et 6 h. 38 m. du soir*); et les plus courts (*Juin*), de 10 h. 44 m. (*entre 6 h. 38 m. du matin et 5 h. 22 m. du soir*). Il en résulte que, dans les ateliers bien organisés, il est toujours facile d'obtenir toute l'année 10 heures de travail, en donnant seulement 1 heure et demie de repos, dans les jours courts, qui se trouvent dans la saison fraîche, et en laissant, dans l'autre saison, jusqu'à 3 heures et demie de repos, dans les heures les plus chaudes de la journée.

CRÉPUSCULE.

On dit généralement qu'il n'y a pas de crépuscule entre les tropiques : quoique sa durée ne soit pas aussi grande que celle des latitudes élevées, elle est encore assez longue. Ainsi nous avons pu constater qu'on ne cessait de pouvoir lire en plein air, et en vue du point de l'horizon où s'était couché le soleil : le 25 février, que 32 m. après sa disparition ; le 1er avril, que 34 m. après ; le 4 juin, 31 m. ; le 20 août, 35 m. ; le 17 octobre, 28 m. ; le 1er décembre, 31 m. ; en moyenne, 31 m.

SAISONS.

On ne compte à Bourbon que deux saisons : *l'hivernage* (de novembre à avril), saison de la chaleur et des pluies, et *la belle saison* (de mai à octobre), saison du beau temps, de la sécheresse et de la fraîcheur. Nous donnons ci-dessous un tableau des moyennes météorologiques générales pour Saint-Pierre et Saint-Denis : il en dira plus que ne le feraient de longues explications.

Les plus grandes pluies et les fortes chaleurs se trouvant, selon les années, tantôt en décembre, en janvier ou en février, nous avons calculé tous nos tableaux météorologiques du 1er décembre au 30 novembre de l'année suivante, afin que chaque campagne contienne réellement les phénomènes principaux d'une saison entière ; nous conformant ainsi à ce qui se fait généralement en Europe.

MOIS.	BAROMÈTRES.		THERMOMÈTR.		PLUIES.		JOURS de pluie.		JOURS de vents génér.	
	Saint-Denis.	Saint-Pierre.	Saint-Denis.	Saint-Pierre.	Saint-Denis.	Saint-Pierre.	Saint-Denis.	Saint-Pierre.	Saint-Denis.	Saint-Pierre.
Décembre......	757.9	760.0	26.1	25.2	307.7	75.5	14	7	24	19
Janvier.......	759.4	758.2	26.8	27.3	214.2	122.8	14	10	25	16
Février.......	756.7	757.3	26.8	25.6	255.0	140.4	16	11	22	19
Mars.........	758.4	758.2	26.5	24.8	399.5	149.7	16	9	27	20
Avril........	757.2	758.7	25.3	24.6	103.1	84.6	11	8	25	21
Mai.........	759.9	759.3	24.1	22.9	75.1	84.8	9	12	23	20
Juin..,.....	761.5	760.5	22.7	21.6	32.6	29.9	8	7	26	23
Juillet........	764.4	763.6	21.7	20.1	41.6	46.1	8	9	28	27
Août........	763.2	763.9	21.9	21.7	30.6	50.1	9	7	27	26
Septembre.....	763.5	763.3	23.2	22.7	34.6	40.7	7	4	26	27
Octobre.......	761.9	762.4	24.0	23.5	59.9	25.6	8	4	24	24
Novembre.....	759.5	761.8	25.1	24.4	131.8	33.8	10	4	24	22
Moyenne annuelle et totaux.....	760.3	760.6	24.5	23.7	685.2	884.8	130	92	301	264

PRESSION ATMOSPHÉRIQUE.

	LIEUX D'OBSERVATION.		
	Saint-Denis.	Saint-Benoît.	Saint-Pierre.
Moyenne générale des baromètres..........	760ᵐᵐ 3	760ᵐᵐ 9	760ᵐᵐ 6
Maximum observé........................	772 8	772 1	771 6
Minimum observé.......................	719 1	719 6	721 3

Les observations ont été rapportées à 0 degré de température et au niveau de la mer.

TEMPÉRATURE.

	LIEUX D'OBSERVATION.		
	Saint-Denis.	Saint-Benoît.	Saint-Pierre.
Moyenne générale......................	24.5	24.1	23.7
Maximum observé......................	34.3	35.4	36.0
Minimum observé......................	14.1	12.8	12.3

En tenant compte de la température de Saint-Paul, que nous savons être très-rapprochée, mais au-dessus de 25 degrés, on obtient pour la moyenne de l'île sur le littoral 24°6.

VENTS.

Nombre moyen, pendant une année, de jours où le vent souffle de certaines directions. (Extrait de l'ouvrage sur les ouragans par H. Bridet.) Il résulte de ce tableau, en ne tenant pas compte de la localité de Saint-Paul abritée par les montagnes, que la moyenne des vents généraux et très-près de l'est-sud-est.

	VENTS								
	Nord.	N.-Est.	Est.	Sud-E.	Sud.	S.-O.	Ouest.	N.-O.	Calme.
Saint-Denis..	2	12	100	172	17	9	27	18	8
Saint-Paul...	1	95	12	3	5	145	48	37	19
Saint-Pierre..	2	3	85	143	33	50	7	35	7

Les vents généraux soufflent à Saint-Pierre avec une force plus grande que sur tout autre point de l'île.

NUAGES.

Les nuages, à Bourbon, sont généralement bas, et enveloppent presque toute la journée les crêtes des montagnes, qui ne se découvrent alors qu'aux heures des vents de terre. Pourtant, il n'est pas rare de voir ces nuages persister toute la nuit; ils font alors, pour le touriste qui se trouve sur un des points les plus élevés, l'effet d'une mer de brume, dont la surface n'est que légèrement ondulée, et d'où sort le matin un soleil resplendissant qui éclaire, comme un groupe d'îles, les sommets du piton des Neiges, du volcan, du Grand-Bénard et d'autres points plus ou moins nombreux, selon que la couche de nuages est plus ou moins élevée. Dans ce cas, on voit aussi quelquefois l'île Maurice qui apparaît à l'horizon comme une terre de feu.

Le voyageur attardé dans l'intérieur pendant la saison des brumes, qui se forment souvent avec une rapidité effrayante et changent en quelques minutes l'atmosphère la plus pure en un brouillard intense, éprouve malgré lui et au début, lorsque le vent chasse de son côté les premiers flocons qui se forment, un sentiment indéfinissable, surtout quand il voit s'avancer à sa rencontre ces masses blanches qui ont un aspect presque solide. Heureux alors s'il a des effets de campement et surtout de quoi faire du feu; car il court risque de succomber en quelques heures, dans cette atmosphère humide, par une température d'environ 5 degrés et quelquefois davantage, à ce que les gens du pays appellent la crampe. Celui qui se trouve ainsi enveloppé par les brumes éprouve le besoin de se pelotonner et de s'endormir; il devient presque incapable de tout mouvement et meurt, si un compagnon plus courageux ne le force pas malgré lui à s'agiter et à se mouvoir constamment; le mouvement étant le seul remède à employer pour résister à l'action énervante du froid humide des régions supérieures des montagnes et des plateaux de l'intérieur.

A Bourbon, au bord de la mer, on ne voit jamais de brouillard.

EAU TOMBÉE EN UNE ANNÉE.

Moyenne,	Saint-Denis,	1685^{mm}2	moyenne de jours de pluie	130
—	à Saint-Benoît,	4124^{mm}2	—	224
—	à Saint-Joseph,	2138^{mm}7	—	171
—	à Saint-Pierre,	884^{mm}8	—	92

Du 1er décembre 1844, au 30 novembre 1845, soit une année, il en est tombé à Saint-Benoît, 5685ᵐᵐ7

Du 1er décembre 1844, au 30 novembre 1845, soit une année, il
en est tombé à Saint-Benoît,   5685ᵐᵐ7
en décembre 1844 (en un mois),   1244ᵐᵐ8
enfin, les 20 et 21 décembre 1844, (en 27 heures),   732ᵐᵐ4
à Saint-Paul la quantité annuelle est d'environ   700ᵐᵐ0

Les pluies torrentielles ont naturellement pour inconvénient d'entraîner l'humus des terres défrichées et de détremper tout le sol ; aussi certaines routes sont-elles parfois dégradées au point d'être rendues impraticables, et les ponts construits sur les torrents emportés avec leurs abords, parce que les cours d'eau sortent de leur lit et remplissent, pour ainsi dire, le fond des vallées qu'ils arrosent.

Il arrive même quelquefois que les torrents changent de lit. Alors, malheur à ce qui se trouve sur leur nouveau parcours ; tout est emporté à la mer.

Les phénomènes décrits ci-dessus deviennent de plus en plus intenses depuis que les défrichements se sont étendus, et qu'on a abandonné la culture du café, du girofle et des autres arbres à épices, qui avaient remplacé les forêts et protégeaient le sol contre l'action trop directe des pluies.

ORAGES.

Les orages n'ont rien de remarquable à Bourbon ; il y tonne très-rarement et presque toujours à l'époque de l'hivernage (en moyenne une dizaine de fois par an). La foudre est tombée plusieurs fois et a fait quelques victimes ; mais ce phénomène électrique, plus rare qu'en France, n'a jamais offert de particularités, si ce n'est la guérison du sieur Delanoé, qui était presque paralysé, et qui s'est trouvé complétement guéri à la suite d'une commotion électrique déterminée par la foudre.

Nous avons constaté nous-même le fait, et remarqué, que la foudre en passant sur un carrelage, partie en marbre et partie en ardoise, a fait quelques sinuosités pour suivre toujours les carreaux de marbre, sur lesquels sa trace est restée marquée en blanc, par suite du dégagement de l'acide carbonique.

HYGROMÈTRE DE SAUSSURE.

Moyenne. — Saint-Benoît, 83° 3. Saint-Denis, 79° 2. Saint-Pierre, 77° 9.

NEIGE.

La neige ne tombe que fort rarement sur le sommet des plus hautes montagnes, à peine une fois par an, et il est plus rare encore de la voir y persister quelques jours.

Le 22 novembre 1860, les sommets du Grand-Benard et du Piton des Neiges étaient couverts de neige; il s'éleva un vent violent qui la fit tourbillonner dans l'air, et détermina une grande baisse de température. Nous étions alors en mer, entre Saint-Paul et Saint-Denis, avec monsieur l'ingénieur en chef Bonnin, et nous avons pu constater que le vent, qui nous paraissait si froid, entraînait de petites aiguilles de glace qu'il était facile de distinguer sur nos vêtements de drap. Ce phénomène a été aussi observé à Saint-Denis par quelques personnes.

C'est à tort que le *P. Brown* (*Lettres édifiantes*) dit qu'à Bourbon la fonte des neiges forme des torrents. Il est bien évident que la neige n'est pour rien dans la masse d'eau que débitent ces terribles ravins; car ils ne coulent jamais que dans la saison des pluies qui est en même temps la saison chaude, tandis que la neige ne couvre les sommets que dans la saison la plus froide, et en trop petite quantité pour que sa fonte fasse couler les torrents.

GRÊLE.

Lors de notre premier mémoire, nous avions pu consigner, en vingt ans, trois cas de grêle : deux à Saint-Benoît et un à Saint-André. M. *Elie Pajot* nous affirme qu'il a observé le même phénomène à Saint-Denis, le 25 mai 1851 à une heure de l'après-midi, le thermomètre marquant 26° et le baromètre 762^{mm}; deux coups de tonnerre précédèrent la chute de la grêle. Enfin on en a vu tomber aussi à la plaine des Palmistes.

OURAGANS.

Les ouragans faisant l'objet d'une note spéciale, nous nous contenterons de dire ici qu'ils sont considérés comme le plus grand fléau qu'ait à redouter la colonie. Souvent il s'écoule un certain nombre d'années sans que l'on en voie ; mais il n'est pas rare d'en ressentir plusieurs dans le même hivernage. Quand un de ces tourbillons vient tomber sur la colonie, et que le centre passe sur l'île, on ne voit de tous côtés que cases écrasées, arbres déracinés et plantations détruites. Les inondations qui accompagnent souvent ces perturbations, font plus de mal encore, et il arrive quelquefois d'avoir à déplorer, à la suite de ces tourmentes, la mort d'un grand nombre d'individus. Heureux si aux désastres de la terre ferme ne viennent pas se mêler ceux de la mer, et si, sur les nombreux navires déradés, un certain nombre ne disparaissent pas, corps et biens.

On cite, comme un des plus meurtriers, celui de 1829, à la suite duquel 22 navires ne reparurent jamais.

Plus près de nous, dans le coup de vent du 17 janvier 1858, on eut à déplorer la mort d'environ 50 personnes, dans les divers quartiers de la colonie.

Dans la tourmente du 26 février 1860, trois navires se perdirent corps et biens ; 30 eurent des avaries plus ou moins importantes, à la suite desquelles 6 furent déclarés irréparables. Enfin 3 allèrent se jeter sur la côte de Madagascar, où une grande partie des équipages put être sauvée. Outre cela, on eut à regretter la perte de 16 hommes appartenant à divers autres navires. On ne peut estimer en argent la valeur des pertes résultant de ces sinistres ; mais, comme indication, on peut faire connaître que les assurances maritimes seules eurent à rembourser 3,370,000 francs.

RAZ DE MARÉES.

Les raz de marées sont des phénomènes fort remarquables. On appelle ainsi toute grosse mer, dont l'action ne se fait sentir qu'à la côte, tandis qu'au large, et même en rade, il n'y a que de grandes houles. Ces mouvements déréglés de la mer frappent successivement les différentes côtes de l'île, et quelquefois avec une force telle que la plupart des embarcadères de la colonie se trouvent démolis. Les raz de marée sont, pour les côtes et les établissements voisins, souvent bien plus à craindre que les coups de vent : ils paraissent être déterminés par le passage de cyclones, très au large de la Réunion, et se font particulièrement sentir dans la belle saison, c'est-à-dire d'Avril à Novembre, alors que les ouragans passent dans les parages du cap de Bonne-Espérance, et au sud de la Colonie.

MARÉES.

La marée se fait peu sentir dans les mers de Bourbon ; son maximum ne dépasse guère 1 m. 10 au-dessous des plus basses mers, ou $0^m,55$ au-dessus du niveau moyen. Un phénomène aussi assez remarquable, c'est que les plus hautes mers ne correspondent pas toujours aux plus basses, et que l'action de la lune et du soleil est souvent modifiée par des causes inconnues. Peut-être est-ce le résultat des vents régnant au large, où l'effet des grands courants de l'Océan indien.

TREMBLEMENTS DE TERRE.

Les tremblements de terre sont rares et faibles à Bourbon. Nous en avions quelquefois entendu parler, sans les avoir ressentis ; ce n'est que dans la matinée du 4 octobre 1859, que nous avons pu enfin constater par nous-même un de ces phénomènes si terribles pour les Antilles. Voici la note que nous rédigions à l'époque pour le journal le *Moniteur de la Réunion :*

« Nous venons de ressentir, à Saint-Pierre, une secousse de » tremblement de terre assez sensible. La nuit avait été très-chaude » (le *minimum* des jours précédents était de 17°, 1; 17°, 4; et 17° 6; » la nuit dernière, il a été de 23°, 1); à 5 h. 25 m. j'ai entendu un » roulement lointain très-faible, puis, immédiatement, une secousse » instantanée a ébranlé toute la maison en bois que j'habite, et y » a produit un fort craquement. Le mouvement, qui a duré à peine

» une demi-seconde, paraissait venir du côté des montagnes. Malgré
» l'heure peu avancée, en ville, beaucoup de personnes ont observé
» le même phénomène.

» J'apprends à l'instant qu'on l'a aussi ressenti dans les cam-
» pagnes, surtout à Montvert. Je ne clorai cette lettre qu'à Saint-
» Leu, où je serai ce soir.

» *P. S.* Les personnes que j'ai vues à Saint-Leu et à Saint-Louis
» ne se sont pas aperçues du tremblement de terre, qui cependant
» a été remarqué à la chapelle des Avirons et à l'Étang-Salé. »

Nous avons trouvé dans les archives de la colonie le récit d'un
tremblement de terre ressenti à Bourbon le 26 août 1751. Il fit craquer toutes les maisons de l'île et endommagea l'église de Saint-
André.

ACTION CALORIFIQUE DES RAYONS SOLAIRES (*observations faites à Saint-
Benoît*).

La plus grande différence entre un thermomètre recouvert d'un
drap blanc, et un autre tout semblable recouvert d'un drap noir,
a été de 7° 3; le *maximum* donné par le premier a été de 69° 7, et
celui du second de 71° 9.

SALUBRITÉ.

L'île de la Réunion était autrefois réputée comme un des pays les
plus sains du monde; malheureusement l'arrivée des immigrants
de tous les pays des mers des Indes et de Chine, en y introduisant
de nouvelles maladies (fièvre chinoise, choléra, variole, etc.), a modifié cet état de choses : toutefois, il ne faudrait pas s'exagérer l'importance de ces modifications, et on peut dire que les maladies introduites ne sévissent sérieusement qu'à des temps assez éloignés,
et seulement sur les zones des terres basses. Cependant, nous ne
pouvons plus dire avec le voyageur Dubuat : *l'air de cette île est des
meilleurs qu'il y ait sous le ciel.*

DÉCLINAISON DE L'AIGUILLE AIMANTÉE.

Elle a été observée sur tout le pourtour de l'île par *M. Cloué*, alors lieutenant de vaisseau :

En 1848, il a trouvé : à Saint-Denis. . . 12° 24 ouest.
à Saint-Paul . . 12° 46 id.
à Saint-Benoît. . 12° 37 id.
à Saint-Pierre. . 12° 44 id.

Moyenne de l'île . . . . 12° 38 ouest.

Elle était en 1614 de 22° 48, et en 1722 de 19° 46.

Nous croyons devoir donner quelques chiffres résultant des observations faites dans les plaines de l'intérieur, par M. Textor de Ravisi, officier d'infanterie de marine. Ces renseignements ne sont qu'approximatifs; les observations n'ayant eu lieu que pendant deux années exceptionnelles par leur sécheresse.

PLAINE DES PALMISTES. *Hauteur* 930 *mètres; température moyenne* 16° 5.

Il y a quelquefois de la gelée blanche dans cette localité. Les vents y sont irréguliers par suite des renvois produits par les montagnes voisines, et aussi selon que le soleil donne sur l'un ou sur l'autre rempart du cirque. Cette observation, qui nous est personnelle, résulte des remarques que nous avons faites à Cilaos, ou dans les Tunnels qui se dirigent du N. au S. (dans la direction du grand axe du cirque). Les vents soufflent du N. ou du S. selon que les nuages viennent couvrir les remparts S. ou N., ou que le soleil échauffe davantage ceux du N. ou du S. Dans la nuit, à Cilaos, le vent (*vent de terre*) souffle presque toujours du N. au S., tandis que dans la plaine des Palmistes il souffle du S. au N. M. Textor dit encore que, dans la plaine des Palmistes, la moyenne des jours où il pleut toute la journée est de 47 jours; pluie partielle 141 jours; jours sans pluie (mais non sans brume) 177 jours; ensemble 365 jours. Il a aussi, à cette époque, comparé ses observations à celles que nous faisions à Saint-Benoît, et trouvé qu'il tombe moins d'eau à la plaine qu'au bord de la mer.

PLAINE DES CAFRES (1,600 *mètres*).

M. Textor donne pour cette localité un *minimum* de 4° au-dessous de zéro dans la saison froide, et pour *maximum* 19° au-dessus dans la saison chaude. Pour nous, nous y avons vu quelquefois de la glace, souvent de la gelée blanche, remarqué que le soleil y était d'une ardeur extrême, et enfin que les brumes y sont presque constantes.

SALAZIE.

Quelques observations ont aussi été faites à Salazie, dans l'étroite vallée de la source thermale (hauteur 872 mètres); nous les extrayons du *Guide hygiénique* rédigé par le médecin des eaux et par M. Petit, médecin en chef. La température moyenne de l'année y est de 19°; le thermomètre est descendu une seule fois à 2°, et marquait le même jour, à 1 heure de l'après-midi, 15°. Dans la saison des chaleurs il est monté plusieurs fois à 28°. Nous avons nous-même observé que les alternatives de soleil et d'ombre produisent dans ces vallées des variations de température de plusieurs degrés en quelques minutes.

En résumé, l'île de la Réunion offre, par sa position géographique et les différentes hauteurs de ses plaines et cirques intérieurs, une variété de climats qui permet presque à ses habitants de choisir celui qui leur convient, et d'y cultiver les plantes et les fruits du monde entier.

Nous terminons ce chapitre par le tableau des températures de quelques sources situées à Saint-Pierre, sur le bord de la mer.

Source de la Jetée ouest, en février 20°1, en juin 19°9, en sept. 19°0.

Idem	—	des Magasins	—	20°9,	—	21°0,	—	19°2.
Idem	—	d'Hubert,	—	20°5,	—	19°4,	—	18°9.
Idem	—	du Lavoir,	—	20°4,	—	20°1,	—	19°4.
Idem	—	Publique,	—	19°4,	—	19°4,	—	19°1.
Température de la pleine mer,				25°5,	—	24°2,	—	20°1.

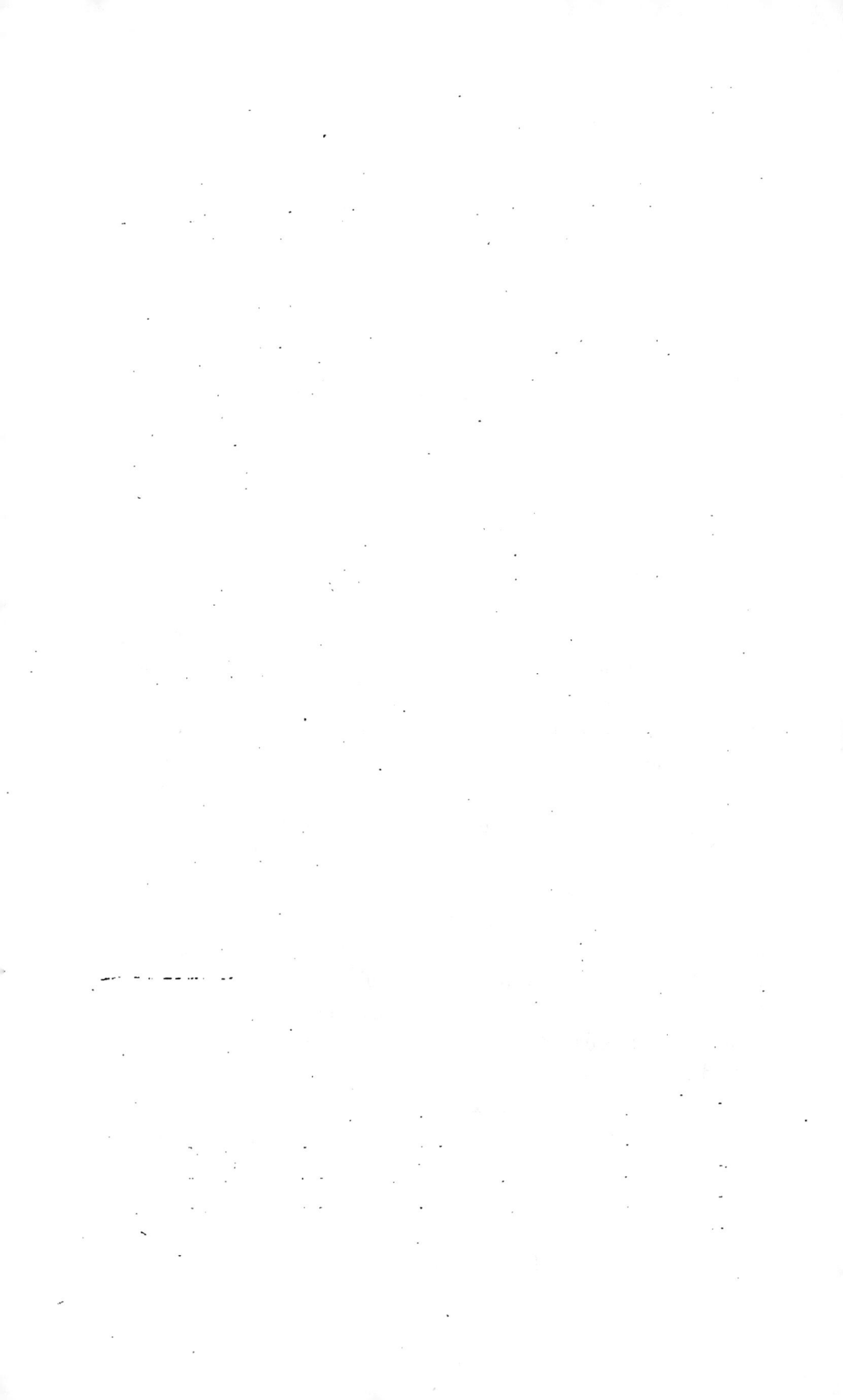

DES CYCLONES

Les ouragans de l'Océan indien sont d'immenses tourbillons qui parcourent les mers avec plus ou moins de vitesse. Comme preuve de leurs mouvements de rotation et de translation, nous pouvons citer le déradage de la Maria, qui déclarée incapable de naviguer par le mauvais temps, dut à l'approche d'un cyclone, et par ordre supérieur, être abandonnée sur la rade de Saint-Denis, il y a quelques années. Ayant chassé sur ses ancres, elle fut entraînée au large par le tourbillon. Dieu seul sait quelle route elle a faite, emportée ainsi par la tempête, qui la ramena le lendemain vers l'île, menaçant de la jeter sur la côte de Saint-Leu. Heureusement que ses ancres, qu'elle avait toujours traînées avec elle, touchèrent le fond et s'y accrochèrent de telle sorte, qu'elle resta mouillée sur la rade, et y supporta le reste de la tempête. Ce fut là que son équipage vint la reprendre, et put ensuite la conduire à Maurice, où elle fut réparée.

S'il n'y avait eu que *rotation*, le tourbillon eût naturellement ramené le navire à son point de départ; mais comme il fut soumis aussi au mouvement général de *translation* du cyclone, qui voyageait du N.-E. au S.-O., c'est à Saint-Leu qu'il vint si heureusement faire côte.

Nous donnons ici le tableau des divers ouragans éprouvés par les colonies de Maurice et de Bourbon, et dont nous avons pu trouver des traces dans les notes et ouvrages consultés.

....	1640	11 janvier.......	1754	24 février........	1820
....	1655	27 janvier.......	1760	6 mars.........	1823
....	1662	....	1761	23 février........	1824
....	1664	2 décembre.....	1770	10 avril.........	1824
....	1665	février.........	1771	7 mars.........	1826
mars........	1672	mars.........	1771	10 février........	1829
5 janvier.......	1702	1 mars.........	1772	6 mars.........	1836
11 mars........	1702	14 avril.........	1772	10 avril.........	1840
décembre.....	1709	....	1773	21 février........	1844
27 décembre.....	1720	....	1774	19 décembre.....	1844
15 janvier.......	1722	....	1776	1er février........	1847
mars........	1823	31 décembre.....	1787	9 mars.........	1848
....	1730	14 mars.........	1800	1er mars.........	1850
....	1731	19 mars.........	1806	24 janvier.......	1852
11 décembre.....	1733	3 février........	1807	3 février.......	1856
9 janvier.......	1734	28 février........	1807	29 janvier........	1857
13 février........	1738	19 avril.........	1814	17 janvier........	1858
13 février........	1739	14 mars.........	1817	27 février........	1858
22 mars.........	1739	19 mars.........	1817	10 mars.........	1859
9 janvier........	1744	1 mars.........	1818	26 février........	1860
6 avril.........	1746	25 janvier.......	1819	24 mars	1860
27 mars.........	1751	mars.........	1819	17 février........	1861

Nous continuons cet article par une copie de la note que nous avons lue à la société de géographie dans le courant de l'année 1853, et que cette société a publiée dans son bulletin du mois d'octobre.

NOTE SUR LES CYCLONES.

« La loi principale des cyclones est leur tourbillonnement qui, dans l'hémisphère nord, marche en sens inverse des aiguilles d'une montre (Pl. I, fig. 1), et dans l'hémisphère sud, marche dans le même sens que ces aiguilles. Ce tourbillonnement, dont la vitesse quelquefois assez faible peut aller jusqu'à 100 et 200 milles à l'heure, s'opère autour d'un centre qui lui-même a un mouvement de transla-tion dont la direction est variable, mais à peu près connue. Ainsi, vers l'Equateur, ce mouvement va de l'est à l'ouest (Pl. I, fig. 2), puis il s'infléchit vers le nord ou le sud, dans l'hémisphère nord ou sud. Par 20° ou 25° la ligne de translation se courbe de plus en plus, finit par devenir nord et sud par 25° ou 30°, et décrit ensuite une autre partie de parabole à peu près semblable à la première.

» Le mouvement de translation des cyclones, qui varie de 1 à 50 milles à l'heure, est en moyenne de 5 à 10 milles, et leur diamètre, entre 50 et 100 milles. (Dans les mers de Chine, la marche des Typhons varie quant à la direction de translation ; la loi des cyclones ne peut donc s'appliquer entièrement à ces phénomènes.)

» Il règne ordinairement une espèce de calme au centre des cyclones ; cependant plus on est près de ce centre, plus la tempête est dangereuse. Pour un marin, toute la science consiste donc à s'éloigner du centre et de la ligne de translation présumée, tout en mettant à la cape, ou en fuyant sous des amures favorables ; car il vaut mieux encore s'approcher un peu du centre, que de prendre des amures telles que le vent ait une tendance à refuser, et à masquer le navire, tandis qu'en les prenant convenables, le vent adonne toujours (Pl. I, fig. 3).

» Disons, tout d'abord, que très-souvent les cyclones sont doubles ou triples, c'est-à-dire se composent de plusieurs cyclones voyageant presque parallèlement. Il suffit, au reste, d'être prévenu à l'avance de la possibilité de ce fait, pour éviter de se jeter de l'un dans l'autre.

» Quand, par suite de l'état du ciel, de la mer, et du baromètre, on reconnaît l'approche d'un cyclone, la première chose à faire est de chercher où se trouve son centre. Quand les vents sont bien établis, celui régnant étant tangent au cyclone, le centre se trouve toujours sur la perpendiculaire intérieure à la direction du vent, c'est-à-dire, à droite de la marche du vent, dans l'hémisphère sud, et à gauche dans l'hémisphère nord.

» Mais il ne suffit pas de savoir où est le centre, il faut encore connaître vers quel point le cyclone chemine. Pour cela on trace, à un moment donné, sur une carte marine : 1° la position du navire ; 2° la direction du vent régnant ; 3° la perpendiculaire à cette direction ; c'est sur elle que se trouve le centre du cyclone. Si quelques heures plus tard, on répète le même tracé, on aura pour le centre deux positions approximatives, qui détermineront la ligne de translation du cyclone, c'est-à-dire la ligne à éviter.

» Cette opération donnera aussi la vitesse du mouvement de translation.

» Table de la hauteur du baromètre, donnant la distance du centre d'un cyclone de 200 milles de diamètre, en partant des vents variables et brises folles qui règnent à son pourtour, quand le baromètre marque de 750 à 755 mm. jusqu'au centre, où il ne marque plus que de 700 à 735 mm.

» Ces variations peuvent être plus ou moins grandes, selon l'intensité du cyclone.

DISTANCE au centre EN MILLES OU CENTIÈMES DE RAYON.	HAUTEUR DU BAROMÈTRE en millimètres.		
	de	à	moyenne.
100..	750	754	752
75..	745	753	749
58..	740	752	746
45.	735	751	743
34.	730	750	740
25.	725	749	737
18.	720	748	734
12..	715	747	731
7.	710	746	728
3.	705	745	725

» Généralement, le baromètre descend d'autant plus que le centre du cyclone est plus près. Cependant, il a souvent des tendances à remonter; cette action se fait surtout sentir après la première baisse, et ces ondulations sont, en général, le plus sûr indice de l'existence du cyclone.

» La droite du cyclone est celle du mouvement de translation, comme on dit la droite d'une rivière. Dans les deux hémisphères, un navire doit fuir, ou tenir la cape, tribord amures, quand il est dans la moitié droite du cyclone, et bâbord amures, quand il est dans la moitié gauche (Pl. I, fig. 3). Il faut se méfier des courants de tempête, et de l'élévation du niveau de la mer, qui est quelquefois de $2^m 00$, au centre du cyclone. Les courants étant le résultat des vents rotatoires, ont la même direction qu'eux.

» L'orage ne gronde, aux îles Mascareignes, généralement, que sur les bords du cyclone, et souvent il le précède.

» Parmi les signes précurseurs du cyclone, après les oscillations du baromètre, on doit tenir compte de la teinte rouge et cuivrée que prend le ciel, surtout au coucher du soleil. Souvent aussi, la mer s'élève et gronde.

» Les vents sont variables, et leur moyenne indique la direction du vent que l'on va ressentir; la chaleur est excessive, le temps est lourd et le soleil très-ardent. Les variations du baromètre, en sens inverse des marées atmosphériques, sont un indice presque certain. (A la Réunion, les maximum ont lieu de 9 heures à 10 heures du matin, et de 9 heures à 10 heures et demie du soir; et les minimum de 3 à 4 heures du soir, et de 3 heures à 5 et demie du matin.)

» En novembre et décembre, les montagnes se couvrent d'un voile semblable à un faible brouillard. Les cumulo-strati, les nimbi déchirés sur les bords, sur fond de cirro-cumuli et de cirri, sont des indices presque sûrs; souvent les premiers chassent, et les seconds restent immobiles. Pendant les autres mois, le ciel est bleu d'azur, clair et serein, surtout pendant la nuit; la rosée est abondante; il fait calme; les cumulo-strati sont plus ou moins foncés; les nimbi chassent et passent par intervalle; il pleut par grains; quelques cirro-strati sont répandus çà et là; à l'approche du cyclone, ils forment une couche supérieure immobile.

» A la seule inspection de la pl. I, fig. 3, on reconnaît de suite la raison qui fait diviser les cyclones en côté dangereux et côté maniable; car il est évident que du premier côté la vitesse du vent est égale au mouvement de rotation, plus celui de translation, et que de l'autre côté elle est égale au mouvement de rotation, moins celui de translation. Il faut donc, si l'on ne peut éviter le cyclone, se jeter, s'il est possible, dans ce dernier côté.

» Dans les hautes latitudes, les cyclones perdent de leur intensité; le côté dangereux du tourbillon se fait seul sentir.

» Au cap de Bonne-Espérance, si on voit apparaître au N.-O. un nuage noir, et s'il s'élève à 20 ou 30°, les vents passent au N.-O.

puis ensuite à l'O.-N.-O. il faut craindre une tourmente et prendre les amures à bâbord. »

TABLEAU indiquant la fréquence des cyclones dans l'Océan indien.

LOCALITÉS.	Janvier.	Février.	Mars.	Avril.	Mai.	Juin.	Juillet.	Août.	Septembre.	Octobre.	Novembre.	Décembre.
Iles Mascareignes.	9	15	12	8	2	1	0	0	0	1	3	6
Hindoustan..	0	0	0	0	0	1	2	13	10	7	1	0
Mer des Indes, au sud de l'Équateur.	9	13	10	8	4	1	0	0	0	1	4	3
Golfe du Bengale.	1	0	1	1	7	3	0	1	0	7	6	3
Mer de Chine...	0	0	0	0	0	2	5	5	18	10	6	0

Nous donnons, Pl. II, un tableau comparatif de la marche du baromètre dans quelques ouragans de Bourbon.

Les cyclones qui passent sur notre colonie ont souvent des résultats bien désastreux; celui du 16 au 17 janvier 1858 coûta la vie à environ cinquante personnes.

— A cette époque je fus chargé d'aller faire une étude pour le détournement des eaux d'une source située dans l'intérieur de l'île, vers le centre de la plaine *des Cafres*. Nous nous mîmes en route le 16, à cinq heures du matin, c'est-à-dire une demi-heure avant l'apparition du jour.

Mes compagnons étaient : le maire de la commune au profit de laquelle le gouverneur avait autorisé le détournement du cours de la source; le conducteur des ponts et chaussées, qui devait faire exécuter les travaux d'après mon tracé; deux employés emmenés comme aides; enfin, Jacques, créole malais de quatorze ans, élevé dans ma maison, et qui me servait toujours de porte-mire. Nous étions suivis de nos domestiques portant nos effets et nos instruments. Une douzaine de terrassiers, dont trois chinois, les autres cafres et malgaches, étaient partis d'avance pour porter les outils et les provisions, et installer notre campement.

L'obscurité nous empêcha d'observer le temps au moment du

départ. Nous avions devant nous huit heures de marche tant à pied qu'à cheval, et un travail pressé. Le jour venu, et à mesure que nous avancions, l'aspect du ciel nous inquiéta un peu ; des nuages noirs chassaient avec rapidité sur nos têtes, tandis que nous traversions une atmosphère brûlante où pas un souffle d'air ne se faisait sentir. A midi, l'imminence de l'ouragan devint pour moi une presque certitude ; mais nous étions trop avancés pour songer à revenir sur nos pas, et d'ailleurs nous espérions trouver de bonnes cases auprès de la source.

Le plateau appelé Plaine des Cafres est une savane parsemée de pitons à cratères éteints et d'éminences qui sont des soulèvements volcaniques plus ou moins couverts d'arbres. Les pentes générales du plateau se dirigent toutes vers le centre, vaste marécage à la saison des pluies, pâturage frais en temps de sécheresse. Sur une étendue de deux lieues de long et d'une lieue et demie de large, ce désert ne présente de traces de culture qu'aux alentours des quelques métairies très-distantes les unes des autres, et qui ne sont en réalité que des parcs pour les bœufs, avec une ou deux cabanes pour les gardiens, une case pour les tournées accidentelles du propriétaire, un bout de jardin, et quelques semis de sainfoin et de ray-grass, comme réserve pour les jours caniculaires.

Tel était le gîte qui nous attendait et qui était situé sur une des buttes volcaniques dont la chaîne s'étend du sud au nord, entre deux pitons plus considérables, celui *Dugain* et celui de *la Grande-Montée.*

La première case qui s'offrit à nous avait été récemment construite en bois et en paille pour abriter nos ouvriers. Derrière celle-ci se présentait celle que le propriétaire de la métairie occupait lorsqu'il venait voir son troupeau, et qui nous était réservée. Une troisième, celle des bouviers, très-petite et de chétive apparence, avait été mise en partie à la disposition de nos domestiques. Enfin, le parc à bœufs, vaste hangar occupé par une cinquantaine de ces animaux, terminait le campement. Ces quatre abris étaient séparés les uns des autres par une dizaine de mètres et protégés par quelques beaux arbres.

Nous étions encore en route et à pied, lorsque la pluie commença à tomber par ondées chaudes, droites et raides, augmentant d'intensité à chaque reprise. A deux heures, elle nous cloua dans la case où nous fîmes notre installation et prîmes notre repas. Un magnifique chien des Alpes, attiré par l'odeur de la cantine, avait quitté les bœufs dont il était le gardien pour s'établir chez nous. Le repas fini, il refusa de nous quitter et donna des marques d'effroi de mauvais augure. Bien qu'il fût caressant et doux, bien que sa haute taille et son air de fierté fussent des indices de courage, il refusa d'obéir au rappel de ses maîtres et se cacha sous un de nos lits d'où il fut impossible de le faire sortir. Je remarquai qu'il ne dormait pas et qu'il éprouvait une inquiétude extraordinaire, tandis que les bœufs ne paraissaient rien pressentir ou ne se soucier de rien.

Le baromètre baissait de manière à me donner la crainte d'une nuit terrible. J'examinai la case qui était composée de deux chambres : l'une servant de magasin, l'autre fort petite, contenant quatre lits, dont deux devaient être occupés chacun par deux de nos jeunes gens. C'était une construction en bois couché, à la manière du pays, avec une couverture en planches et en bardeaux (essentes), un vrai chalet de montagnes, ayant pour unique ouverture une porte tournée vers le soleil couchant. Une roche sortait de terre à l'angle sud-ouest et à quelques décimètres de distance de la case.

La pluie cessa et aucun bruit précurseur de l'ouragan ne se fit entendre avant cinq heures du soir. Alors s'élevèrent de courtes rafales qui devinrent de plus en plus menaçantes. A la nuit tombante, — six heures et demie, — l'atmosphère redevint calme et chargée de brumes qui voilaient l'horizon. A huit heures, le baromètre était si bas que je m'étonnais de ne pas voir la tempête se déclarer, lorsqu'elle arriva, ronflant et mugissant entre les pitons et faisant craquer les arbres. Puis un silence, un calme plat qui dure quelques secondes, comme si l'ennemi s'arrêtait pour se remettre en haleine avant de nous attaquer. Il reprend sa course, et, cette fois, il accourt si vite qu'il ne s'annonce plus par des menaces lointaines ; il s'abat sur nous brutalement et nous porte un choc semblable à celui d'un corps solide. Le toit craque et se brise, nous nous sentons soulevés et penchés en avant. Le chien s'agite et gémit, nos lumières sont éteintes par le vent qui pénètre dans l'intérieur. Heureusement, il a emporté au loin les débris de la charpente ; personne n'est blessé. Il pleut serré, mais nous pouvons encore nous abriter sous une partie du toit.

Les intervalles de calme, de ce calme extraordinaire qui succède aux rafales, nous laissaient à chaque instant l'espoir d'avoir essuyé la dernière bordée de cette furie. Vers dix heures, nous essayâmes de sortir pour voir si les autres cases nous offriraient un refuge meilleur ou pire. Mais il nous fut impossible d'ouvrir. Le vent avait fait marcher la case de manière à ce que la porte vînt butter contre la roche. Nous étions *calés,* mais prisonniers, avec la chance d'être renversés et brisés, ou celle d'être écrasés par les débris de la toiture.

De onze heures à minuit elle fut enlevée planche par planche, et chaque fois dispersée au loin. A minuit, la paroi située vers l'est et qui maintenant, par suite de l'évolution que nous avions subie, se présentait presque de face à la rage obstinée du nord - est, fut enfoncée et trouée. Nous étions à peu près libres de fuir ; mais l'obscurité était complète, et, à deux pas de nous, autour de la petite éminence que nous occupions, l'inondation se dressait en vagues semblables à celles de la mer. Les autres cases étaient peut-être entraînées déjà par la bourrasque dans ce déluge, et la sensation du froid était si vive, que l'idée de nous égarer dans les ténèbres nous frappait de terreur.

Quelque précaire que fût notre refuge, — nous ne pouvions plus dire notre abri, — l'instinct du gîte qui domine toujours la pensée humaine, et le sentiment fraternel de la lutte en commun contre le danger commun, nous engagèrent à rester ensemble jusqu'au dernier moment. Mais le plus grand péril de notre situation ne s'était pas encore dessiné à mes yeux, et bientôt il s'annonça par de douloureux symptômes. Je veux parler du découragement, de cet état nerveux et tout physique de prostration morale qui, sous l'influence de certains agents extérieurs, s'empare quelquefois de préférence des âmes les plus énergiques. Quelques-uns de mes compagnons commencèrent à donner des signes de désespérance, adressant au ciel de délirantes prières, ou appelant leur famille et leurs amis absents pour leur dire adieu. Je craignis un instant pour moi-même

7

la contagion de ce trouble fatal, et je fis un effort pour me rappeler
que j'étais là chef de bande, et par conséquent appelé à ne m'occuper que des autres. Voyant que l'inaction était le seul fléau qu'il
me fût possible de conjurer, je résolus d'essayer, à tout hasard, de
lutter contre les éléments. Je fis porter et accoter nos quatre lits
contre la paroi la plus menacée. Je m'opposai à ce que personne eût
recours aux alcools pour se réchauffer ou s'étourdir. Je veillai à ce
que chacun avalât de temps en temps un verre de bouillon concentré
dont nous avions une provision convenable. Je fis jeter sur notre
petit groupe serré, une grande couverture qu'il fallait retenir de
toutes nos forces pour qu'elle ne nous fût pas arrachée par le vent.
Enfin, je parvins à installer au milieu de nous une double caisse
vide et retournée, au moyen de laquelle un bougeoir garni et des
allumettes me permirent, dans l'intervalle des rafales, de nous procurer un instant de lumière pour regarder l'heure et consulter le
baromètre qui, sans merci, descendait toujours.

Quelle attente! et combien de fois, après des angoisses qui nous
semblaient avoir duré une heure, nous étions frappés de stupeur en
voyant à la montre qu'à peine dix minutes s'étaient écoulées! Sans
doute ces fréquentes constatations de notre péril n'étaient pas de
nature à nous rassurer; mais elles tenaient notre attention éveillée
sur nous-mêmes. Elles entretenaient le sentiment et l'amour de la
vie prêts à nous abandonner. Dans ces rapides intervalles de silence,
nous respirions ensemble, et chaque fois nous pouvions nous croire
prêts à sortir du paroxysme de l'ouragan. Mais tout à coup des cra-
quements formidables nous annonçaient le retour du monstre. Chose
remarquable, les plus faibles étaient ceux dont l'énergie se soutenait
le mieux, et mon petit Jacques montra, sans se démentir un instant,
une présence d'esprit, un courage et un dévouement à toute épreuve.

Enfin, à deux heures du matin, le baromètre cessa de descendre,
et à deux heures et demie il commença à remonter un peu. Les raf-
fales faiblirent progressivement et l'espérance remonta comme le
baromètre.

J'étais brisé de fatigue, je m'allongeai comme je pus sur un ma-
telas, une véritable éponge dont le poids de mon corps exprimait
l'eau, et je dormis une demi-heure.

Dès que le jour commença à poindre, nous réunîmes nos efforts pour nous ouvrir un passage à travers les débris de la cloison et parvenir jusqu'aux autres cases, que nous n'étions pas sûrs de retrouver même en ruines. Quelle fut notre surprise, en voyant debout et intacte, la plus voisine, qui était la plus petite, celle que nos domestiques partageaient avec les bouviers! Elle était fermée, muette et comme inhabitée. Nous y pénétrons, et nous trouvons nos gens bien tranquilles autour d'un bon feu qu'ils avaient pu entretenir toute la nuit, sans se douter qu'à deux pas de là nous soutenions contre la mort une lutte désespérée.

Nous étions tellement transis, que la vue de ce feu bienfaisant faillit nous faire tout oublier. Mais il fallait songer à nos douze travailleurs installés dans la case neuve, et nous fîmes pour aller de suite à leur recherche un effort que je me rappellerai toujours comme une chose considérable dans ma vie d'aventures.

La tempête était presque apaisée, mais elle avait eu son cruel triomphe. De la grande case en bois et en paille, il ne restait que quelques débris épars, ballottés encore par les derniers souffles de l'ouragan. Sept de nos hommes s'étaient réfugiés, dans un état d'hébêtement, sous les débris d'un gros arbre abattu et brisé. Les cinq autres gisaient dans l'eau, raides et froids comme des cadavres. Nous nous hâtâmes de les emporter près du feu et de les frictionner de toutes nos forces ravivées par le danger. La scène qui suivit fut véritablement effrayante. Les premiers qui se ranimèrent sortirent de leur léthargie dans un état de démence complète, et, s'échappant de nos bras, voulurent se précipiter dans le feu. Deux autres, — deux Malgaches, — en revenant à la vie, eurent un réveil encore plus terrible. Leur face souillée, égarée, furieuse, était horrible à voir, et notre lutte pour les sauver ressemblait à un combat.

Mais le dernier de ces malheureux ne se réveilla pas, et plusieurs heures de frictions ne purent pas seulement lui enlever la raideur cadavérique. L'asphyxie par l'eau ou la paralysie du sang par le froid avait été complète.

A neuf heures du matin, il fallut renoncer à l'espoir d'arracher cette victime au désastre. Nous la couvrîmes d'un peu de terre, nous abandonnâmes une partie de notre bagage, et les buttes ayant cessé d'être des îles sans issue, nous pûmes descendre dans la plaine où l'écoulement se faisait assez régulièrement par les deux ravines qui sillonnent en sens contraire le nord et le sud du plateau. Nous pûmes franchir, non sans peine, mais sans catastrophe nouvelle, les trois courants du bras de Ponteau, qui ne charriait ni arbres, ni rochers, et dont les flots étaient restés clairs, grâce à la compacité du sol. Ainsi marchant dans l'eau, jusqu'aux genoux dans la plaine, jusqu'aux épaules dans les fonds, le plus souvent sans retrouver aucune trace de chemin, rencontrant à chaque pas les énormes tamarins des hauts gisant brisés sur le sol, nous atteignîmes, après trois heures de marche bien pénible, la métairie la plus voisine. Le temps était magnifique, le ciel d'un bleu pur, et le soleil brillait sur la campagne dévastée.

GÉOLOGIE

Bory de Saint-Vincent, qui passa 40 jours à en parcourir les montagnes, a dit : « *que l'île Bourbon semblait avoir été créée par des* » *volcans et détruite par d'autres volcans.* » Ce fut aussi notre première impression, lorsque nous visitâmes l'intérieur de l'île ; et quoique ce fait soit contesté, nous persistons dans cet avis, peut-être contraire à certaines théories, mais dans lequel nous avons été confirmé par 25 ans de séjour de courses et d'études. Nous entrerons donc en matière par la description de deux phénomènes récents de création et de destruction, les éruptions de 1858 et 1860. Selon nous, ces deux éruptions suffisent pour expliquer tous les phénomènes postérieurs, et par conséquent la formation de l'île.

ÉRUPTION DE 1858.

3 novembre, le cratère paraît en travail ; à 4 heures du soir, deux explosions comparées à des coups de tonnerre annoncent la coulée. Elle s'échappe par quatre bouches qui se sont ouvertes au sommet des grandes pentes. A 8 heures du soir, la lave était arrivée au pied de ces pentes.

Le 4, la coulée continue à descendre. A 9 heures du soir, la route est envahie.

6. — A 10 heures du matin la coulée arrive à la mer.

7. — Dans la soirée, nouvelle coulée qui n'arrive qu'au pied des grandes pentes.

7 et 8. — La lave se refroidit un peu. Nous pouvons traverser la coulée du 4, qui avait 70 mètres de largeur au point où elle a envahi la route.

9. — Nous faisons faire un chemin de piétons.

On passe facilement les 10 et 11.

Du 12 novembre au 4 décembre, les éruptions se succèdent.

Le 12. — La route est envahie par une nouvelle coulée ; la lave avance avec une vitesse d'environ 400 mètres à l'heure ; les coulées se suivent à deux ou trois jours d'intervalle, puis se ralentissent.

Le 4 décembre, la lave qui coule toujours sous la croûte solidifiée, ne forme plus de courant apparent que sur le bord de la mer.

Le 6. — Le sentier pour piétons et cavaliers est rétabli. La route avait été coupée par trois courants de lave, très-voisins les uns des autres, et dont la largeur, ensemble, est de 900 mètres.

14. — Le volcan étant tout à fait calme, l'on peut entreprendre le rétablissement de la route de voitures, qui est terminée 20 jours après.

A la fin de mars 1859, il y avait encore assez de chaleur, pour faire prendre feu à un morceau de bois introduit dans les fissures de la lave.

Pendant la coulée que nous venons de décrire, monsieur le Gouverneur crut devoir envoyer de Saint-Denis, sur les lieux, une commission chargée de lui faire un rapport sur les phénomènes que présentait cette éruption. Deux des membres de cette commission nous écrivirent à Saint-Pierre, où nous demeurions alors, pour avoir des renseignements sur cette coulée et sur celles antérieures. Voici copie de la réponse que nous fîmes à l'un d'eux, et du croquis qui y était joint (Pl. IV).

« J'ai envoyé hier à votre collègue tout ce que j'avais de notes chronologiques sur le volcan ; vous voulez mes impressions particulières, les voici : la lave actuelle est de nature bien plus compacte que celle des coulées antérieures ; sa pesanteur spécifique est d'environ 2,75 et elle coule avec une rapidité qu'explique cette pesanteur. Il n'est, du reste, pas rare de voir la nature de la lave changer dans la même coulée. Un habitant de Saint-Joseph, qui vient de monter au cratère, me dit qu'il s'est formé, au-dessus des grandes pentes, quatre petits cratères, dont deux vomissent de la lave, et deux des gaz. Un des cratères lance sa lave verticalement, et l'autre obliquement.

» On appelle *les grandes pentes*, la partie CD ; A, étant le cratère brûlant ; A', le grand cratère (à peu près refroidi); B, les cratères actuels, qui ont de 4 à 10 mètres de diamètre ; R, le passage de la route de ceinture à travers *le grand pays brûlé*, M la mer ; E E' E" le rempart nord de l'enclos, et R R' le cassé de la plaine des remparts. C'est presque toujours en B, au-dessus des grandes pentes, et jamais au-dessous que se forment les cratères secondaires.

» D'après l'inspection des lieux, je crois que le volcan proprement dit n'a pas changé son point d'action, qui a toujours été vers A ou A', mais que son cône primitif, R A" avait pour base Saint-Benoît, les plaines des Palmistes et des Cafres, et l'axe de la commune de Saint-Pierre. Un affaissement général ayant eu lieu, il a formé le cassé O RR'. Puis un nouveau cône OEA"' s'est élevé et ensuite affaissé dans sa portion H E E' E" M. C'est cet affaissement appelé le Grand-Enclos qui fait le tour du cirque, où se sont concentrées les dernières éruptions.

» Le volcan ayant, à l'intérieur de l'enclos, formé un troisième cône, il y a tout lieu de croire qu'il avait la forme H I C D, puisqu'il s'est de nouveau affaissé sur toute la portion HI C X, en laissant l'arête résistante X C D, dont faisait partie le piton du Crac W et la plaine des Osmondes qui restent comme preuves de cet affaissement, et viennent nous expliquer la formation de bien d'autres, presque complétement recouverts de laves anciennes, à coulées régulières et sans brisures, tels que la plaine des Palmistes, le Grand-Etang, etc., etc. C'est aussi par la présence du contre-fort résistant X C D, que l'on arrive à expliquer la formation des grandes pentes du volcan actuel et celle constante sur ce point, et au-dessus du piton de Crac, des cratères secondaires d'où s'échappe presque toujours la lave. Je suppose que la formation des cratères secondaires se produit ainsi. La lave en fusion monte dans la cheminée A et en déborde quelquefois ; mais alors sa pression sur les parois B augmente et devient assez forte pour les faire crever. Aussitôt que la lave s'échappe en B, elle cesse toujours de couler au cratère supérieur en A.

» Il y a quelques cas de cratères s'ouvrant en K (exemple le Formica Leo) ; mais ce côté étant contre-buté et par conséquent plus solide, et le contre-fort C offrant une résistance qui paraît invincible, c'est en B que se déchire presque toujours la croûte K A' A B. On a souvent dit que les remparts O R R' et II E E' E" avaient été formés par des soulèvements ; la seule inspection des lieux prouve que ce fait est inexact, parce qu'il n'existe aucun étoilement dans les portions des cônes restées en place, et aussi, parce qu'à leur surface on trouve les couches de lave ayant conservé leur position primitive et à peu près horizontale. Elles y sont encore toutes semblables à celles qui se forment successivement dans le grand Pays brûlé ; et dans la partie verticale des remparts on retrouve les couches intactes et superposées comme on les voit dans les vides du grand cratère et du cratère brûlant. »

Aux renseignements donnés dans cette lettre adressée à la commission nommée par M. le Gouverneur, nous ajouterons que les laves du premier cône A" se retrouvent telles qu'elles ont coulé, en cascades, recouvrant l'ancien enclos de la plaine des Palmistes. Quant aux lits des ravines dont nous parlerons plus loin, ce sont des cas particuliers, que nous avons étudiés avec soin et qui, s'ils étaient le résultat de brisures produites par des soulèvements, devraient se prolonger jusqu'au sous-sol et jusqu'à l'arête supérieure de la partie du cône dans laquelle ils se seraient ouverts ; or ce fait n'existe nulle part.

Nous avons décrit ci-dessus une coulée venant augmenter par des couches successives le volume de l'île ; nous avons dit aussi comment nous supposions que s'étaient formés les enclos du volcan ; donnons maintenant, à l'appui des faits avancés, le détail des phénomènes qui ont accompagné l'éruption de cendres, de la nuit du 19 au 20 mars 1860.

M. Hugoulin, pharmacien de la marine, se trouvait à Sainte-

Rose, d'où il avait observé cette éruption. Dans un rapport qu'il adressait, à ce sujet, à M. le Gouverneur, et qui a été publié dans le journal officiel de la colonie le 28 mai suivant, il disait :

« Le 19, à 8 heures et demie du soir, un roulement sourd mais
» fort bruyant s'est fait entendre dans toutes les localités voisines du
» Grand-Brûlé de Sainte-Rose, et même jusques au-dessus des ram-
» pes Nord de la rivière de l'Est. Ce bruit était partout comparable à
» celui que ferait une charrette pesamment chargée d'objets en fer.
»   .   .   .   .
» Ce bruit produisait une certaine vibration du sol, il n'y avait pas
» positivement de tremblement de terre, mais la trépidation était
» assez violente pour produire l'agitation des meubles et des usten-
» siles qui les recouvraient.
» C'est alors que les curieux qui avaient quitté leurs domiciles
» pour connaître la cause du bruit, ont pu observer le phénomène
» d'une éruption volcanique, telle qu'il ne leur avait point encore été
» donné d'en voir. Une épaisse colonne de fumée grisâtre s'est élan-
» cée perpendiculairement dans l'espace, du sommet de la montagne
» du volcan.   .   .   .   .
» Cette colonne a été en s'agrandissant à son sommet de manière à
» former un nuage épais, qui s'est étendu en deux sens presque
» opposés, donnant ainsi naissance à deux nuages distincts ; l'un a
» pris la direction N.-E. vers le bourg de Sainte-Rose, il a empêché
» les observateurs de cette localité d'apercevoir l'autre nuage qui a
» marché dans la direction S.-E. vers Saint-Philippe.
» Les phénomènes qui ont accompagné cette éruption ont présenté
» divers points de vue suivant les lieux qu'occupaient les observa-
» teurs. De Sainte-Rose on n'a pu apercevoir qu'une seule colonne
» grisâtre qui allait en s'élargissant au sommet, et dont la base était
» lumineuse ; des éclairs la sillonnaient en tous sens. Des rampes
» du Bois-Blanc et de celles de la rivière de l'Est au contraire, le phé-
» nomène a paru plus imposant encore ; toute la masse de la colonne
» était illuminée par une quantité considérable de points en vive
» ignition, qui éclataient ensuite en mille gerbes resplendissantes,
» comme un bouquet de feu d'artifice. Des masses énormes de roches

» incandescentes la sillonnaient aussi et éclataient ensuite avec un
» bruit semblable à des détonations de mousqueterie, en fragments
» lumineux.

» Ce phénomène n'a duré que quelques instants, l'obscurité l'a
» remplacé, mais les deux nuages formés par l'éruption ont continué
» leur route en deux sens opposés avec la force d'impulsion première
» qui leur avait été sans doute communiquée par l'explosion volca-
» nique, car le calme le plus parfait régnait dans l'atmosphère. Ces
» deux nuages ont fini par se résoudre en une pluie de cendres qui
» a couvert toutes les localités environnantes à plus de 7 lieues de
» rayon du centre volcanique. La cendre provenant du nuage qui
» s'est dirigé vers Saint-Philippe est grise, elle est aussi fine que de
» la farine de blé ; celle de Sainte-Rose est grenue comme de la
» poudre de chasse, elle ressemble assez au sable de la rivière de
» l'Est ; elle en diffère en ce qu'elle n'a pas, comme celui-ci, des
» fragments cristallins et brillants. Le sol a partout été jonché de
» ces cendres, les plantes en ont entièrement été couvertes, et cette
» pluie a été générale depuis l'extrémité S. de la commune de Saint-
» Philippe jusqu'à quelques kilomètres· de la ville de Saint-Benoît.
» A 16 milles en mer le trois-mâts *la Marie-Élisa*, qui venait au
» mouillage de Sainte-Rose, et dont le capitaine a été l'un des
» observateurs favorisés, a eu son pont entièrement couvert de
» cendres. . . . .

. . . .

» La formation de deux nuages simultanés doués d'une force d'im-
» pulsion différente, alors que l'atmosphère était parfaitement calme,
» se comprendrait difficilement par la formation d'un seul cratère ;
» mais ce n'est là qu'une hypothèse toute gratuite, qu'il m'eût été com-
» plétement impossible de vérifier dans les circonstances actuelles,
» quelque vif désir que j'en eusse : il est en ce moment tout à fait im-
» possible de s'aventurer dans la plaine qui surmonte le Grand-Brûlé.
» Peut-être un jour, notre intrépide camarade, l'ingénieur Maillard,
» pourra-t-il nous éclairer sur cette question, lui qui a déjà dérobé bien
» des secrets à notre terrible voisin, dans ses excursions aventureuses.

                    › *Signé :* Hugoulin. »

M. Hugoulin étant, comme nous, membre de la Société des sciences et arts de la Réunion, nous lui répondîmes par la lettre suivante qui fut lue à la séance de mai :

« Mon cher confrère et ami,

« Vous avez bien voulu mêler mon nom à plusieurs des intéressants articles que vous avez publiés dans le *Moniteur;* ce serait mal à moi de ne pas répondre à vos questions et à vos espérances. »

Après des notes sur les coulées antérieures, que nous donnerons dans un tableau spécial, nous ajoutions :

ÉRUPTION DE 1860.

« Dans la nuit du 22 au 23 janvier, la lave est sortie du cratère sans secousse ni bruit, et s'est arrêtée quelques heures après.

» Le 25, dans la matinée, on entendit deux détonations, sans lueur ni projection de laves..

» Le 27, détonations pendant toute la journée. Le soir, la lave déborde du cratère et arrive à la base du cône central vers B (Pl. IV).

» Les 1er, 3 et 5 février, débordements de plus en plus faibles.

» Le 7, une ouverture se fait en B, au sommet des grandes pentes; la lave en sort avec abondance et arrive en D, le 8, vers midi.

» Du 7 au 10, le cratère brûlant lance des fils vitreux que le vent porte jusqu'à Saint-Pierre.

» Le phénomène des fils volcaniques n'est pas rare à Bourbon. En 1812, toute la colonie en fut couverte, et à chaque coulée importante, les voyageurs en ont trouvé aux environs du cratère, au milieu des matières vitreuses, que le volcan lance sous forme de scories, et, pour ainsi dire, d'écume. Les matières en fusion lancées dans l'atmosphère s'y étirent comme le verre à la lampe d'émailleur, et j'ai vu souvent de ces fils tenant encore au fragment de scorie dont ils avaient été formés. Si l'on n'en voit pas plus souvent sur le bord de la mer (partie à peu près la seule habitée de l'île), c'est qu'il faut un vent juste assez fort pour enlever ces filaments sans les emporter jusqu'au large, et aussi qu'ils soient en quantité notable pour qu'on les remarque.

» Le 14 février, la lave, qui ne sortait plus que du point B, s'arrête à un kilomètre au-dessus de la route et se refroidit. Le cratère ne fournit plus de laves, mais il s'en échappe toujours des lueurs très-vives.

» Le 17 février, une deuxième coulée très-abondante s'ouvre une issue près de la précédente, au sommet des grandes pentes, et arrive à leur pied. Le 19, elle va en s'affaiblissant et s'arrête le 2 mars. Une troisième coulée s'y fait encore jour le 11, et s'arrête le 17. Sauf la masse de laves, encore rouge la nuit, et qui se trouve amassée au pied des grandes pentes, il n'existe plus au volcan aucune trace lumineuse des coulées précédentes.

» Nous arrivons maintenant à la partie la plus intéressante de cette éruption.

» Le 19 mars, à la suite d'un jet de vapeurs et d'étincelles, après un bruit sourd, semblable au roulement d'un lourd chariot, de tous les points de la colonie on a vu s'élever du cratère un gros nuage noir qui est d'abord resté stationnaire. Un jet presque constant de matière pulvérulente sortit ensuite, et augmenta le volume du nuage. Ce jet était mêlé de fragments lumineux qui allaient se perdre dans le nuage et paraissaient retomber ensuite sur le sol. De vives lueurs illuminaient de temps en temps la masse noire ; elles ont été suivies, à plusieurs reprises, d'un roulement semblable à celui qui avait précédé l'éruption. Peu après sa formation, le nuage s'est divisé en deux parties, dont l'une s'est dirigée sur Sainte-Rose, et l'autre sur Saint-Philippe et Saint-Joseph. Ces phénomènes ont duré jusqu'à minuit environ, avec plus ou moins d'intensité.

» Le lendemain matin, les quartiers Saint-Joseph et Saint-Philippe étaient couverts d'une faible couche de poudre grisâtre, semblable à de la cendre. A Sainte-Rose, cette poudre est tombée d'abord plus grosse qu'à Saint-Philippe ; les grains trouvés près du Bois-Blanc avaient même généralement près d'un millimètre de diamètre ; mais à la fin de l'éruption, la poudre était aussi fine qu'à Saint-Philippe.

» Ces phénomènes ne sont pas nouveaux ; seulement, on a eu le tort de ne pas les observer, ou de n'en tenir compte que quand ils atteignaient une intensité très-grande. Si l'on se reporte aux temps antérieurs, on voit qu'en juillet 1791 un nuage de cendre s'est étendu sur Sainte-Rose et Saint-Benoît.

» M. Hubert dit aussi, dans une lettre à Bory de Saint-Vincent, que le 17 janvier 1802, environ un mois avant la grande éruption, un pareil nuage a porté des cendres jusqu'à Saint-Denis. Mais nous n'avons pas besoin de nous reporter si en arrière pour trouver des précédents. Quelques jours avant celui qui nous occupe, le 21 février 1860, des sables grenus, comme ceux de Sainte-Rose, ont été recueillis à Saint-Joseph, sur l'habitation de M. Guy de Ferrières. Le peu d'intensité du phénomène l'a fait passer presque inaperçu. Toutefois, M. Ch. Frappier, homme instruit et observateur consciencieux, en me remettant un échantillon de ce sable, y a joint la note suivante :

« Le 21 février 1860 (jour des Cendres), de 8 heures du matin à » 2 heures de l'après-midi, l'air paraissait obscurci par une vapeur » violacée. Il régnait un fort vent du nord-est, et l'on trouvait par- » tout, sur les meubles et les parquets, du sable volcanique mêlé de » quelques filaments vitreux.

» Or, pourquoi ce phénomème n'a-t-il été sensible qu'à Saint-Joseph ? C'est qu'il a eu lieu, le jour, et par le vent de nord-est, soufflant du volcan sur ce quartier.

» Et par la même raison on peut dire : que si le 19 mars le nuage sorti du cratère brûlant s'est séparé en deux parties, l'une allant à Saint-Philippe et l'autre à Sainte-Rose, c'est que de neuf heures à minuit le vent de terre soufflait. Le vent de terre est produit, vous le savez, par un courant d'air descendant des hauteurs de l'atmosphère sur le sommet des montagnes, et se dirigeant ensuite de ce sommet à la mer, en léchant le sol. Or, le sommet des montagnes, dans le cas actuel, c'était le cratère ; de sorte que, le vent de terre, quand il s'est formé, a séparé le nuage de sable, en a porté une partie à la mer, du côté de Sainte-Rose, et l'autre partie aussi à la mer, dans les parages de Saint-Philippe. Si les grains de sable ont été plus gros à Sainte-Rose qu'à Saint-Philippe, c'est que probablement le vent était plus fort du côté de Sainte-Rose. »

» C'est aussi parce que les grains les plus lourds ont dû tomber d'abord, que la poudre fine est tombée en dernier à Sainte-Rose. Peut-être aussi le vent avait-il faibli ; enfin, c'est parce que le vent du nord-est était très-fort, le 21 février, que des grains de sable sont tombés à Saint-Joseph, et que la poudre fine a été emportée à la mer, en donnant à l'atmosphère l'aspect d'une *vapeur violacée.*

» Mais, j'avais promis des faits et non pas des théories. Je m'arrête donc pour dire quel était l'aspect du volcan, ou plutôt du cratère brûlant, quelques jours après cette éruption de matières pulvérulentes.

» A part la descente de l'enclos, au pas de Bellecombe, qui n'a pas changé, les abords du cône central sont sablés comme des allées de jardin. L'ensemble du cône s'est exhaussé d'une immense couche de blocs de toute grosseur, depuis plusieurs mètres cubes jusqu'aux fragments les plus petits. Il y a des blocs jusque dans le grand cratère A′, qui est à plus de 1,000 mètres du cratère brûlant A. Quant à la lave, on n'en voit plus dans un grand rayon ; tout est couvert de déjections sableuses et rocheuses ; le sol a l'aspect d'un lit de torrent avec des matériaux plus anguleux. Tout cela est sorti par le cratère, se brisant, se heurtant, se pulvérisant, les plus gros n'allant pas très-loin, les moyens s'éloignant davantage, et les petits et le sable couvrant le tout, sauf ce que le vent de terre a emporté à Sainte-Rose et à Saint-Philippe.

» La forme anguleuse des roches rejetées par le volcan, prouve qu'elles ont été arrachées du sous-sol, et qu'elles sont arrivées à la surface étant relativement froides et non en fusion. Déjà antérieurement, nous avions vu de pareilles roches aux environs du cratère, mais en très-petite quantité.

» *Au lieu où était le cratère brûlant, il n'existe plus de cratère proprement dit, mais un vaste entonnoir formé par un affaissement circulaire, et dont le fond, garni de roches anguleuses, laisse échapper des vapeurs aqueuses et sulfureuses.* »

Nous pensons que l'historique des deux coulées ci-dessus décrites a suffisamment expliqué la formation de la partie de l'île teintée en rose (Pl. VI). Celle de toute la partie rouge nous paraît en découler tout naturellement ; seulement, comme elle a précédé l'autre, et qu'elle n'avait pas, comme elle, un point d'appui solide et résistant, il en est résulté que les éfondrements ont eu lieu un peu partout, au lieu de se limiter au côté nord-est. Il nous semble impossible de ne pas attribuer aux causes qui ont déterminé l'affaissement du 20 mars 1860, celles de la formation des arêtes A′ A″ et BB′B″ (Pl. V). Sur les lieux, l'aspect est le même, et les brisures continues, résultant des soulèvements généraux, n'existent nulle part. Nous admettons donc dans la partie rouge (Pl. VI), en dehors des mouvements antérieurs dont il ne reste aucune trace, et certainement aussi du soulèvement primitif qui a fait surgir l'île et transformé le volcan sous-marin, s'il a existé, en un volcan extérieur; nous admettons, disons-nous, deux affaissements successifs : le premier, qui n'a laissé de son cône que les plans inclinés, rouge faible; et le deuxième, après lequel les feux souterrains ont cessé de se faire jour dans cette partie de l'île, et qui a déterminé, soit simultanément, soit à des époques assez approchées, la formation des cirques de Salasie, de la rivière des Galets, de Cilaos et du Bras de la Plaine, teintées en rouge foncé dans la présente carte. Il est du reste à remarquer que les lits où coulent les eaux de ces quatre cirques, ne se sont pas formés en même temps que ceux-ci; mais bien qu'ils sont le résultat des crues torrentielles qui ont corrodé les couches de roche friable et déterminé l'éboulement de celles plus solides; car, si ces lits d'écoulement, ainsi que tous ceux des ravines, avaient été ouverts par des soulèvements, ou par la secousse résultant de l'affaissement général, la fissure D (Pl. V), qu'affectent tous ces torrents, irait se perdre dans le sous-sol, tandis qu'au contraire, sur une immense quantité de points, l'eau roule les roches et galets, qu'elle entraîne incessamment vers le rivage de l'île, sur un fond de lave compacte presque toujours basaltique et quelquefois trachytique, surtout aux environs du Piton des Neiges. Les dessins de la planche XIII, fig. 1 et 2, représentant des falaises de 80 à 100 mètres de hauteur, sont des types de ces torrents; la fig. 1 (embouchure de la ravine à Jacques) n'ayant pas de lit de déjection; la fig. 2 (embouchure de la grande ravine) n'en ayant qu'un très-restreint, et la lave continue s'y retrouvant constamment à partir de 1,500 mètres du rivage et jusqu'à sa source.

Ces ravines arrachent encore constamment des débris aux remparts de leurs cirques et de leurs lits d'écoulement, ainsi qu'à leurs

bassins qui semblent se creuser de plus en plus. Il en résulte sur
le rivage un dépôt continuel de galets et de sable qui roulent incessamment le long des côtes, et se réunissent aux points d'attérisse-
ment généraux, après avoir formé les plateaux de sable et de galets
sous-marins qui entourent l'île et y permettent le mouillage des
navires. Ces attérissements sont même apparents sur une foule
d'endroits où, comme au cap Bernard, entre Saint-Denis et la Possession, la partie basse de la montagne paraît avoir disparu dans
la mer, en même temps que se formaient les grands affaissements
intérieurs. Quant aux laves qui coulent à la mer, il faut qu'elles y
arrivent en très-grande abondance pour pouvoir la refouler. On
a cependant vu se former ainsi, dans le siècle dernier, l'immense
pointe de la Table. Pour nous, les coulées secondaires qu'il nous a
été donné d'observer, n'ont jamais fait avancer beaucoup le rivage,
le refroidissement subit réduisant en sable ou en petits fragments
tout ce qui tombait à la mer. Pourtant, dans l'éruption de 1844, si
la côte ne s'est pas avancée, nous avons au moins vu la coulée se
prolonger sous l'eau comme une pointe rouge, qui paraissait la
nuit avoir environ 200 mètres de longueur. Disons encore que nous
avons aussi remarqué, que des morceaux de lave en fusion de
la grosseur de la tête, en tombant à la mer, semblaient flotter
à sa surface pendant plusieurs secondes avant que leur pesanteur
spécifique parvînt à les entraîner au fond. Il se passait là probablement un de ces phénomènes si bien décrits par M. Boutigny,
d'Évreux, dans ses publications sur l'état sphéroïdal des corps.

Il résulte de l'ensemble des faits que nous venons de décrire que
l'île Bourbon fut d'abord formée d'un cratère principal au centre de
la partie rouge (Pl. VI); qu'après au moins deux grandes perturbations, le centre d'action fut déplacé et reporté dans la partie rose,
où se trouve encore le cratère principal actuel. Mais outre ces points
principaux, il a successivement surgi sur toute la surface de l'île,
depuis le bord de la mer jusqu'aux sommets les plus élevés, une foule
de cratères secondaires, qui ont déversé des laves dans toutes les
directions. Très-peu de ces volcans ont conservé leurs cratères
complets, ainsi que, du reste, l'indique la carte topographique
générale (Pl. III).

Nous avons dressé en 1853 un relief que M. Dufrénoy a bien voulu présenter à l'Académie des sciences. Il disait à ce sujet :

« *Ce relief montre une grande analogie de formes entre* » *le groupe de montagnes volcaniques qui constituent l'île de la* » *Réunion, celui de la Guadeloupe et celui du Cantal.* »

Nous n'essayerons pas ici de traiter cette question si souvent posée et encore à résoudre : L'île de la Réunion a-t-elle fait partie d'une chaîne générale qui, de Madagascar, se serait autrefois étendue jusqu'à Maurice et Rodrigue ? Nous ne connaissons pas assez ces îles ; et tout ce que nous avons pu voir dans un passage de quelques jours à Maurice, c'est que cette dernière est volcanique, et que son sol est complétement identique à celui de Bourbon.

Nous ajouterons aux faits généraux déjà décrits, les suivants, qui serviront à mieux fixer l'opinion de ceux qui liront ces pages : Nous croyons d'abord devoir faire remarquer que si, comme nous le disons plus haut, presque tous les lits des ravines s'élargissent et se creusent incessamment aux dépens des remparts et du sous-sol, d'autres s'exhaussent et se comblent, au point de devenir des vallées cultivables. Plusieurs torrents changent aussi de lit, surtout dans leur partie connue sous le nom de lit de déjection. Enfin, de petits cours d'eau à peine remarqués sont devenus depuis des temps connus, et même depuis quelques années, des torrents infranchissables. Pour notre part nous avons vu la ravine des Orangers qui, avant 1836, n'était qu'un pli de terrain dont les eaux passaient sous la route par un aqueduc de trois mètres d'ouverture, devenir d'abord une ravine importante, et se transformer enfin en un torrent sur lequel on hésite à jeter un pont.

Nous avons constaté souvent que la surface du grand Benard était couverte de roches anguleuses sous lesquelles on aperçoit de place en place la lave intacte. Cet aspect particulier nous avait fort intrigué, et nous n'y trouvions aucune explication satisfaisante. L'éruption de roches et de cendres de 1860 est venue élucider cette question que nous nous étions faite aussi à propos d'autres points, où cependant le phénomène n'offre pas une intensité aussi remarquable qu'au sommet du Benard.

Les laves n'ont pas toujours surgi à Bourbon d'une manière

8

aussi simple que nous le voyons dans l'état actuel du volcan. Il y a eu évidemment des coulées où l'eau était mêlée à la lave. C'est même à ces déjections, dont l'impétuosité devait être considérable, que nous serions tenté de rapporter la formation des lits d'écoulement de beaucoup de nos torrents, et aussi celle de ces bancs de roches roulées qui sont si souvent interposés entre les couches de laves. Toutefois, nous devons reconnaître qu'entre les grands mouvements du sol, plusieurs siècles ont dû s'écouler, ce qui a permis aux ravins de se former avec leurs lits de galets et de sable. Nous avons remarqué très-souvent aussi, entre les lits de lave, des couches de terre argileuse déposées par les eaux, et des couches d'humus qui ne peuvent provenir que de l'existence de forêts semblables à celles qui croissent encore au milieu du Grand-Brûlé ; ces couches d'argile et d'humus se reconnaissent parfaitement; elles sont plus ou moins torréfiées à leur partie supérieure par les laves qui les ont recouvertes et quelquefois encore, dans leur état primitif, à leur partie inférieure en contact avec la roche sur laquelle elles se sont formées. La lave conserve aussi, presque partout, les empreintes des grands végétaux et des arbres qu'elle a renversés. Nous avons trouvé à Saint-Pierre, près du phare du Bel-Air à Sainte-Suzanne, et sur beaucoup d'autres points, des échantillons très-remarquables de ces empreintes. Enfin, au cap la Houssaye, où nous avons fait tailler en corniche une route dans le rempart qui surplombe la mer, il a été trouvé, dans une couche d'humus, un squelette dont les fragments, que nous avons rapportés, ont été reconnus par MM. Lartet et Merlieux comme ayant appartenu à des tortues terrestres qui auraient été enterrées dans le sol et recouvertes de plus de quatre mètres de lave.

La plaine des sables O E (pl. IV), dont la surface et les cratères ne sont formés que de fragments de pumite presque réduite à l'état de sable, forme un sol tout exceptionnel au milieu des laves péridotiques qui constituent la zone rose de la carte géologique ; on suit le lit de cette coulée jusque près du bord de la mer sur les deux versants de l'île. Toutefois un phénomène semblable s'est passé vers la fin du siècle dernier dans le Grand-Enclos actuel. Au pied de la descente du Pas de Bellecombe, on voit un petit piton de fragments anguleux qui est appelé, à cause de sa forme, le Formica-Léo. Déjà les laves ont en partie recouvert sa base, et il disparaîtra aux premières coulées que déversera de ce côté le grand cratère, s'il se rouvre jamais.

Quant aux coulées boueuses, elles se trouvent presque partout, alternant avec toutes les espèces de roches ; sur certains points, elles ont formé des masses de conglomérats, et des couches de tufs, lesquels concourent puissamment à la destruction des remparts par les eaux, qui corrodant facilement ces bancs peu solides et surtout très-peu agrégés, laissent en encorbellement les couches résistantes et déterminent ensuite des éboulements plus ou moins considérables. Ces éboulements créent souvent de véritables barrages en travers des lits de rivières, il se forme alors d'immenses bassins qui finissent par surmonter et par rompre ces barrages passagers, les emportent, et roulent vers le littoral des torrents de roches, de vase et d'eau auxquels rien ne résiste. Il nous a été donné de voir deux de ces cataclysmes : un au bras de Cilaos, et l'autre à la rivière du Mât.

Comme le sol des cirques intérieurs n'est en très-grande partie formé que d'amas de roches, de terre et de sable broyés lors des grands affaissements, on peut se figurer quels dégâts produisent dans ces cirques de pareilles masses en mouvement. Aussi, n'est-il pas rare de voir l'eau des grands torrents de l'intérieur rester boueuse et trouble pendant plusieurs mois.

Outre les bois et troncs d'arbres entiers que l'on trouve quelquefois enfermés dans les amas de débris dont nous parlions ci-dessus, on en rencontre encore fréquemment au milieu des couches de tufs et de laves boueuses. Ces bois sont presque carbonisés par le temps et transformés en un véritable lignite. Ces mêmes laves boueuses renferment parfois des blocs de basanite arrondis, et aussi des boulets volcaniques. La montagne Saint-Denis et le cap Fontaine, près de Saint-Benoît, sont de beaux types de cette nature de coulées. Les tufs les plus remarquables sont ceux de Saint-André et de Saint-Pierre. Quant aux lignites on en trouve un peu partout mis à nu dans les lits des torrents de la partie rouge (pl. VI).

On voit dans la partie rose, celle du volcan actuel, deux phénomènes remarquables. Il existe dans le bras de la plaine un trou d'environ un mètre de diamètre, d'où sortent quelquefois, par e plus beau temps, des masses d'eau trouble et boueuse. Ce phénomène ne s'observe que quand le volcan est en grande activité.

On voit aussi près du Bois-Blanc, dans le rempart de l'Enclos, un trou formé par l'empreinte d'un tronc d'arbre. Il en sort presque constamment des bouffées de chaleur. Pendant la coulée de 1844, nous avons pu observer surtout ce phénomène qui était accompagné de vapeurs aqueuses ne décelant aucune trace acide ou alcaline.

On voit presque partout, dans la partie la plus ancienne de l'île, des masses de prismes basaltiques, en colonnes régulières et de la plus grande beauté. Ces prismes ne sont pas toujours verticaux, mais tendent à se former perpendiculairement au plan des roches froides avec lesquelles le basalte pâteux s'est trouvé en contact. Nous donnons à l'appui de cette observation le dessin figure 3 de la planche XIII, qui représente la falaise du cap Bernard, laquelle a environ 200 mètres de hauteur, et la planche XII où l'on voit des filons verticaux dont les prismes horizontaux se redressent à mesure que le plan du filon change.

Il est à remarquer qu'aux endroits où, faute d'écoulement, la masse de basalte a formé un vaste noyau, la séparation des prismes s'est formée de la circonférence vers le centre, celui-ci restant en une masse confuse. Il est de ces filons qui paraissent, étant à l'état pâteux, avoir fondu et s'être assimilé les laves voisines. D'autres fois, ces filons se terminent à la surface du sol par une vaste nappe de basalte qui s'est déversée à ciel ouvert. Le cap Bernard (pl. XIII, fig. 3) est ainsi formé de couches de basalte alternant avec des laves, des tufs et des terres végétales plus ou moins torréfiées. On y voit aussi des conglomérats et des agglomérats à gangues rocheuses ou boueuses. Dans ce rempart, comme dans tous ceux de l'île primitive, on trouve des filons de basalte qui affectent une position verticale (sauf les cas où ils n'arrivent pas au sommet des couches). Au contraire, dans les agglomérats sans ténacité des cirques de l'intérieur, ces filons se trouvent sous tous les angles d'inclinaison et se coupent souvent entre eux. Les prismes qu'ils forment ont depuis quelques centimètres de diamètre jusqu'à 50 ou 60. Bien que la forme à cinq pans soit la plus commune, on en voit cependant à quatre pans, et même de triangulaires ou en forme de lame de couteau, notamment à Cilaos. Nous avons aussi constaté que ces prismes se clivent facilement, non-seulement perpendiculairement à leur axe, mais aussi quelquefois parallèlement. Ils se subdivisent alors en d'autres prismes de forme régulière.

Les roches qui constituent le sol de l'île Bourbon ont été déterminées par M. Ch. d'Orbigny au moyen de 323 échantillons que nous avons rapportés et offerts au Muséum de Paris. Ces échantillons, recueillis avec indication de localité, se composent des roches suivantes :

Trachytes	9	Sables, cendres, etc	15
Porphyres trachytiques	3	Gallinace	4
Phonolithes	7	Scories	55
Obsidiennes	3	Pouzzolite	1
Pumites	3	Vackes	35
Dolérites	2	Tufa	10
Mimosites	1	Limons	9
Basanites	59	Pépérino	5
Basaltes	8	Pépérites	13
Péridotites	48	Calcaires de dépôt	17
Amphigénites	3	Poudingues polygéniques	2
Zéolithes	3	Madrépores	2
Conglomérats	4	Grès basaltique à ciment calcaire	2

Avec ces éléments et sous la direction de M. Daubrée nous avons pu dresser la carte géologique (Pl. VI), sur laquelle *le bleu* représente le système *trachytique*. Les trachytes, les phonolithes et une obsidienne en fragment ne se trouvent que dans le sous-sol des cirques de la partie rouge. Les pumites et deux obsidiennes étirées en fils (*teinte bleu clair*) ne se rencontrent au contraire que dans la partie rose, plus moderne ; il n'est même pas rare de voir sortir par le cratère et à quelques jours d'intervalle des pumites, des obsidiennes capillaires et les laves péridotiques dont se trouve presque entièrement formée la partie moderne de l'île de la Réunion.

Le système *basaltique* est représenté par les *teintes rouges* : il comprend les dolérites, mimosites, basanites et basaltes, tous contenus dans la partie ancienne ; la *nuance rose* représente plus spécialement les *péridotites* qui se retrouvent cependant assez fréquemment sur d'autres points de l'île, en couches alternant avec les basanites et les basaltes.

Un épanchement de roche *amphygénique* a eu lieu sur un seul point, nous l'indiquons par une teinte *verte*; cette roche n'avait encore été, croyons-nous, trouvée qu'en Italie, et sa présence à Bourbon est un fait dont la constatation a un certain intérêt.

Les *bancs madréporiques* sous-marins ont été figurés par du *violet*; les *alluvions* par une *teinte jaune*; et les *cratères éteints* par des *points rouges*, celui en ignition étant entouré d'un cercle de même couleur.

Les teintes rouges et roses de la carte géologique sont de plus en plus foncées, selon qu'elles représentent des terrains de plus en plus récents; les cirques de l'intérieur, les effondrements, les lits des torrents et le cône du volcan actuel sont couverts d'une teinte plus foncée que tous les autres terrains.

Après avoir traité la question générale de la géologie de Bourbon, nous croyons devoir donner quelques détails qui, nous l'espérons, auront un certain intérêt et feront mieux connaître les localités que nous entreprenons de décrire. Nous commencerons cet exposé par la nomenclature des divers aspects que présente le littoral de l'île.

Toutes les fois qu'à Bourbon la côte a été formée par de la lave coulant à la mer, il s'est produit une petite falaise de 4 à 10 mètres et souvent plus. Ce fait est le résultat, soit de l'action des lames sur ces roches, soit du refroidissement de la lave au contact de l'eau de mer. Il y a quatre sortes de côtes à la Réunion. Nous venons de décrire la *première*, au pied de laquelle il reste rarement quelques petits bancs de détritus de laves; exemple : le Grand-Brûlé, les côtes de Saint-Leu, etc. La *deuxième* présente de grandes falaises résultant de l'écroulement à la mer de grandes masses de montagnes : ces falaises offrent de nombreuses couches mises à découvert; à leur pied, marche un banc de galets; exemple : la montagne Saint-Denis, le Bel-Air à Sainte-Suzanne, et la petite île à Saint-Pierre. La *troisième* espèce de côtes est formée d'alluvions de galets et de sable, exemple : le Champ-Borne, la pointe des Galets, la baie de Saint-Paul et l'étang du Gol. Enfin la *quatrième*, qui s'appuie sur des bancs madréporiques s'étendant à une certaine distance du rivage, se confond avec ceux-ci par une couche de sable sur lequel viennent battre les lames qui passent par-dessus l'accore des coraux. Les principales plages de cette nature sont à Saint-Gilles, à Saint-Leu et à Saint-Pierre.

Il est à remarquer que les bancs de coraux ne se forment jamais devant l'embouchure des rivières, pas même devant celles qui coulent à peine une fois tous les ans.

Si nous recherchons l'âge géologique de l'île qui nous occupe, nous trouvons que ses plus anciennes roches éruptives sont des trachytes ou des basaltes, et comme on n'y découvre aucune trace de diluvium, il est à supposer qu'elle appartient tout entière à l'époque moderne.

A la pointe des Galets et sur presque toute la partie du pourtour de l'île qui est garnie de coraux, il se forme, soit par suite de l'action protectrice de ses madrépores, soit par toute autre cause, des espèces de grès et de tufs fort curieux. Mais si l'action de la mer agit ici comme cause de solidification d'une partie des côtes de l'île, sur d'autres points cette action est toute décomposante. La note ci-dessous, que nous avons lue à la Société des sciences et arts de la Réunion, donnera tous les détails nécessaires au sujet de cette double action de l'eau de mer sur les roches et sables du rivage, ainsi que l'explication de quelques autres phénomènes que nous avons observés.

« Chacun a pu remarquer combien les rochers qui bordent le littoral sont corrodés et profondément fouillés, malgré leur dureté ; mais, comme peu de personnes ont eu des points de comparaison sérieux, on a dû naturellement attribuer cet effet au mouvement incessant de la mer, qui depuis des siècles bat nos rivages, et reporter ce résultat à l'action de la goutte d'eau, qui, tombant sur la pierre la plus dure, la creuse et y imprime sa trace indélébile. Mais si l'on revient souvent sur le même point, on est frappé du changement qui s'opère dans la forme des rochers du littoral ; alors, quelles que soient la force et la violence de la mer, on est conduit à chercher une autre cause à la corrosion observée.

» Ce qu'il y a de remarquable, c'est que l'action destructive de la mer ne s'exerce pas au niveau de sa surface, ni presque pas sur les

pierres constamment léchées par les vagues , ou sur celles qui , placées à une très-grande hauteur , ne sont touchées par la lame que
dans les grands raz de marées. Pour que les roches soient rongées,
il faut qu'elles soient mouillées et séchées alternativement ; aussi,
cette action corrosive s'observe-t-elle surtout entre 2 et 8 mètres au-
dessus du niveau moyen de la mer, suivant qu'elle bat sur une côte
plus ou moins verticale.

» Si l'on observe ces roches avec une loupe, on les trouve parse-
mées sur toute leur surface de petits cristaux de sel marin qui s'y
forment par l'évaporation de l'eau qui les a mouillées, et l'on reconnaît que ces cristaux agissent sur les roches à la manière de la gelée
sur certaines pierres , dites gelives , que l'on ne peut employer aux
constructions dans les pays froids, parce qu'elles se laissent un peu
pénétrer par l'eau , et par suite s'effritent sous l'action des cristaux
de glace qui se forment dans leurs pores.

» Comme spécimen de l'action de l'eau de mer sur les laves , on
pourrait citer la jetée de St-Gilles , dont les matériaux sont soumis
depuis vingt ans à l'action qui nous occupe. Toutes les pierres de
recouvrement sont plus ou moins rongées ou gravées , et sur quelques-unes cette action s'est déjà fait sentir sur plus d'un centimètre
de profondeur. J'ai vu, à St-Benoît , des pierres provenant de constructions faites par la compagnie des Indes ; cette action en avait
presque détruit les formes. Enfin, on remarque que déjà cet effet se
produit sur certaines roches placées depuis cinq ans aux jetées de
St-Pierre.

» Parmi les laves du pays , celles qui souffrent le plus , sont les
péridotites ; toutefois les basaltes mêmes sont attaqués. Il est cependant des cas où les roches les plus susceptibles de se déliter sous
l'action cristalline du chlorure de sodium, sont préservées par un vernis calcaire qui paraît se produire plus spécialement sur certains
points où la mer bat sur des récifs de coraux. Elle semble s'y charger d'un excès de calcaire qu'elle dépose par évaporation. Ce phénomène se produit bien plus en grand encore sur les sables protégés
contre l'action de la mer, et que le flot ne fait, pour ainsi dire, que
caresser. Sur ces plages abritées par les récifs du large , les sables
ou les débris de roches et de coraux sont agglomérés par une gan-

gue calcaire, qui en forme un grès et un poudingue, véritables roches post-diluviennes qui se produisent assez rapidement, pour
qu'on puisse les exploiter annuellement sur une partie de nos côtes,
notamment à Saint-Leu, à l'Etang-Salé, et à Saint-Pierre.

» J'ai aussi observé que le même phénomène se produit sur le côté
nord de la pointe des Galets, où les sables et graviers s'agglomèrent à
la hauteur que frappe le sommet des lames. Ce qu'il y a de plus
remarquable dans cette localité, où il n'y a pas de récif madréporique, c'est que le calcaire déposé y est d'un blanc très-pur, tandis que
sur les autres points il est plus ou moins coloré en jaune ou en gris.

» Tels sont les phénomènes qui se produisent sur nos côtes, dans
les parties du littoral alternativement mouillées par la mer et séchées
par l'action d'un fort soleil. Dans le premier cas, le sel marin cris-
tallise dans les pores des roches, et par son augmentation de volume en fait éclater des parcelles presque imperceptibles. Dans le
second cas, c'est du calcaire qui se dépose et couvre les roches d'un
vernis protecteur ; ou qui en s'infiltrant à travers les sables et les
débris des madrépores du rivage, les lie entre eux, et en forme
une roche excesssivement dure, mais dont l'épaisseur de banc
ne dépasse guère $0^m,15$ à $0^m,20$ c.

» Quand ces roches quaternaires sont formées en totalité de sable
fin et d'un grain régulier, on les travaille assez facilement. Nous
avons pu même, par un sciage difficile, il est vrai, en former des
carreaux beaucoup plus durs que ceux en ardoise ou en marbre
noir. »

Outre la note ci-dessus, nous avons aussi lu à la même Société
celle suivante :

« J'ai eu l'occasion de voir, à Port-Louis (île Maurice), des bancs de
coraux formant le sol d'une partie des bas de la ville. Ces bancs
horizontaux semblaient être sortis de la mer, en masse, et par
suite d'un soulèvement général et régulier de la côte.

» A Saint-Pierre, le corail se présente sous un tout autre aspect.
Dans la ville et aux environs, on voit sur un sol d'alluvion, simplement superposés, une certaine quantité de blocs de corail distants
les uns des autres, de 100 à 200 mètres. Leur cube, qui varie de 2 à
20 mètres, exclut toute idée de transport à bras d'homme; et bien

que le corail de ces roches paraisse aussi frais que s'il n'avait été extrait de la mer que depuis quelques années, on connaît ces blocs depuis un temps immémorial. Un d'eux, celui qui tient presque toute la largeur de la partie moyenne de la rue de Suffren, est fendu en deux morceaux encore contigus. Enfin, le lit de croissance du corail, toujours horizontal à la mer, est ici incliné en tous sens, et même quelquefois renversé sens dessus dessous, comme si toutes ces masses avaient été lancées dans l'espace, et étaient ensuite retombées sur le terrain, chacune dans une position différente.

» On ne peut expliquer la présence de ces blocs madréporiques ainsi disséminés à une distance de 500 à 800 mètres du rivage, et à une hauteur qui varie entre 5 et 30 mètres, que par une puissante explosion sous-marine, que la nature de notre île rend très-probable. »

Puisque nous joignons à cet ensemble sur la géologie de Bourbon des notes détachées sur les phénomènes secondaires qui se rattachent à cette partie de notre travail, nous croyons devoir parler des nombreuses cavernes que l'on trouve un peu partout dans cette île. Elles sont de trois sortes.

Les *premières*, celles qui offrent le moins d'exemples, sont celles que la mer creuse dans les falaises du rivage : celles du cap Bernard, et surtout celle de Saint-Paul, laquelle a servi, dit-on, de première habitation aux Français qui vinrent coloniser l'île, sont les types de ces cavernes. On en voit une figure, à l'angle droit de la planche xii. La même planche donne un spécimen des cavernes de la *deuxième espèce*, de celles que l'on voit sous beaucoup de cascades des ravines et anciens lits de cours d'eau de la colonie. Presque partout où il y a cascade, on trouve une couche de lave très-résistante, que là ravine n'a pu encore entamer. Sous cette couche on en rencontre d'autres plus tendres, souvent des tufs, que le remou de l'eau, dans les grandes crues, a successivement creusés en forme de calotte de four. La caverne de terre, où vont coucher tous les voyageurs qui visitent la plaine des Chicots et celle dite de la Glacière, au Grand-Benard, sont de ce nombre.

Jusqu'ici, l'eau a été le seul créateur de ces refuges si utiles au touriste : nous allons voir agir le feu dans la *dernière espèce*. Nous avons dit plus haut que les coulées se refroidissaient assez rapidement à leur surface ; il n'en est pas de même à l'intérieur, où il n'est pas rare de voir la lave couler dans des conduits souterrains, plusieurs jours après que la croûte en est assez refroidie pour permettre au voyageur de la traverser sans danger. Il se forme alors des canaux plus ou moins réguliers, qui conduisent la lave à la partie inférieure de la coulée, où elle continue encore à se faire jour. Alors, la lave cessant d'arriver par la partie supérieure du canal, et perdant en même temps sa chaleur et sa fluidité, se fige, et forme dans la partie inférieure du conduit un plan horizontal E' G (pl. v). Or, si, par un cas fortuit, la croûte plus mince dans un point quelconque, par exemple en H, vient à se crever, on peut s'introduire dans le souterrain et le visiter dans toute sa longueur, qui est souvent très-considérable. Le trou Delcy ou de Bory, à Saint-Philippe, est un exemple de ce fait ; mais la plus belle caverne de ce genre, que nous ayons visitée, est celle de l'habitation Dejean, à Saint-Benoît. Elle est régulière, d'un diamètre de quatre à cinq mètres et d'une longueur de plusieurs centaines de mètres, terminée à sa partie inférieure par le plan de lave refroidie, et en haut par un éboulement qui empêche de la remonter plus loin. Citons encore celle de l'Ermitage, au bord de la mer, dont le plan de lave E G est remplacé par une nappe d'eau douce, au-dessus de laquelle nous avons fait creuser une ouverture qui permet au voyageur parcourant ces plages arides, d'aller se désaltérer à ce bassin d'eau fraîche et limpide.

Ce sont aussi ces cavernes qui rendent si dangereux les voyages au volcan par le pays Brûlé, parce qu'il arrive souvent que la lave se crève sous le touriste, et qu'il disparaît en partie dans des vides qu'il ne pouvait prévoir.

Il nous reste encore à parler des terrains d'alluvion qui, à Bourbon, se trouvent un peu partout, par suite des changements de lit des torrents et rivières. Il n'est donc pas rare de trouver, même dans la région moyenne, la lave cachée par des galets et des sables recouverts d'humus. Toutefois, les alluvions les plus considérables sont placées sur le bord de la mer ; mais seulement dans la partie rouge de la carte (pl. vi), où nous avons indiqué ces terrains par une teinte jaune. Les plus vastes de ces plateaux sont : la pointe des

Galets, lit de déjection de la rivière de ce nom, et le Champ-Borne, lit de déjection de la rivière du Mât. Citons encore le quartier Français, les abords de l'étang de Saint-Paul, et de celui du Gol, un des terrains les plus fertiles de la colonie.

Par suite du mouvement des sables et des galets sur presque toutes les côtes de l'île, puisqu'il ne faut excepter que Sainte-Rose, le cap la Houssaye et Saint-Pierre, toutes les anses de la colonie ont été comblées, et elle a pris une forme arrondie qui tend à se compléter de plus en plus par l'apport incessant, de l'intérieur à la mer, de tous les débris des montagnes et des falaises.

La zone dite des Galets s'étend de la rivière de l'est à la baie de la Possession. Les galets, refoulés par la mer, auraient bien vite comblé cette baie, s'il ne se passait en cet endroit un phénomène fort curieux. Remués constamment par une mer généralement assez grosse, ces matériaux s'usent les uns contre les autres et se réduisent en sable, que la mer jette à la côte sur le rivage nord de la pointe des Galets ; là le vent prend ce sable et l'accumule en dunes que d'autres vents vont rejeter sur la côte opposée de la pointe, où la mer le reprend et le pousse dans la baie de Saint-Paul entièrement formée de sables noirs, tandis que de la pointe la Houssaye jusqu'à Saint-Leu on ne trouve presque que du sable blanc et des débris madréporiques. Passé Saint-Leu, et jusqu'à Saint-Pierre, reparaissent le sable noir et les galets dont la source principale est la rivière Saint-Etienne.

Puisque nous avons parlé des sables noirs, disons, pour terminer, un mot des espérances qu'avait eues une société, formée à Paris pour l'exploitation de l'or que l'on disait contenu dans ces sables.

Ces erreurs minéralogiques ne sont pas nouvelles. Nous avons trouvé dans les archives de la colonie un long mémoire au roi, où des descriptions fort attrayantes sont faites au sujet de l'or contenu dans presque toutes les roches de Bourbon ; nous avons vu aussi une décision du roi, datée de 1770, qui répond qu'il sera envoyé prochainement *les deux minéralogistes demandés*. En 1789, des demandes se renouvelèrent, mais sans succès ; on avait, du reste, pris du fer sulfuré pour de l'or. En a-t-il été de même des essais de 1860, nous voudrions le croire. Toujours est-il qu'il a été enfoui dans cette opération des capitaux qui ont servi d'abord à l'envoi d'un chimiste avec des appareils considérables, puis d'un ingénieur des mines fort compétent, qui a démontré l'inutilité d'essais ultérieurs. Nous avons assisté nous-même aux expériences de ce dernier, et nous pouvons affirmer qu'il n'a été trouvé dans les sables et roches, sur lesquels on a expérimenté, non-seulement aucun atome d'or, mais pas même de traces des autres métaux précieux dont il était tant parlé dans les prospectus de la *Société des sables aurifères de la Réunion*. Nous avons eu nous-même à envoyer, par ordre de monsieur le Ministre de la marine et des colonies, des sables de Saint-Paul et de l'Etang-Salé à l'École des mines de Paris, et il nous a été affirmé que l'on n'avait trouvé aucune trace de métaux précieux dans ces sables prétendus aurifères.

COULÉES DU VOLCAN

Avant d'entrer dans les détails concernant les coulées du volcan, nous croyons devoir extraire du bulletin de la Société géologique de France, du 20 juin 1853, quelques fragments d'une communication que nous avons faite à cette société au sujet d'un voyage au cratère brûlant. Voici ces extraits :

« ..... Pour aller au volcan, deux routes sont praticables. La première, en restant toujours dans l'intérieur du Grand-Enclos, c'est-à-dire en partant du bord de la mer, pour se diriger vers le cratère en suivant les coulées les plus solides. Dans ce parcours, outre le danger d'être blessé par l'effondrement des laves, dont les canaux intérieurs ne sont souvent recouverts que d'une croûte friable de 10 à 15 centimètres, on ne trouve ni bois, ni eau, ni plantes pour se faire un abri.

» La seconde route, plus longue, mais plus sûre, passe par le chemin de l'intérieur qui traverse l'île par le col principal, appelé la plaine des Cafres. De ce point, en se dirigeant vers le volcan, on ne rencontre de véritables difficultés que pour descendre le deuxième enclos, et pour gravir les pentes du volcan, où se renouvellent, mais sur un bien moindre parcours, les dangers qu'offrent les couches de laves friables.

» Ce deuxième passage est celui que mes compagnons et moi

avons préféré, et, après deux jours de marche en partant de Saint-
Benoît, nous sommes arrivés sur le bord du premier enclos, R
(pl. IV), que nous avons descendu sans grande peine, et au pied
duquel nous avons couché.

» Dans cette première partie du voyage, le sol était presque toujours formé de terre végétale, et parfois d'immenses plaques de
laves. Le lendemain matin, l'aspect du sol à parcourir avait complétement changé, nous étions dans la plaine dite des Sables, qui se
compose en totalité de laves brisées par petits fragments.

» Dans cette plaine de plusieurs lieues d'étendue, se trouvent quelques mamelons de forme demi-circulaire, du même sable que la
plaine qu'ils dominent. Il semble que la lave, lors de sa sortie
par ces cratères, se soit trouvée en contact avec de grandes
masses, qui, par un refroidissement subit, l'ont fait se fendiller en
parcelles presque régulières. L'aspect général de la plaine fait supposer que ce sable a été nivelé, soit par les eaux, qui peut-être ont
fait éruption en même temps que la lave, soit par les pluies torrentielles qui, à la Réunion, donnent quelquefois 500 millimètres d'eau
en vingt-quatre heures. Ce nivellement, du reste, date de loin, puisque l'on trouve à la surface de la plaine des fils vitreux, appelés dans
le pays cheveux du volcan.

» En arrivant sur le bord du grand enclos E (pl. IV), dont le sommet est à 2556 mètres au-dessus du niveau de la mer, on retrouve les
couches de lave compacte, ainsi que l'indique la figure.

» A l'entrée de la plaine des Sables, en nous levant de grand matin, nous avons observé un phénomène assez singulier. Le plan général du sol se trouvait exhaussé de 2 à 3 centimètres au-dessus des
objets que nous avions laissés sur le sable, et, en marchant, nos
pieds y entraient aussi à la même profondeur. Examen fait, nous
avons reconnu qu'une couche générale de sable, sur un seul grain d'é-
paisseur, avait été soulevée par des prismes de glace, qui s'étaient
formés dans la nuit, probablement aux dépens des évaporations du
sol.

» Partis de la base du premier enclos, à six heures et demie, nous
sommes arrivés à neuf heures sur le bord du deuxième, qui présente
une forme demi-elliptique.

» Nous avons éprouvé d'assez grandes difficultés pour descendre dans le grand enclos par le pas de Belcombe, qui a 252 mètres de hauteur (le seul autre endroit praticable, appelé pas de Bory, est encore plus élevé); aussi ne sommes-nous arrivés au pied de l'escarpement, qu'à neuf heures et demie. Là, bien que le sol se compose de laves toutes récentes, nous avons examiné avec étonnement un petit piton isolé, formé de menus fragments entièrement semblables à ceux de la plaine des Sables. Ce piton, que l'on appelle le Formica-Leo, a environ 80 mètres de diamètre et, au plus, 15 mètres de hauteur. Son cratère, presque nivelé par les pluies, présente une calotte concave, d'environ 20 mètres d'ouverture, sur 5 ou 6 de profondeur. Les laves récentes ont diminué la hauteur de ce piton, qui aurait déjà disparu, si le grand cratère n'avait pas cessé de couler.

» Après avoir gravi les pentes du cratère principal, nous sommes arrivés sur son sommet à onze heures un quart; nous avions passé par d'anciens cratères recouverts en partie de laves récentes. Le diamètre du grand cratère est d'environ 200 mètres, et sa profondeur varie entre 10 et 20 mètres. Bien qu'il soit éteint, des vapeurs se font encore jour à travers les fissures de la lave qui en forme le fond. Cette nappe semble s'être figée avant d'avoir pu déborder. Elle est à peu près horizontale ; aussi les différences de hauteur de la muraille intérieure ne proviennent-elles pas du plan de lave refroidie, mais bien des dentelures et ondulations que présente le couronnement circulaire du cratère.

» Après être restés quelque temps au cratère principal, nous sommes descendus vers le cratère brûlant, avec la presque certitude de le trouver froid, car les vapeurs qui s'en échappaient étaient à peine visibles ; mais, si nous avions pu supporter le contact de celles du grand cratère qui, quoique très-apparentes, ne sont que légèrement chaudes, ont peu d'odeur de soufre, et semblent se composer en grande partie de vapeurs d'eau, il n'en a pas été de même de celles que laisse échapper le cratère brûlant. Nous avons été forcés d'en faire le tour et de l'aborder par la partie exposée au vent; encore, dans les revirements de brise, étions-nous presque suffoqués par les vapeurs sulfureuses. »

» Rien ne peut exprimer le grandiose du phénomène que nous aperçûmes, lorsqu'après nous être mis à plat ventre, de manière à ne laisser passer au-dessus de l'abîme que la tête et les épaules, nous vîmes, au fond d'un puits d'environ 150 mètres de diamètre et de 200 à 300 mètres de profondeur, une nappe noire, au S. E. de laquelle paraissait se mouvoir une masse de matières en fusion, représentant le bouillonnement d'une marmite. Quand, par moments, ce bouillonnement prenait un peu plus d'intensité, la nappe noire se fendait ou plutôt s'étoilait à partir du point X (Pl. VIII. Fig. 2). La matière rouge, comprimée par le poids de la croûte solidifiée, ou poussée par une force intérieure, se faisait jour à travers les fissures sous forme d'un énorme bourrelet, qui bientôt se refroidissait et soudait de nouveau la surface un moment désunie. Parfois, il se formait d'autres brisures secondaires, et si le polygone ainsi détaché était petit, les bourrelets de lave en fusion se rejoignaient et les plaques détachées l'I″ semblaient s'abîmer dans la masse rouge-cerise qui apparaissait alors au-dessus de la croûte noire.

» Du bouillonnement X sortaient des vapeurs sulfureuses qui avaient coloré la muraille en jaune sur une largeur de 30 à 40 mètres.

» Tel était l'état du volcan dans un moment fort rare à la Réunion, où pour les habitants du bord de la mer il paraissait parfaitement éteint. Ordinairement, au contraire, s'il ne vomit pas de laves, il s'en échappe toujours un nuage de vapeurs et de fumée qui, en temps calme, se présente le jour sous la forme d'une immense colonne blanche, et le soir semble une colonne de feu.

» En 1814, nous trouvant à Sainte-Rose, le soir sur les sept heures et demie, tous les habitants de la sucrerie où nous avions reçu l'hospitalité furent mis en émoi par une forte détonation. Nous sortîmes dans la cour et nous vîmes le cratère illuminé par une forte lueur accompagnée d'une émission de flammes, de fumée et de pierres rougies. Puis, deux ou trois minutes après, une masse de matières en fusion se déversa par-dessus les bords du cratère; les lueurs et les flammes cessèrent au même moment. Deux jours après ce commencement d'éruption, la coulée qui était descendue de plusieurs milles, s'arrêtait. Une nouvelle coulée se faisait jour sur le flanc du piton de Crac et arrivait à la mer quinze ou vingt jours après.

» Dans notre voyage au volcan, nous avons observé près d'un cratère éteint, à la source de la rivière des Remparts, un phénomène assez remarquable. Bien qu'à la Réunion on ne puisse, à cause de l'action du sol sur l'aiguille aimantée, se servir de la boussole pour déterminer une méridienne, nous l'avons employée quelquefois, comme simple instrument à mesurer les angles ; nous avions relevé celui que formait l'aiguille avec une direction donnée. Quand, plus tard, nous voulûmes vérifier notre observation, nous trouvâmes une erreur sensible. Cette erreur s'étant renouvelée plusieurs fois, nous observâmes l'aiguille avec soin, et nous remarquâmes que, sollicitée probablement par des courants intérieurs, elle faisait des soubresauts brusques, des espèces d'embardées qui allaient de 3 à 4 degrés de chaque côté de la ligne à relever ; puis, après chaque soubresaut, l'aiguille restait fixe et comme collée à sa nouvelle position. Ces changements avaient lieu toutes les trente à soixante secondes, tantôt à droite, tantôt à gauche ; quelquefois par grandes embardées, quelquefois n'atteignant le maximum de déclinaison qu'après trois ou quatre petites stations ; enfin d'une manière tout à fait irrégulière.»

Les phénomènes que nous avons décrits dans la note précédente, nous dispensent de longs détails sur le volcan de la Réunion. Toutefois, nous croyons devoir rapporter ici quelques faits que nous avons trouvés dans différents auteurs ou observés nous-même.

La coulée de 1733 fut si forte, que sa réverbération permettait aux habitants de Sainte-Suzanne de lire par la nuit la plus noire.

En 1745, une coulée se fit jour dans les hauteurs de Sainte-Rose, entre le chef-lieu et la rivière de l'Est, à 2,500 ou 3,000 mètres du rivage ; elle se divisa en deux branches et arriva à la mer. Bory lui donne pour date 1708 ; mais les archives d'une famille de la colonie nous ont permis de rectifier cette erreur.

En 1774, une autre coulée se fit jour au Tremblet en dehors de l'enclos, et y retomba un peu au-dessus de la route actuelle.

En 1778 eut lieu une vaste coulée. Elle prolongea la pointe de la Table, et s'avança dans la mer sur une longueur de 5 à 600 mètres.

En 1791, le 4 juillet, à la suite d'un tremblement de terre, il y eut une coulée qui arriva à la mer en neuf jours. Le 17, à la suite d'un bruit extraordinaire, la lave s'arrêta ; il s'échappa du volcan une fumée noire, et le soleil parut sanglant.

En 1800, la coulée des Citrons-Galets surgit à Saint-Philippe et arriva à la mer.

En 1802, 17 janvier, il y eut une éruption de cendres, qui fut suivie, le 22 mars, d'une coulée partie du sommet des grandes pentes et qui arriva à la mer.

En 1812, eut lieu la plus vaste coulée connue. Elle envahit le quart du grand pays brûlé, et arriva à la mer en huit heures. Elle fut suivie d'éruptions de fils et de cendres.

En 1859, il y eut aussi une éruption le 8 mai. Après un grondement de quelques instants, suivi de quatre explosions successives, le cratère brûlant lança des gerbes de feu, et la lave s'en échappa pendant environ vingt-quatre heures. Le 23 mai, il y eut une nouvelle coulée, qui ne dura que quelques heures.

Ajoutons à tous ces faits ce dernier qui vient corroborer ce que nous avons dit ailleurs des affaissements successifs du volcan. Bory de Saint-Vincent affirme qu'en 1760, quarante et un ans avant son passage à Bourbon, le mamelon central a disparu complétement, puis a été remplacé en 1775 et 1789, par le grand cratère actuel.

Nous avons dit ailleurs que le grand cratère A' (pl. IV) est à peu près refroidi et que les laves s'échappent maintenant par le cratère brûlant A, qui s'est formé un peu au-dessous, et qui vient de s'effondrer en 1860.

Quand la lave envahit une forêt, toutes les herbes et broussailles sont immédiatement brûlées ; il ne reste debout que les grands arbres, dont l'écorce, les branchages et les feuilles se sèchent en quelques minutes. On voit alors les flammes monter rapidement le long du tronc et brûler en quelques secondes feuilles et branches ; il semble que l'on assiste à un effet de pyrotechnie des mieux réussis, à la suite duquel le tronc d'arbre apparaît debout, garni seulement de ses grosses branches. Pendant ce temps, la lave avance, coulant toujours en dessous, se refroidissant à la surface. Vingt ou trente minutes après, l'arbre consumé par la base se couche sur la lave, et ne reprend presque jamais feu ; il reste ainsi noir et dénudé, comme un témoin irrécusable de la belle végétation du grand pays brûlé, que beaucoup se figurent entièrement privé de verdure.

Nous donnons ici la liste des éruptions dont nous avons pu trouver des traces dans les divers ouvrages consultés et dans la mémoire des plus vieux habitants de la localité.

1733. — Laves.
1745. — Laves arrivant à la mer.
1760. — Cendres.
1766. — Laves.
1774. — Laves.
1775. — Laves arrivant à la mer.
1778. — Laves arrivant à la mer.
1787. — (Juin). Laves arrivant à la mer.
1789. — Laves.
1791. — (Juillet). Laves arrivant à la mer, puis cendres.
1800. — Laves arrivant à la mer.
1801. — (Novembre). Laves.
1802. — (Janvier). Cendres.
1802. — (Mars). Laves arrivant à la mer.
1812. — Laves arrivant à la mer, puis fils vitreux et cendres.
1824. — Laves.
1830. — (Octobre). Laves arrivant à la mer.
1832. — Laves arrivant à la mer par la plaine des Osmondes.
1842. — (Août). Laves.
1843. — Laves.
1844. — Laves arrivant à la mer.
1845. — Laves.
1846. — Laves.
1847. — Laves.
1848. — Laves.
1850. — (Octobre). Laves arrivant à la mer.
1858. — (Novembre). Laves arrivant à la mer.
1859. — (Mai). Laves.
1860. — (Février). Laves, puis fils vitreux.
1860. — (Mars). Cendres à Sainte-Rose et à Saint-Philippe.

SOURCES THERMALES.

Les sources thermales et incrustantes de l'île de la Réunion sont très-nombreuses et ne sont certainement pas encore toutes découvertes. Nous en connaissons trois des premières dans le cirque de Salazie, deux dans le cirque de Cilaos, toutes alcalines-ferrugineuses acidules, et deux sulfureuses dans le bassin de la rivière des Galets.

Les sources des cirques de Cilaos et de Salazie semblent sortir des contreforts du Piton des Neiges, et les deux sources sulfureuses, du massif des remparts du Brûlé-de-Saint-Paul. Quant aux sources incrustantes, qui offrent quelquefois au touriste des fougères ou des mousses solidifiées présentant des découpures de la plus grande finesse, elles se trouvent dans les mêmes lieux que les sources alcalines et les accompagnent quelquefois.

Nous ne parlerons ici que des trois sources fréquentées par les malades; les autres, d'un difficile accès, n'offrent du reste aucun caractère spécial. Nous dirons cependant que l'abondante source du Bras-Rouge, à Cilaos, à laquelle on n'arrive pas sans quelques dangers, a une température exceptionnelle de 48 degrés, et se trouve à une heure de marche au delà de celle fréquentée par les baigneurs.

Nous commencerons notre revue des sources minérales par la

plus ancienne, celle de Salazie, pour laquelle MM. Petit, chirurgien en chef de la marine, et Gaudin, chirurgien de deuxième classe, ont publié un guide hygiénique fort utile aux malades.

Placée dans la partie la plus connue de l'intérieur de l'île, à 23 kilomètres de Saint-André, ayant une bonne route, dont la plus grande partie peut être parcourue en voiture, Salazie est, sinon la meilleure source, au moins la plus fréquentée de la colonie. Sa proximité de Saint-Denis y a fait édifier un hôpital militaire. Le séjour continuel d'un médecin y attire aussi les malades.

J'ai dit ailleurs que Salazie n'est habité que depuis 1829 et 1830; en 1831, M. Villers-Adam, chasseur intrépide, découvrit la source de Salazie, la première connue à Bourbon. Elle fut tout de suite fréquentée par les malades et les résultats obtenus la mirent vite en vogue.

M. Marcadieu, qui en a fait l'analyse donnée plus loin, en lui reconnaissant pour température de 31° à 32°, dit aussi que chaque litre d'eau contient 1 gramme 250 d'acide carbonique ; enfin il trouva son rendement égal à 301 litres par heure.

M. Delavaud, pharmacien de la marine, a relevé quelques petites erreurs dans l'analyse de M. Marcadieu, sans toutefois en avoir donné une lui-même ; il ajoute dans un travail lu à la Société des sciences et arts, que l'eau de la source minérale de Salazie a une température de 32°, et une densité égale à 1,00017 ; qu'il a trouvé pour résidus fixes de 1000 grammes d'eau, 1$^{gr.}$ 312 après évaporation et 1$^{gr.}$ 200 après chauffage au rouge sombre. Il ajoute aussi que chaque litre contient 1$^{gr.}$ 830 d'acide carbonique; il y a enfin signalé la présence de l'iode et du manganèse et trouvé des traces d'alumine. Quant à nous qui avons eu occasion de visiter souvent les lieux, nous avons constaté que la température du filet le plus chaud n'a jamais été au delà de 31°.5, que la moyenne des trois filets réunis n'a jamais dépassé 31°, et que souvent ces températures diminuent un peu, surtout dans la saison des pluies. Pour le rendement, nous l'avons trouvé variable comme la température, le maximum ayant été jusqu'à 350 litres à l'heure et le minimum étant descendu à 225 litres.

La source de Salazie se compose de trois filets s'échappant de la fissure d'un rocher dans le lit du Bras sec qui la couvre quelquefois dans ses grandes crues. On boit l'eau telle qu'elle sort du rocher ; mais pour les bains elle doit être recueillie dans un réservoir général et réchauffée à mesure des besoins.

La société Daniel et Cᵉ, qui a la concession de cette source, offre du reste au touriste toutes les facilités désirables pour les transports et le séjour.

Nous terminerons en donnant l'analyse faite par M. Marcadieu, qui y a trouvé par 100 grammes d'eau, outre l'acide carbonique :

0 gr. 500 bi-carbonate de soude,
0 — 430 carbonate de magnésie,
0 — 180 carbonate de chaux,
0 — 020   —   de fer,
0 — 007 hydrochlorate de soude,
0 — 030 sulfate de soude,
9 — 160 silice.

1 gr. 327 total auquel il faut ajouter :
0 — 023 de pertes, ce qui donne un résidu de :

1 — 350 par litre d'eau.

La source de la Salazie est située à 872 mètres au-dessus du niveau de la mer.

SOURCES DE CILAOS.

On arrive aux eaux de Cilaos par un chemin de cavaliers de 38 kilomètres de long, souvent taillé en corniche. Les dames et les personnes trop malades s'y font porter en chaise. Rien n'égale le pittoresque et le grandiose de cette localité, qui à chaque instant change d'aspect et de physionomie. Des touristes qui ont visité les Alpes et les Pyrénées, nous ont assuré n'y avoir rien vu de plus remarquable.

Le cirque de Cilaos n'est habité que par quelques créoles cultivant des vivres ; il n'a réellement de vie que pendant les deux saisons des bains, mai et octobre. Là, point de confortable comme à Salazie ;

on y trouve avec peine quelques petits pavillons où l'on est assez mal logé et où chacun doit porter les objets nécessaires au ménage, ainsi qu'une partie des choses nécessaires à la vie. Il n'y a ni hôtel, ni casino, mais seulement une rotonde en paille construite par les baigneurs et ayant un foyer central dans lequel on jette pêle-mêle, des troncs et des branches d'arbres et où, chaque soir, l'on entretient un bon feu. Autour de ce feu viennent causer et se chauffer les quarante ou cinquante personnes que peuvent contenir les logements construits jusqu'à ce jour, car il fait froid à Cilaos et l'on y voit quelquefois de la glace.

Comme compensation, les baigneurs ont à leur disposition un véritable torrent d'eau thermale, qui a toutes les qualités de celle de Salazie, avec une température et une abondance bien plus grandes. Il suffit de creuser un trou dans le lit du bras des étangs, pour que ce trou se remplisse d'une eau chaude et gazeuse. Supposez sur cette baignoire un peu primitive un ajoupa en paille avec un rideau pour porte, et vous aurez une idée complète des installations de cette localité, dont on pourra faire, quand on le voudra, un des établissements thermaux les plus remarquables.

Dans l'état actuel, chaque hivernage emporte les *paillottes* et remplit les trous des baignoires qu'il faut rétablir chaque année.

Plus haut que les bains et que la buvette d'eau chaude, modeste tube en plomb soudé au sol par une poignée de terre glaise, s'échappe d'une fissure de roche un filet d'eau plus froide et qui paraît un peu modifiée dans sa composition chimique. Les baigneurs préfèrent cette eau comme boisson pendant les repas, où elle fait office d'eau de Seltz. Sa température est variable, de 20° 3 à 25° 9.

La source de Cilaos, élevée de 1,114 mètres au-dessus du niveau de la mer, fut découverte en 1828 par Paulin Técher ; mais elle n'a dû d'être réellement utilisée qu'à M. *Guy de Ferrières*, ingénieur de l'arrondissement Sous-le-Vent. De 1836 à 1845, des travaux gigantesques ont été exécutés, des tunnels percés, et cet ingénieur a dû risquer dix fois sa vie pour placer un repère ou un jalon.

Nous ne pouvons donner l'analyse des eaux de Cilaos, l'administration ayant toujours reculé devant la faible dépense qu'aurait entraînée l'envoi sur les lieux d'un des pharmaciens de la marine. Toutefois, elle est reconnue comme à peu près identique à celle de Salazie. Appelé à visiter souvent Cilaos, j'ai pu constater avec soin la température des sources à diverses époques. Le tableau suivant donne le résultat de nos observations.

Température des sources de Cilaos.

	1847.	1856.	1857.	1858.	1859.	1860.
Buvette................	38.9	39.3	38.8	39.1	39.7	39.0
Bain le plus chaud.....	37.4	37.9	38.4	36.8	37 6	38.4
Bain le plus froid.....	34.6	32.5	34.8	30.7	34.2	35.2

Le produit utilisé des sources thermales de Cilaos peut être estimé à 10,000 litres par heure. De chaque trou ou bain surgit une source d'eau thermale qui s'écoule constamment vers la ravine, renouvelant ainsi à chaque instant l'eau des bassins, que l'on fait quelquefois assez grands pour contenir toute une famille.

SOURCE DE MAFATTE.

Les marrons avaient souvent parlé d'une source située dans le lit de la rivière des Galets, et qui empoisonne, disaient-ils; de là le nom de *Mafatte* qui, en malgache, veut dire *qui tue*. Ce n'est que dans ces derniers temps qu'on a pensé à utiliser cette eau thermale. Nous avons publié dans l'*Album de l'île de la Réunion* une note sur cette source : nous ne pouvons mieux faire que de la reproduire ici.

« La source sulfureuse de Mafatte est située dans le bassin de la rivière des Galets, sur la rive droite du bras principal, un peu au-dessus du bras du Gros-Morne appelé aussi le bras de Cimendal et au pied du piton Bronchard. Elle sort d'une fissure presque horizontale d'environ un à trois centimètres de largeur, qui s'étend au travers d'un massif de roches formées de lave basaltique.

» La hauteur de cette source au-dessus du niveau de la mer est de 682 mètres ; mais malheureusement elle ne se trouve qu'à deux mètres au-dessus du lit du torrent, ce qui fait qu'elle est couverte dans toutes les grandes crues, et n'est abordable que dans la belle saison.

» Les malades habitent une *ilette*, située à 200 mètres avant d'arriver à la source. Sauf les deux cases de M. Troussail, on n'y voit que des *paillottes* informes. Cette *ilette*, qui va être traversée par le chemin que l'atelier colonial exécute en ce moment, s'embellira probablement par suite des constructions que la nouvelle route permettra d'élever.

» La source de Mafatte débitait, il y a quelques années, quand elle a été visitée par M. Delavaud, pharmacien de la marine, environ six litres par minute. Des travaux de déblaiement qu'il serait dangereux de continuer, lui ont donné un débit de 14 litres. La température, qui était alors de 30°, est maintenant de 31°.2. Enfin la composition chimique de cette source a été donnée par M. Delavaud. Elle contient par litre 0gr0076 de sulfure de sodium.

» L'eau sulfureuse de Mafatte, qui a déjà rendu de grands services dans des affections de peau et autres maladies, peut fournir cinq à six bains par heure.

» Le chemin de Mafatte est actuellement très-mauvais. Après avoir dépassé l'établissement Troussail, on entre dans le lit de la rivière des Galets, dont on ne sort presque plus, sur un parcours d'environ 16,000 mètres, parcours que l'on peut faire à cheval, grâce à un tracé exécuté aux frais de la commune de Saint-Paul. De là, on gravit par des sentiers presque verticaux jusqu'aux îlettes Romuald et De Bloc. Ce passage, d'environ 2,500 mètres, ramène le voyageur dans le lit de la rivière, lequel, parsemé d'énormes blocs, ne peut être suivi qu'au moyen de très-grandes fatigues et en gravissant dix-neuf échelles.

» Il faut six ou sept heures pour parcourir ce chemin, qui part de la route de ceinture, dans le lit de la rivière des Galets, et dont la longueur totale est de 20,500 mètres. Nous avons pourtant vu de jeunes dames faire ce trajet avec un courage remarquable, et l'une d'elles a pu même y arriver en fauteuil, grâce aux habiles porteurs de la localité. Le nouveau tracé en cours d'exécution aura 22,000

mètres de longueur, et pourra être franchi à cheval sans aucune difficulté.

» La source de Mafatte n'est pas la seule sulfureuse de la localité ;
on en connaît plusieurs autres qui, malheureusement, se trouvent
dans le lit du torrent. Elles sont, par suite, mélangées d'eau froide
et presque toujours inabordables. '

ANALYSE CHIMIQUE DE L'EAU DE MAFATTE PAR M. DELAVAUD.

Les composés suivants existent à l'état de solution dans l'eau de Mafatte.

	grammes.			grammes.
Carbonate de chaux..	0.0125	Report............		0.1400
— de magnésie.....traces sensibles.		Silicate sodique......		0.0463
— de fer...........	—	— potassique.......		0.0078
— de soude.......	0.0229	Silice...............		0.0037
Sulfure sodique.......	0.0076	Alumine............traces sensibles.		
Sulfate —	0.0163	Matières organiques...		0.0140
Chlorure —	0.0807			
A reporter.......	0.1400	Total........		0.1400

» Depuis quelque temps, on parle à Saint-Pierre d'une nouvelle
source alcaline qui aurait été découverte dans les hauts du bras de la
Plaine, et aussi d'une autre qui surgirait du contre-fort de Salazie,
au pied du piton du Mazerin ; mais les renseignements nous manquent sur ces découvertes qui n'ont peut-être pas toute l'importance
qu'on voudrait leur donner. »

BOTANIQUE.

L'île de la Réunion, par ses températures variées, ses climats secs ou humides et ses différences d'altitude, offre aux recherches du botaniste un vaste champ d'études. Après la zone du littoral, contenant, outre les plantes indigènes, la plupart de celles cultivées, on trouve la zone des forêts, qui s'étendait autrefois jusqu'au bord de la mer, et qui monte généralement jusqu'aux altitudes de 14 à 1500 mètres. Vers cette hauteur règne la ceinture des Calumets *Bambusa alpina*, Bory, au-dessus de laquelle on ne rencontre plus que des arbustes ; nous devons toutefois excepter les Tamarins des hauts *Acacia heterophylla*, Willd., beaux et grands arbres, qui mêlés aux Calumets, s'élèvent même plus haut, et après lesquels on ne trouve que des broussailles ; encore sur les sommets très-élevés ne rencontre-t-on que des laves plus ou moins garnies de mousses.

Que de sujets d'étude, depuis les quelques Veloutiers, *Tournefortia argentea*, L., qui baignent leurs pieds dans la mer, jusqu'à ces Branles, *Salaxis arborescens* Willd., et ces Ambavilles, *Senecio ambavilla*, Pers., qui couronnent les sommets de l'île ! Quelle différence entre la botanique de Saint-Paul, pays le plus chaud et le plus sec, et celle de Sainte-Rose, où quinze jours de sécheresse (1) détruiraient toute végétation.

Sans parler des beaux arbres devenus rares dans les forêts, qui n'admirerait les magnifiques Fougères arborescentes qui y croissent

(1) Ceci s'applique surtout à la partie de cette commune la plus voisine du volcan,

en si grande abondance ; les *Cyathea excelsa, C. Borbonica, C. glauca et C. canaliculata?* Puis cette immense quantité d'orchidées dont l'une, le Faham *Angrœcum fragrans*, Dup. Th., sert à faire une infusion supérieure par son arome au thé de la meilleure qualité, et aussi ce modeste Lycopode, *Lycopodium inflexum*, décor obligé de toutes les fêtes des créoles, qui savent en tirer un si gracieux parti dans l'ornementation des reposoirs, salles de banquets ou de réunions. A l'aspect de toutes ces richesses, combien de fois n'avons-nous pas regretté que le temps, et l'absence d'études spéciales, ne nous aient pas permis de collectionner utilement toutes ces plantes!

Que d'objets d'étude réunis dans le modeste jardin botanique de Saint-Denis, établi, dit-on, en 1772 ou 1773, et dont le directeur actuel possède un herbier local de plus de 1500 plantes. M. Voyart, dans sa notice sur Bourbon, parle ainsi de ce jardin :

« Cet établissement a pris un grand accroissement depuis la re-
» prise de possession de l'île, lorsqu'il fut confié aux soins de
» M. Bréon ; mais c'est surtout depuis qu'il a été remis à l'intelli-
» gente direction de son successeur, M. Richard, qu'il est devenu
» réellement utile, et a offert l'importance qu'on pouvait en espérer.
» Entre les mains de cet homme de science et de mérite, dont la
» modestie et l'obligeance égalent le savoir, ce jardin botanique est
» aujourd'hui une riche pépinière, etc. »

Qui ne croirait en lisant l'extrait ci-dessus, que cet établissement, dont on comprend toute l'importance, qui contient plus de 2500 plantes classées et cataloguées, et environ 500 en étude, est largement encouragé et doté? Bien loin de là! On ne donne à son modeste directeur ni les bras indispensables aux cultures, ni l'eau nécessaire aux arrosages, ni même les moyens de protéger les plantes contre les voleurs, que des murs de clôture écroulés laissent entrer par tous les points. Aussi n'est-il pas rare de voir, pendant

partie dont le sol ne se compose que de fragments de lave, sans terre ni humus, et à travers lequel l'eau disparaît en quelques heures, ne laissant aux plantes qu'une légère humidité que fait disparaître le moindre rayon de soleil, et où pourtant la végétation est magnifique.

la nuit, disparaître telle plante unique dont la floraison ou l'aspect particulier aura tenté un visiteur peu scrupuleux. Enfin l'administration coloniale n'a même pas fait la dépense des étiquettes indicatives du nom des espèces ni même des genres.

Quand on pense aux services rendus et que rend encore M. Claude Richard (que l'on confond trop souvent, lui et ses travaux, avec l'illustre Achille Richard), le cœur se serre en le voyant parcourir tristement les allées de son jardin, où l'on trouve, d'un côté, le Lotus égyptien se desséchant au milieu d'un bourbier de vase, en partie fendillée par la sécheresse, et de l'autre tel arbre précieux grossièrement ébranché pour faciliter les embellissements d'une illumination ou d'une fête publique.

Avant de quitter la colonie, nous avons demandé à un de nos amis qui habite les hauts de Saint-Pierre quelques renseignements sur la botanique de la Réunion, nous transcrivons ici sa réponse et les notes qu'il y a jointes.

6 juillet 1861.

« Mon cher monsieur Maillard,

» J'étais sur le point de vous écrire, lorsque nous est arrivé votre dernier souvenir dans l'envoi d'un échantillon du bois malgache et de la petite ombellifère de la rivière Saint-Denis. La lettre qui y était jointe contenait à mon adresse une demande que j'avais à cœur de satisfaire de mon mieux ; mais deux gros rhumes apportés l'un sur l'autre par les bourrasques de l'hiver, ont mis un frein à l'ardeur de ma bonne volonté, et j'ai dû me borner à vous écrire, dans les dimensions les plus restreintes, une petite note sur ce que je sais de la botanique de notre île . . . .
. . . .

FRAPPIER.

Il ajoutait :

» La Flore de l'île Bourbon n'a pas été faite. On ne peut donc en apprécier les richesses qu'approximativement, surtout pour la Cryptogamie.

» En faisant le recensement des plantes citées dans les traités généraux de Kunth, de Candolle et Walpers, moins les doubles emplois, on peut arriver à un total de 1200 espèces, sans compter celles qui ne sont pas purement indigènes, et seraient suspectes d'introduction par l'homme.

Voici ce dénombrement :

	NOMBRE des espèces par famille	TOTAUX.
CRYPTOGAMES.		
Fougères.	240	240
Algues (plantes marines comprises).	120	120
Mousses.	84	84
Champignons.	60	60
Lichens.	48	48
Hépatiques.	24	24
Lycopodes.	12	12
Equisétacées.	1	1
PHANÉROGAMES.		
Orchidées.	120	120
Composées, graminées.	60	120
Légumineuses.	36	36
Cypéracées, rubiacées.	24	48
Euphorbiacées, malvacées.	18	36
Dombeyacées, pipérinées, solanées.	12	36
Amarantacées, apocynées, asclépiadées, boraginées, caryophyllées, commélinées, convolvulacées, labiées, loganiacées, morées, myrtacées, ombellifères, pandanées, sapindacées, urticées, zanthoxylées.	6	96
Asparaginées, bixinées, crucifères, éricacées, myrsinées, palmiers, sapotées.	4	28
Chénopodées, cucurbitacées, monimicées, olacinées, oléacées, portulacées, renonculacées, verbénacées. . . .	3	24
Ampélidées, asphodélées, capparidées, célastrinées, connaracées, crassulacées, érytroxylées, flacourtianées, guttifères, hypéricinées, laurinées, loranthacées, oxalidées, phytolaccées, pittosporées, rosacées, samydées, saxifragées, scrophularinées, térébinthacées, typhinées.	2	42
Antidennées, araliacées, artocarpées, bégoniacées, cactées, campanulacées, celtidées, chrysobalanées, ébénacées, hernandiacées, homalinées, jasminées, linées, lobéliacées, mélastomacées, mémécylées, ménispermées, mésembryanthémées, nyctaginées, œnothérées, plumbaginées, primulacées, santalinées, tiliacées, zygophyllées.	1	25
Total général.		1200

Caractères de la Flore.

Dans la Flore de Bourbon, ce n'est pas, comme presque partout ailleurs, le contingent des composées, des légumineuses ou des graminées qui domine. Fougères et orchidées, voilà ce qui constitue la physionomie de notre île, dans le règne végétal. On s'étonne aussi du grand nombre de Cryptogames, surtout de la concentration sur ce point du globe des espèces de cette classe, propres aux climats les plus différents. On explique cette particularité, en considérant que l'île s'élève par des gradations ménagées du niveau de la mer, où règne six mois durant le climat de la zone torride, jusqu'à la hauteur de 3000 mètres, où l'on retrouve la température favorable aux plantes Alpines.

En ce qui concerne la Morphologie, le caractère saillant des végétaux de ce pays est la fréquence des plantes hétérophylles. On est surpris de voir côte à côte, sur le même papier dans les herbiers, les feuilles supérieures ou inférieures, jeunes ou adultes de la même plante si différentes entre elles. Exemples : *Lamariopsis variabilis*, patte de lézard ; *Ludia heterophylla*, bois change écorce ; *Aphloia theœformis*, bois de Goùyave ; *Elœodendron orientale*, bois rouge ; *Ruizia variabilis*, bois de senteur ; *Urostigma morifolium*, figuier blanc ; *Quivisia heterophylla*, bois de Quivi ; *Badula Borbonica*, bois de savon ; *Pavetta paniculata*, bois de pintade ; *Zantoxylum heterophyllum*, catafaille noir ; etc., etc.

Les espèces ligneuses sont en majorité. Voici les arbres les plus élevés (leur taille est souvent de trente mètres) : *Labourdonnaisia revoluta*, petit natte ; *Imbricaria maxima*, grand natte ; *Elœodendron orientale*, bois rouge ; *Calophyllum Tacamahaca*, Tacamaca ; *Sideroxylon cinereum*, bois de fer ; *Securinega nitida*, pêche marron ; *Blackwellia paniculata*, corce blanc bois du bassin ; *Weinmannia tinctoria*, Tan rouge ; *Fœtidia Borbonica*, bois puant ; *Hernandia ovigera*, bois blanc ; *Syzygium glomeratum*, bois de pomme ; *Ochrosia Borbonica*, bois jaune ; *Ebenum melanida*, bois noir des hauts ; *Olea obtusifolia*, cœur bleu.

Usages. On connaît suffisamment les bois de construction : il en existe une belle collection au Muséum de Bourbon (1). Les plus remarquables sont, pour la charpente et la menuiserie, le petit natte et le grand natte ; pour le charronnage, le cœur bleu ou le bois noir des hauts ; et pour les constructions navales, le tan rouge, le bois de pomme, le tacamaca, le tamarin des hauts, tous nommés ci-dessus.

Les plantes médicinales ne sont guères connues, vu le peu d'essais tentés par les médecins, et le mystère gardé par les empiriques dans leurs pratiques les plus heureuses. Voici les plus éprouvées : Fébrifuges : *Carissa xylopicron*, bois amer ; *Toddalia acubata*, bois de ronce ; *Pavetta panicula*, bois de pintade (il paraît avoir réussi dans beaucoup de cas de fièvres typhoïdes). — Emétiques : *Aphloia theœformis*, bois de gouyave ; *Spermacoce flagelliformis*, ayapana marron. — Dépuratifs : *Siegesbeckia orientalis*, guérit-vite ; *Smilax anceps*, croc de chien ; *Piper caudatum*, petit Lingue ; *Mussœnda arcuata*, gros Lingue ; *Hydrocotyle cochlearia*, plusieurs espèces récemment vantées contre la lèpre ; *Senecio Hubertia*, ambaville blanche. — Succédané de la digitale pourprée : *Allophyllus Commersonnii*, bois de Merle, bois de zozo. — Affections de poitrine : *Angrœcum fragrans*, Faham. — Stimulants : *Vepris paniculata*, patte de poule ; *Blumea salvœfolia*, sauge ; *Monarrhenus pinifolius*, bois de chenille ; *Zanthoxylon Aubertia* et *Z. heterophyllum*. — Sorte de panacée : *Psatyra Borbonica*, bois cassant. — Antinéphrétique : *Embelia angustifolia*.

Plantes tinctoriales ou tannantes : Petit natte ; tan rouge ; benjoin, *Terminalia Mauritiana* ; liane jaune, *Danais fragrans*.

Curiosités : Le miel *vert* provient du suc des fleurs butiné sur le tan rouge.

Le Mapou, *Monimia rotundifolia ;* arbre très-original des hautes régions, résiste vivant, sans perdre ses feuilles, à la température glaciale des hauteurs de 2,000 mètres ; et mort, son bois est presque incombustible. On voyait à la plaine des Cafres, chez M. P. Reilhac, une cheminée toute faite de ce bois : tuyau, âtre, foyer, hotte, et l'on y faisait grand feu.

(1) L'auteur de cet ouvrage en a donné un double au Muséum de Paris.

Voilà les généralités de la Flore bourbonnaise ; souhaitons qu'elle obtienne, à son tour, l'avantage de contempler l'inventaire de ses richesses dans l'œuvre de quelque botaniste suffisamment autorisé. Les amateurs de cette science attrayante se feraient volontiers les ramasseurs dévoués du savant qui voudrait se rendre à ce vœu, et lui feraient part d'observations importantes recueillies à loisir sur les lieux. »

Parmi quelques plantes qui nous ont déjà été remises par M. Frappier, et que M. Duchartre a bien voulu déterminer, se trouve une plante nouvelle dont la description forme l'annexe P de cet ouvrage, l'annexe O donnant le travail de MM. Montagne et Millardet, sur une collection d'algues que nous avons rapportée.

NATURALISATION.

A l'île de la Réunion, animaux domestiques, fruits, plantes cultivées, tout ou presque tout a été introduit. Quand les premiers colons s'y établirent, ils y trouvèrent des oiseaux, des poissons et des tortues en abondance, mais pas de mammifères, si ce n'est peut-être le Tanrec, et des chauves-souris (il y en avait, dit-on, d'un mètre 30 d'envergure); pas de graines légumineuses et peu de fruits ; car, de tous les végétaux comestibles, il n'y a peut-être de vraiment indigène que la Vavangue (*Vangueria edulis* D. C.), et le cœur des Palmistes.

Le riz et le blé, qui étaient autrefois les seules cultures, faisaient de Bourbon le grenier de sa sœur l'île de France et le meilleur point de ravitaillement pour les vaisseaux. Ils ont été introduits, le premier de Madagascar, et le deuxième de France ou de l'Inde.

Le climat varié de Bourbon s'est prêté on ne peut mieux à toute espèce d'acclimatation; aussi beaucoup de plantes introduites s'y trouvent maintenant à l'état sauvage. Autrefois les bœufs, cabris et cochons y étaient un gibier commun, ces deux derniers y avaient été déposés par les Portugais et les Anglais.

En 1649, Flacourt envoya de Madagascar quatre génisses et un taureau; il renouvela cet envoi en 1654; ces animaux pullulèrent et devinrent si nombreux, qu'on dut leur faire une chasse en règle pour protéger les plantations que l'on entourait de fossés recouverts de branchages. Vers 1775, il y avait encore des bœufs à l'état sauvage dans les hauts de Saint-Paul. Le fait se renouvelle actuellement à la plaine des Cafres, où l'on commence à trouver quelques bœufs marrons et surtout des cochons auxquels la vie des bois rend tout à fait l'aspect et les mœurs du sanglier.

Nous donnons, page 157, la liste des espèces existant maintenant à l'état sauvage; celles conservées en domesticité sont très-nombreuses et les mêmes qu'en Europe.

Nous devons parler ici des chevaux créoles, race qui existe depuis longtemps dans le pays, et dont les analogues se trouvent en Abyssinie. On importe à Bourbon, des chevaux de tous les pays et aussi des ânes du Poitou et de Mascate. Les mulets de Buenos-Ayres et du Poitou y servent généralement, soit comme montures, soit, surtout les derniers, comme bêtes de trait pour les charrois de l'agriculture, où les bœufs sont aussi quelquefois employés.

Les petits mulets du pays, provenant des ânes de Mascate et des juments créoles, sont très-estimés.

Les tortues de terre et d'eau douce, si toutefois ces dernières ont existé, ont été totalement détruites; en 1667 on n'en trouvait presque plus, dit un voyageur. La dernière citée paraît être celle tuée vers la fin du siècle dernier par un créole à Saint-Philippe. Bory n'en vit que la carapace; il la désigne sous le nom de *Testudo tricarinata*. On ne mange plus, à Bourbon, que des tortues de terre de Madagascar ou d'Aldabra, et quelquefois, mais bien rarement la tortue de mer, dite tortue franche, que l'on prend sur les plages de sable de Saint-Paul et Saint-Leu ou dans le bassin de Saint-Pierre.

Nous avons élevé une tortue de Madagascar (Chersite rayonnée) provenant d'un œuf pondu à la Réunion, et éclos en 1852; voici le tableau de son accroissement :

Le 1er octobre 1857, sa longueur était de 0.176 mil. et sa circonférence de 0.342 mil.

Le 22 mars.. 1858,	——— 0.191	———	0.376 —
Le 12 décemb. 1859,	——— 0.229	———	0.443 —
Le 1er août... 1860,	——— 0.254	———	0.484 —
Le 15 juillet.. 1861,	——— 0.261	———	0.517 —

Dans les basses-cours se trouvent réduits à l'état de domesticité, le canard du pays, *Canard mascarin*, celui de Manille, ceux d'Europe et de Chine, les oies de Madagascar, d'Egypte et de France. Les dindons, pintades, etc. s'élèvent à Bourbon sans grande peine ; mais on s'adonne beaucoup plus à l'élève des poules, dont les espèces sont variées à l'infini, par suite du croisement des sujets venant de France, de l'Inde, de Chang-Haï, etc., etc.

Les pigeons ont été domestiqués à Bourbon, et les espèces en sont aussi très-variées. Le pigeon hérissé, probablement venu de Madagascar, est resté à l'état sauvage; il vit dans les rochers inaccessibles, sur plusieurs points de l'île qu'il affectionne particulièrement, et vient sur les quais des villes se nourrir des grains échappés des balles de riz lors du déchargement de ces denrées. Un caractère particulier de cet animal est de se laisser approcher presque à distance de la main, sur les quais et places où il cherche sa nourriture, et d'être inabordable dans ses retraites et dans les campagnes. Là il fuit l'homme avec un instinct qui en rend la chasse presque impossible, si ce n'est à l'affût.

Nous avons vu introduire à Bourbon le moineau de France. Le premier couple, échappé d'une cage il y a une quinzaine d'années, est venu s'établir sous le toit en paille de la maison d'un de nos amis, qui en a protégé la couvée en souvenir de la patrie ; ces effrontés pierrots avaient tellement pullulé en liberté dans les arbres de son jardin et sur les hangars de sa briqueterie, que trois ans après il fallait chaque jour plusieurs pintes de riz pour satisfaire leur appétit. Ils ne s'éloignaient pas de la propriété de MM. Henry, semblant comprendre qu'ils y trouvaient une impunité complète, mais depuis quelques années ces propriétaires sont retournés en France, et les moineaux, ne recevant plus leurs rations quotidiennes, se sont dispersés dans tous les environs.

Si l'on avait continué dans la colonie la culture des céréales, l'in-

troduction de ces oiseaux aurait pu avoir les mêmes inconvénients
que celle des cardinaux, tarins et autres gros becs que l'on était autrefois obligé de détruire. Dans l'état actuel, la canne à sucre et le
jardinage étant les seules cultures du pays, cette fantaisie d'un enfant
de la France ne peut avoir aucun inconvénient pour l'agriculture
créole ; il était, du reste, fort curieux de voir cet oiseau se promener,
sans crainte des jardiniers, dans les planches de légumes, dont il
parcourt les allées en tous sens, détruisant, au grand contentement
du propriétaire, toutes les chenilles et les insectes que les martins
n'oseraient venir chercher aussi près des habitations. Cette destruction était surtout complète à l'époque où les moineaux avaient des
petits à nourrir.

Nous venons de parler du Martin, Merle des Philippines (*Acridotheres tristis*, chasseur de sauterelles). Cet oiseau, bien connu des na-
turalistes, est le sauveur de l'agriculture à Bourbon, où il vit de lézards, insectes et fruits. Il a été introduit, en 1765, par M. Poivre,
dans le but de détruire les sauterelles, qui importées de Madagascar, on ne sait trop comment, dévastaient les champs et em-
pêchaient toute agriculture, à cette époque où l'on ne cultivait que
des grains.

Il fut nécessaire de renouveler leur introduction ; car, à la première, les habitants les voyant fouiller dans leurs champs fraîche-
ment préparés, se persuadèrent qu'ils mangeaient les semences et
les tuèrent. Aussi, à la deuxième introduction, mit-on une amende
de 500 livres de France contre ceux qui les tueraient, ou même qui
en élèveraient en cage. Les martins, qui marchent ordinairement par
paires, se réunissent souvent en troupes, surtout dans les cas de
danger, et viennent chaque soir se percher sur un ou plusieurs arbres, près des habitations et surtout dans les villes. Ils donnent
presque toujours la préférence aux tamarins et font un bruit as-
sourdissant avant de s'endormir.

Non-seulement les martins détruisirent toutes les sauterelles de
Bourbon, mais l'on peut dire avec Bory de Saint-Vincent qu'ils ont
aussi fait disparaître, ou à peu près, tous les insectes de la colonie.
Il n'est pas rare d'en voir dans les pâturages cinq ou six perchés sur
le dos des bœufs ou autres animaux, dans le poil desquels ils cher-

chent des parasites. Cet oiseau assez familier à l'état sauvage s'apprivoise sans difficulté et apprend même facilement à parler et à contrefaire le cri des animaux. En liberté, il est très-prévoyant et fuit les chasseurs à tire-d'aile ; aussi les noirs disent-ils qu'il sent la poudre.

Malgré l'abondance des poissons d'eau douce, à la Réunion, et leur excellente qualité, Chittes, Poissons plats, etc., on y a introduit deux espèces nouvelles : 1° le Gouramier, qui a le privilége d'être prôné par les gourmets (nous devrions dire peut-être, par les gourmands, à cause de la grosseur de ce poisson, car pour les vrais amateurs la Chitte sera toujours préférée); 2° le poisson rouge (Cyprin de la Chine) plutôt comme agrément que comme comestible.

Le café moka a été importé à Bourbon vers la fin de 1717 ou au commencement de 1718 ; c'est à la compagnie des Indes que l'on doit cette introduction. Déjà, en 1721, un pied avait produit, et les graines semées immédiatement avaient poussé ; *les petits,* dit un voyageur, donnent de grandes espérances. Desforges-Boucher affirme qu'en 1720 il se fit une récolte de 6 kilogr., et qu'en 1726 on commença à en livrer au commerce.

On ne connaît pas l'époque de l'introduction du café d'Eden ou d'Aden, joli et excellent petit café perlé, mais produisant peu.

Le café Leroi, ou café des hauts, fut importé vers 1800.

Le muscadier (*Myristica officinalis,* Hook) et le giroflier (*Caryophyllus aromaticus,* Linn.) furent introduits à l'île de France par les soins de M. Poivre, d'abord le 27 juin 1770, puis en 1772. Cette deuxième introduction a été partagée entre Maurice, Bourbon et les Seychelles; il en fut aussi envoyé à Cayenne.

Les plants adressés à Bourbon furent donnés à diverses personnes; mais ce fut aux bons soins de M. Joseph Hubert que l'on dut la réussite de ces cultures.

En 1755, M. Poivre, alors simple voyageur, avait apporté à l'île de France quelques arbres à épices. Lorsqu'en 1766 il fut nommé ordonnateur des deux îles, il reçut pour instruction, *d'introduire la culture des épices dans les îles,* et ce, par tous les moyens possibles. On sait qu'il dut en faire prendre en fraude dans les possessions hollandaises. Il reçut pour ce fait, et comme récompense, une commission d'intendant, le cordon de Saint-Michel, 20,000 livres de gratification, et 12,000 livres de pension. Les sieurs Tremignon, Prevost et d'Etchevery, qui l'avaient secondé, furent aussi très-largement récompensés (*Ordonnance du roi du* 11 *décembre* 1770 *et autres*).

La Vanille fut, dit M. Pajot, introduite en 1819 par le capitaine de vaisseau Philibert. M. Perrotet, qui arriva sur le même navire le 27 juin 1819, déclare, dans un mémoire publié à ce sujet, que ce fut lui qui apporta ces plans, et qu'il en a fait une deuxième introduction, le 21 mai 1820. Quoi qu'il en soit, ces soins semblent avoir été perdus; la plante ne produisant pas, et étant regardée comme inutile, fut négligée, sinon détruite.

Les plants, qui ont multiplié, paraissent venir de la propriété de Belle-Eau, à Sainte-Marie. M. Marchand les avait fait venir d'Amérique, notamment en 1828, et plusieurs pieds donnèrent naturellement quelques gousses.

Enfin, on nous a assuré que M. le baron de Roujoux, en venant prendre les fonctions de directeur de l'intérieur (mai 1841), en apporta aussi une variété à grosses gousses.

Dès 1829, M. Patu de Rosemont avait fait de grandes plantations de vanille au Bras-Panon, puis à Salazie; mais on ne s'en occupa sérieusement qu'après la découverte de la fructification artificielle qui eut lieu vers 1840. Les premières récoltes sérieuses sont de 1843. C'est à M. Floris que l'on doit en partie les bonnes méthodes de culture et de préparation (*Voir l'opuscule qu'il a publié à ce sujet*).

Le Thé fut, dit-on, introduit d'abord sous M. Milius par de Roquefeuille; mais tous ceux qui sont cultivés actuellement à Salazie et à Saint-Leu proviennent des graines apportées, lors de son premier passage à Bourbon, par M. Diard, savant voyageur français. On lui doit aussi l'introduction de différentes variétés de cannes, dont une qui porte son nom est très-précieuse, et pousse dans divers terrains où d'autres ne viendraient pas. Quant à la canne à sucre que l'on nomme canne du pays, si elle n'est pas indigène, elle a dû être apportée par les premiers colons; car dès la première occupation, les voyageurs parlent de la boisson faite avec son jus, et connue sous le nom de vin de canne.

Le Bois noir a été introduit par Poivre.

L'Avocatier du Brésil a été apporté en 1750, à Maurice, par M. Lesquelin. En 1754, le Mangoustan existait déjà à Bourbon. P.

Le Cerisier est devenu sauvage à la plaine des Cafres ; il y existait déjà du temps où Bory de Saint-Vincent visitait ces lieux. Le Pêcher pullule dans les champs, presque à l'état sauvage.

L'arbre à Pain a été introduit par M. Riche, vers la fin du siècle dernier. C'est à M. Joseph Hubert que l'on doit la méthode de propagation par jets de racines.

En 1649, nous apprend Flacourt, il n'y avait à Bourbon, au dire des Français déportés, qu'un seul Cocotier, lequel avait pris racine depuis quatre ou cinq ans.

La Vigne fut introduite vers 1710, et les Fraises vers 1738.

C'est à Labourdonnais que l'on doit l'introduction du Manioc à Bourbon. L'Ananas était déjà cultivé plusieurs années avant son arrivée.

Nous trouvons dans un rapport fait par M. Claude Richard à la suite d'un de ses voyages à Madagascar en 1840, que pour cette seule fois il a introduit à Bourbon plus de 200 espèces de graines, dont 60, dit-il, ont déjà levé ; une quarantaine d'espèces de plantes vivantes, dont très-peu étaient déjà connues dans le pays, entre autres, le *Terminalia rhomboidea ;* deux espèces du genre *Bursera,* etc., etc.; tous très-beaux arbres utiles par leur bois ou autrement.

Quant aux légumes d'Europe, nous avons vu, dans l'*Introduction,* qu'ils ont été apportés depuis la création de la colonie. Le voyageur Dubois nous donne, à ce sujet, une foule de renseignements très-positifs, et qui paraissent fort exacts.

Selon lui, l'Abeille unicolore (*Apis unicolor,* Latr.) aurait été introduite à Bourbon. Il ne dit pas un mot du cent-pieds (*Scolopendra Lucasii,* Eydoux et Souleyot), et n'y trouva en fait de bêtes venimeuses que des scorpions. Enfin, il fait remarquer qu'il n'y existait pas de rats, tandis que maintenant nous en trouvons plusieurs espèces.

Outre les acclimatations volontaires, le hasard et les coups de vent ont dû conduire à Bourbon une foule d'oiseaux, d'insectes et de plantes. Il y a sur les côtes deux ou trois arbres de velours (*Tournefortia argentea*, Linn.), dont les graines ont dû certainement venir des Seychelles, et dont nous avons vainement essayé de propager l'espèce. Nous avons vu paraître à Bourbon le beau papillon (*Salamis rhadama*, Bvd., dont la larve aura été apportée avec quelques plantes. Enfin le vent amène quelquefois le Rollier (*Coracia Madagascariensis*, Gm.), bel oiseau bleu et rouge brun, qui jusqu'ici n'a malheureusement pas peuplé.

ZOOLOGIE.

L'histoire naturelle est certainement la science la plus cultivée à Bourbon, et elle y a eu des représentants d'un mérite incontestable. Pourtant il n'y existait jusqu'à ces derniers temps aucun établissement où le public et surtout la jeunesse auraient pu venir étudier, sur les individus mêmes, les caractères qui les distinguent. Ce fut pour satisfaire à ce besoin que M. le gouverneur Hubert-Delisle ordonna, par arrêté du 1er février 1854, que l'ancienne salle du Conseil général, située au bout de la grande allée du jardin botanique, serait transformée en un *muséum d'histoire naturelle*. Après avoir fait les installations préparatoires, nous dûmes seulement à la réussite de ce premier travail l'honneur d'être compris comme membre dans la commission, chargée, sous la présidence de M. G. Manès, du soin de créer et d'organiser cet établissement. M. Manès, dont l'activité et la générosité manquèrent malheureusement trop tôt à notre muséum, fut remplacé par M. Bernier, botaniste connu des savants qui ont visité notre île, et aussi de tous ceux qui ont étudié la flore de Madagascar, que lui et M. Claude Richard ont enrichie de nombreux genres et espèces nouvelles. Ce fut M. Bernier qui, le travail préparatoire terminé, présida la séance d'ouverture du nouvel établissement, laquelle eut lieu avec toute la pompe que permettait la localité. C'est de ce jour, 14 août 1855, que le muséum fut ouvert au public.

Enrichi de nombreux dons, le local actuel est devenu trop petit et ne permet plus le classement des divers objets qui y sont adressés de toutes les parties du monde.

La position de Bourbon, au centre de la mer des Indes, lui permet de se procurer une foule d'objets intéressants et d'en offrir à titre d'échange. La collection locale des poissons est surtout on ne peut plus remarquable, autant par sa richesse que par l'excellente méthode employée par le préparateur, M. Prudhomme, qui souvent parvient à conserver aux sujets leurs brillantes couleurs et tout l'aspect de la vie.

Il serait à désirer que l'administration insistât pour que le Conseil général votât les fonds nécessaires à l'agrandissement du local, qui contiendra bientôt, sous l'habile et active présidence de M. Morel, successeur de M. Bernier, dont nous avons eu à déplorer la perte, une collection excessivement riche, surtout en poissons et en objets de Madagascar. Comme exemple, citons ce fait, que le Muséum de Bourbon possède des poissons complétement nouveaux et aussi deux Aye-aye, animal fort rare et qui ne se trouve même pas dans des collections de premier ordre.

C'est naturellement dans les catalogues de l'établissement ci-dessus décrit, que nous avons puisé une partie des notes qui figurent dans ce chapitre. Toutefois, nous avons dû avoir recours à nos maîtres dans la science, pour revoir ces notes et classer les objets que nous avons rapportés, notamment une belle collection de mollusques et une série de près de cent lépidoptères. Nous indiquons, en tête de chaque article, le nom de ceux à la complaisance desquels nous devons la détermination de nos diverses collections.

Nous n'avons pas cru devoir comprendre dans ces nomenclatures la liste des animaux domestiques existant dans la colonie, parce qu'ils y ont été introduits, et n'y vivent pas à l'état sauvage. Ce sont entre autres les :

1. Anes,	5. Moutons,
2. Bœufs,	6. Cochons d'Inde,
3. Chevaux,	7. Lapins,
4. Cochons,	8. Chiens,

9. Chats,
10. Coqs et poules,
11. Dindons,
12. Pintades,

13. Oies,
14. Canards,
15. Pigeons variés,
16. Tortues, etc.

Bien que nous n'ayons fait que glaner dans certaines parties du règne animal, on verra combien d'objets nouveaux nous avons rapportés. Nous signalons donc cette riche mine aux amateurs de la zoologie ; car il est telle classe dans laquelle les représentants du sol de Bourbon sont presque complétement inconnus. Les savants qui ont bien voulu se charger de déterminer les individus que nous avons rapportés, ont cru devoir donner notre nom à quelques sujets nouveaux ; on comprendra qu'il y eût eu de notre part fausse modestie à décliner l'honneur que ces messieurs ont daigné nous faire. Pour cette partie de notre publication, on voit, du reste, que nous ne faisons qu'enregistrer les travaux qui nous ont été remis.

MAMMIFÈRES.

Nous donnons ici la nomenclature complète des mammifères existant à Bourbon à l'état sauvage. Sauf quelques petites espèces que nous avons rapportées, nous nous sommes contenté d'aller chercher les points de comparaison dans les galeries du muséum de Paris. Le naturaliste attaché à ces galeries a bien voulu se mettre tout entier à notre disposition pour ce travail, ainsi que pour celui des oiseaux, dont il nous a aidé à retrouver les types.

R. *Make brune. Lemur Mongoz. Lin.*

Ne se trouve que dans l'intérieur, à la plaine de Makes, et surtout dans le rempart de la rivière des Marsouins.

TR. *Collet rouge. Pteropus Edwarsii. Geoff. S.-H.*

Animal comestible presque entièrement détruit. Ne se trouve plus que dans les vieilles forêts des cirques de l'intérieur.

TA. *Chauve-souris ordinaire. Dysopes natalensis. Smith.*

Vit principalement sur le littoral ; se réfugie le jour dans les cavernes et dans les charpentes des maisons.

PA. *Chauve-souris des Hauts. Nycticejus Borbonicus. Geoff. S.-H.*

Elle vit généralement dans les forêts, et se trouve aussi sur le littoral.

PA. *Chauve-souris à ventre blanc. Vespertilio lanosus. Smith.*

Se trouve plus spécialement sur le littoral, et surtout dans la partie sous le vent.

A. *Chat sauvage. Felis catus ferus. Schreb.*

Chat domestique devenu sauvage et vivant dans les bois, où il fait la chasse aux oiseaux et autres petits animaux, dont il détruit une très-grande quantité.

TA. *Tang ou Tanrec. Centetes setosus. Desm.*

Vit généralement dans les forêts des hauts, mais se trouve dans les bas, et même jusque dans la ville de Saint-Denis. Les noirs le mangent avec délices.

Rat ordinaire. Mus rattus. Lin.

Rat rouge. Mus indicus. Geoff. S.-H.

Surmulot. Mus decumanus. Pall.

Souris. Mus musculus. Lin.

Souris des champs. Mus sylvaticus. Lin.

Toutes ces espèces sont très-abondantes à Bourbon et commettent dans les villes et les champs des dégâts considérables. Les champs de cannes à sucre ont surtout à souffrir de leur présence.

R. *Lièvre. Lepus nigricollis. Fr. Cuv.*

La chasse détruit presque tous ces rongeurs qui ne se trouvent que sur le pourtour de l'île, et spécialement dans les champs de cannes et les savanes de Saint-Paul.

TR. *Cabris. Capra hircus. Lin.*

Introduits par les Portugais, ainsi que nous l'avons dit, en traitant de l'apparition de ces navigateurs sur les côtes de Bourbon, on ne peut considérer ces animaux que comme provenant de la race domestique redevenue sauvage. Malgré deux siècles de liberté, rien n'est plus facile que de les apprivoiser de nouveau, et il n'est pas rare de voir des chasseurs redescendre des montagnes avec de jeunes chevreaux, qu'ils ont rendus domestiques en quelques jours.

Presque tous les mammifères décrits ci-dessus ont été importés à une époque plus ou moins reculée, mais à coup sûr très-ancienne. Les premiers voyageurs ne parlent que des chauves-souris qui y existaient lors de leur arrivée.

On a introduit depuis quatre ou cinq ans le Rat palmiste de l'Inde, *Sciurus tristriatus*, *Waterh*. Il commence à peupler dans les palmiers de la ville de Saint-Denis.

OISEAUX.

Parmi ceux existant à Bourbon, beaucoup ont été introduits, et de nombreuses espèces ont disparu, ainsi qu'il résulte du dire des anciens voyageurs, qui nous parlent du *Solitaire*, *Pezophaps solitarius*, *Melville*, d'un gros oiseau bleu, qui vivait à la plaine des Cafres, peut-être la *Poule sultane* (*Porphyrio Madagascariensis*, *Gm.*), et d'une foule d'autres espèces que l'on tuait facilement à coups de baguette. Ils parlent aussi d'un petit Canard qui aurait été domestiqué, et que dans le pays on nomme encore *Canard mascarin*.

Nous n'avons pas compris dans cette note les oiseaux que les ouragans ou d'autres causes chassent accidentellement sur les rivages de Bourbon, entre autres des flamants, sarcelles, frégates, paille-en-queue à brins roses, rolliers, etc.

Sous l'inspiration des doutes qui nous ont été communiqués au muséum de Paris, et en comparant les individus à nos notes, nous sommes resté convaincu que les papangues et pieds-jaunes de Bourbon différaient essentiellement du *Circus melanoleucus*, *Gm*. Nous nous sommes donc adressé à M. J. Verreaux, si connu pour sa science en ornithologie, et qui lui-même a pendant quelque temps habité notre colonie. Ses observations ont pleinement levé toute hésitation, et nous nous empressons de publier la description qu'il a bien voulu faire de l'espèce nouvelle que représente le *Circus* de Bourbon, en le remerciant d'avoir bien voulu donner notre nom à une espèce qu'il a été le premier à déposer dans les collections du muséum de Paris.

TR. Falco rhadama? J. Verr.

Ce rapace a tous les caractères des vrais faucons : Toutes ses parties supérieures sont d'un brun-ardoise, mais les plumes des ailes, du dos et de la queue sont bordées de jaune sale tirant sur le blanc. Les plumes de cette dernière ont plus de blanc que les précédentes, et le dessous est zébré alternativement de gris et de jaunâtre. Un collier non fermé se trouve sur le devant du cou, s'étendant sur les côtés, et remontant jusqu'au-dessous du bec : ventre et cuisses gris-jaunâtre sale, parsemés de points noirs. Le bec est noir en dessus, avec deux taches jaunes sur la cire, le dessous est de cette dernière couleur ; les tarses sont jaunes et les ongles noirs ; les deux premières rémiges sont de longueur égale et les suivantes d'environ 15 millimètres plus courtes.

Le seul individu que nous ayons vu, fait partie du muséum d'histoire naturelle de l'île Bourbon, et a été pris à Sainte-Marie ; nous n'avons pas retrouvé son analogue au muséum de Paris. Il se rapproche bien un peu du Falco rhadama, décrit dans la Faune de Madagascar, publiée en 1861, par le docteur Hartlaub, mais ses dimensions sont beaucoup plus petites, le premier n'ayant que 31 centimètres de longueur totale, et 25 centimètres pour les ailes appliquées au corps, tandis que le Rhadama donne 42 centimètres de longueur totale. Il se pourrait cependant que le nôtre ne fût qu'un jeune mâle de l'espèce que nous citons.

Nous laisserons aux ornithologistes qui exploreront l'île Bourbon à résoudre cette question intéressante pour la science.

PA. Circus Maillardi. J. Verr. *Mâle adulte.*

« Tête, cou, dos et ailes noir intense ; toutes les plumes du cou
» variées de blanc, c'est-à-dire, en partie bordées de cette dernière
» couleur, coloration qui se retrouve sur le devant du cou, la poi-
» trine et le haut du ventre ; mais là le blanc est plus large, et le
» noir forme de longues larmes terminées en pointe. Tout le reste
» des parties inférieures, y compris les couvertures sous-alaires, sont
» d'un blanc pur ; grandes tectrices alaires, ainsi que toutes les
» rémiges, les plus grandes exceptées, variées de gris et de noir,

» les primaires étant d'un noir pareil au corps, la quatrième la plus
» longue de toutes ; queue gris clair argenté en dessus avec quel-
» ques restes de bandes transversales sur la rectrice la plus externe.
» — Longueur totale 47 centimètres ; aile fermée 35 centimètres ;
» queue 24 centimètres ; tarses emplumés un peu au-dessus de l'ar-
» ticulation , assez longs ainsi que les doigts, de couleur jaune
» comme la cire du bec ; ongles noirs et très-acérés. »

Jeune mâle, troisième année.

« Plumage brun-noir, lavé de fauve sur une partie de la tête, de
» la nuque et du cou ; mais là le blanc s'y trouve mélangé ; le gris
» des rémiges est plus foncé et les bandes plus distinctes que dans
» le précédent. La queue est d'un gris foncé, traversée par cinq
» bandes brunes dont la plus large est vers le bout, qui est bordé
» de blanc ; le gris de la queue est tant soit peu lavé de roussâtre ;
» couvertures sous-caudales rayées de brun vers le bout. Toutes les
» parties inférieures flammées de brun sur un fond plus clair et
» roussâtre fortement lavé de blanc qui devient plus marqué à par-
» tir du ventre ; les cuisses et les couvertures sous-caudales ne lais-
» sant voir que quelques lignes étroites de brun roussâtre çà et là,
» voire même sur quelques-unes des couvertures sous-alaires ; tarses
» de même que dans le précédent, mais d'une coloration plus pâle
» ainsi que la cire. »

Jeune mâle dans sa première année.

« C'est dans cette livrée que cet oiseau est connu, à Bourbon,
» sous le nom de *Pieds-jaunes;* son plumage est brun-foncé en
» dessus et roussâtre en dessous, surtout sur les cuisses et les cou-
» vertures sous-caudales ; le blanc et le fauve sont très-distincts sur
» la nuque et le cou ; les couvertures sus-caudales qui sont d'un
» blanc pur dans l'adulte, mélangées de brun dans l'âge moyen,
» sont, dans celui-ci, fauves bordées de blanchâtre ; cire et tarses
» jaune-verdâtre ; ongles moins noirs que dans l'adulte.
» Quoique ce soit dès 1826, lors de notre passage à Bourbon,
» que nous ayons découvert cette espèce, dont le type se trouve
» aujourd'hui dans le Musée de Paris, en compagnie des deux autres

11

» âges envoyés par M. de Nivoy, nous nous faisons un devoir et un
» plaisir de la dédier à M. Maillard, qui le premier a parfaitement
» distingué cet oiseau du *Circus Melanoleucus* des auteurs, avec
» lequel tous les ornithologistes l'avaient confondu.

» Nous espérons que les amis de la science respecteront le nom
» que nous lui imposons, en reconnaissance des sacrifices qu'a faits
» M. Maillard pour donner des détails nouveaux jusqu'à ce jour sur
» une île qui, bien que de longue date en notre possession, n'avait
» jamais été parfaitement décrite. »

R. Perruche. *Poliopsitta cana. Bp.* (Psittacus canus. Gm.).

TR. Perroquet noir. *Coracopsis vaza. Bp.* (Psittacus vaza.
Sparrm.).

PA. Petite salangane. *Collocalia esculenta Gray.* (Hirundo esculenta. Lin.).

A. Hirondelle salangane. *Collocalia francica. Bp.* (Hirundo francica. Gm.).

A. Hirondelle des blés. *Phedina borbonica. Bp.* (Hirundo borbonica. Gm.).

TR. Huppe. *Fregilupus capensis. Less.* (Upupa capensis. Gm.).

TA. Martin. *Acridotheres tristis. Vieill.* (Paradisea tristis. Lin.).

TA. Oiseau de la vierge. *Muscipeta borbonica. Bp.* (Muscicapa borbonica. Gm.).

PA. Merle. *Hypsipetes olivaceus. Jard.* (Merula borbonica. Briss.).

TR. Tuituit. *Oxynotus ferrugineus. Sw.* (Lanius ferrugineus.
Gm.). Oiseau décrit sur la femelle, qui est rousse, le type
venant de l'île Maurice.

TA. Tec-Tec. *Pratincola sybilla. Caban.* (Motacilla sybilla. Gm.).

A. Oiseau blanc. *Zosterops borbonica. Gray* (Ficedula borbonica.
Briss.).

A. Oiseau vert. *Zosterops hœsitata. Hartl.* Les individus que
nous rapportons ne laissent plus aucun doute sur la nou-
veauté de l'espèce.

R. Calfat. *Munia oryzivora. Bp.* (Loxia oryzivora. Lin.).

A. Coutil. *Maja punctularia. Bp.* (Loxia punctularia. Lin.).

TA. Sénégali. *Estrelda astrild. Sw.* (Loxia astrild. Lin.).

TA. Bengali. *Estrelda amandava. Gray.* (Fringilla amandava. Lin.).

A. Cardinal. *Foudia madagascariensis. Bp.* (Loxia madagascariensis. Lin.).

A. Moutardier. *Chlorospyza chloris. Bp.* (Loxia chloris. Lin.).

PA. Moineau. *Passer domesticus. Leach.* (Fringilla domestica. Lin.).

TA. Tarin. *Serinus ictericus. Bp.* (Fringilla ictera. Vieill.).

PA. Pigeon marron. *Columba Schimperi. Bp.* (Columba livia auctorum).

PA. Tourterelle malgache. *Turtur picturatus. Bp.* (Columba picturata. Tem.).

A. Touterelle du pays. *Geopelia striata. Gray* (Columba striata. Lin.).

PA. Caille. *Margaroperdix striata. Reichenb.* (Tetrao striata. Gm.).

PA. Caille de Chine. *Excalfactoria chinensis. Bp.* (Tetrao chinensis. Lin.).

R. Perdrix. *Francolinus perlatus. Steph.* (Tetrao perlatus. Gm.).

TR. Aigrette. *Herodias calceolata. Hartl.* (Ardea calceolata. Du Bus.).

TR. Poule d'eau. *Gallinula chloropus. Lath.* (Fulica chloropus. Lin.).

A. Fou ou fouquet. *Pterodroma aterrima. Bp.* (Procellaria aterrima. J. Verr.).

PA. Hirondelle de mer. *Puffinus obscurus. Bp.* (Procellaria obscura. Gm.).

TA. Macoua. *Anous tenuirostris. Leach.* (Sterna tenuirostris. Tem.).

PA. Paille en queue. *Phaeton candidus. Briss.* (Phaeton candidus. Briss.).

R. Courlis. *Numenius phæopus. Lath.* (Scolopax phæopus. Lin.).

TR. Alouette de mer. *Pelidna cinclus. Bp.* (Tringa cinclus. Lin.).

REPTILES.

Autrefois, au dire des voyageurs, il y avait, à Bourbon, beaucoup de tortues de terre et de mer. Les premières ont complétement disparu; Bory a vu les restes d'un de ces reptiles qu'il nomme : *Testudo tricarinata*.

M. le professeur Duméril a bien voulu dresser la liste suivante basée sur les objets de Bourbon, que nous avons offerts au Muséum, et sur ceux déjà existants dans cet établissement.

R.   Tortue de mer. Chelonia Midas. Schwe.

PA.   Lézard vert. Platydactylus Cepedianus. Cuv.

A.   Margouyat. Platydactylus ocellatus. Oppel.

A.   Lézard gris. Hemidactylus Peronii. Dum. Bib.

PA.   Gros lézard blanc. Hemidactylus mutilatus. Wieg.

A.   Petit lézard blanc. Hemidactylus frenatus. Schl.

R.   Lézard de terre. Gongylus Bojerii. Dum. Bib.

TR.   Petit lézard de terre. Ablepharus Peronii. Dum. Bib.

TR.   Reptile du jardin botanique. Typhlops braminus. Cuv.

A.   Couleuvre. Lycodon aulicum. Boié.

AMPHIBIENS.

PA. Grenouille. Rana cutipora. Dum. Bib.

PA. Grenouille commune. Rana Mascareniensis. Dum. Bib.

POISSONS.

Nous avons fait, depuis un certain nombre d'années, plusieurs envois de poissons au muséum de Paris; ce sont ces individus, réunis à ceux des collections venant de l'île Bourbon, et à ceux que nous avons rapportés nous-même, qui ont servi de base au travail de M. Guichenot, naturaliste attaché au muséum de Paris, travail qu'il veut bien nous autoriser à publier dans l'annexe C de cet ouvrage.

COLÉOPTÈRES.

La collection des coléoptères de Bourbon n'a pas encore été faite; nous citerons toutefois comme rareté *le Sponsor splendens*, Guérin, et parmi les plus abondants et les plus nuisibles *le Sitophilus oryzæ*, Linn. (Petit charançon. Brun.)

Le Martin a presque détruit les insectes de l'île et ils y deviennent de plus en plus rares.

M. Deyrolle, dont les connaissances et les publications spéciales en cette matière sont si appréciées des savants, a bien voulu déterminer notre collection de coléoptères, et en y joignant quelques autres noms connus, dresser le catalogue que nous donnons dans l'annexe *H*.

ORTHOPTÈRES.

M. Lucas, naturaliste attaché au muséum de Paris, a eu la bonté, dans les mêmes conditions que pour les coléoptères, de nous donner le travail formant l'annexe *I*.

HÉMIPTÈRES.

C'est à M. le docteur Signoret que nous devons la détermination des quelques individus que nous avons rapportés. Voir l'annexe *J*.

NÉVROPTÈRES.

M. de Selys, qui a bien voulu s'occuper de cette partie, nous a remis la note, annexe *K*.

HYMÉNOPTÈRES.

C'est à M. le docteur Sichel que nous devons la détermination du petit nombre d'espèces que nous avons rapportées, et que nous donnons dans l'annexe *L*.

LÉPIDOPTÈRES.

L'annexe *G* donne le travail sur les lépidoptères ; il a été dressé avec le soin le plus minutieux par M. Guenée, un des hommes les plus connus dans cette partie de la science. L'importance de ce travail n'a pas besoin d'être signalée pour être appréciée. Notre ami, le docteur A. Vinson, a bien voulu permettre que l'on joignît à notre collection celle qu'il a envoyée à M. Guenée.

DIPTÈRES.

C'est de M. Bigot que nous tenons le travail qui forme l'annexe *M*.

PARASITES.

Parmi cet ordre, les individus qui s'attachent plus spécialement à l'homme : les *Pediculus capitis, De Geer. Pediculus corporis, De Geer.* et *Phthirius pubis, Linn.*, sont très-répandus dans la classe des travailleurs.

Citons encore le Pou de poule, *Philopterus gallinæ, De Geer*, qui fait le désespoir de nos éleveurs de volailles.

CRUSTACÉS.

L'annexe *F* donne la liste des crustacés que nous avons offerts au muséum de Paris, et aussi celle des espèces reconnues comme appartenant aux mers de Bourbon. Ce remarquable travail est dû à l'obligeance de M. Alph. Milne-Edwards.

Il est à remarquer que les terrestres et les fluviatiles ne figurent pas dans cette liste ; nous regrettons que les nombreux échantillons que nous en avons adressés à MM. les professeurs du muséum ne leur soient pas parvenus.

MYRIAPODES.

Cet ordre renferme le seul animal réellement venimeux du pays, le *Cent-pieds*, dont la morsure est à peine plus dangereuse que celle des abeilles.

M. Lucas a bien voulu encore se charger de nous rédiger un travail sur les individus que nous avons rapportés ; nous en avons formé l'annexe *N* de cet ouvrage.

ARACHNIDES.

En dehors des Aranéides, cette partie du règne animal a peu de représentants à l'île Bourbon. Citons toutefois le *Scorpion*, Scorpio guineensis, Lucas, dont la piqûre est très-douloureuse.

Quant aux Aranéides, le nombre que renferme la Réunion paraît assez considérable, eu égard à l'étendue de cette île. Quelques espèces sont surtout remarquables par leur beauté et leur volume. L'étude de ces aranéides a été faite par le docteur Auguste Vinson fils, dans un travail qui n'a pas encore été publié, et qu'il complète par des observations plus étendues et plus minutieuses : l'auteur étudie les mœurs des aranéides qu'il a décrites, et dessinées avec un soin extrême.

Une société d'histoire naturelle établie à l'île de France (Maurice) avait, par ses relations avec quelques savants du muséum de Paris, fait connaître plusieurs des belles aranéides de cette île, et leur communauté avec l'île Bourbon leur a permis de prendre place dans les descriptions scientifiques des aptéristes. C'est ainsi que l'Epeire dorée (*Epeira inaurata*, Walck.), qui existe à l'île Bourbon, a été connue et décrite par le fait de son existence simultanée à l'île de France. Il en est de même de l'Epeire mauricienne (*Epeira Mauricia*, Walck.), qui se trouvant également à l'île Bourbon, ne mérite qu'à moitié le nom qu'elle porte.

Les Olios de l'île Bourbon existent également à Maurice et même à la Guadeloupe. Il semble, en les retrouvant dans des îles si distantes, que le rôle de ces curieuses aranéides soit d'habiter les climats chauds d'entre les tropiques et des positions insulaires.

En étudiant l'histoire des aranéides des îles Bourbon et de France, le docteur Auguste Vinson arrive au résultat suivant :

1° Plusieurs aranéides sont communes aux deux îles.

Exemple : *Epeira Mauricia*, Walck., *Ep. inaurata*, Walck., *Sphasus Dumontii*, Vins., etc., etc.

2° Certaines espèces, et même le genre Artème, sont particuliers à l'île Maurice.

Ex. : *Artema Mauricia*, Walck., *Epeira assidua*, Walck., *Attus ocellatus*, Walck., *Plectana mauritia*, Walck., etc., etc.

3° D'autres espèces sont propres à l'île Bourbon.

Ex. : *Epeira epiphylla*, Vins., *Epeira Borbonica*, Vins., *Pholcus Borbonicus*, Vins., etc., etc.

Nous négligerons ici les aranéides de l'île de France, pour ne nous occuper que de celles de l'île Bourbon, qui rentrent spécialement dans notre sujet.

L'absence d'un hiver réel dans cette colonie permet à ces aranéides de se reproduire en tout temps; aussi, pondent-elles à toutes les époques de l'année. Lorsque les ouragans de l'hivernage brisent leurs toiles et tendent à les disperser, elles se réfugient sous les feuilles qui résistent le mieux ou contre les grosses pierres, pour reparaître, et pour tendre leurs filets dès que le soleil ramène les beaux jours.

Quelques-unes d'entre elles, d'une fécondité remarquable, sont très-nombreuses; telles sont : *l'Epeire dorée, l'Epeire noire, l'E-peire lugubre*, à l'abdomen bifide, près de laquelle le docteur Auguste Vinson a cru reconnaître *l'Epeire opuntia*, si commune à Bourbon comme en Algérie, dans les champs de cactus et d'agaves. M. Léon Dufour, en la découvrant dans nos possessions du nord de l'Afrique, l'a si bien décrite, qu'il a été facile à l'historien des aranéides des îles Bourbon et de France, de la reconnaître, hantant, comme en Algérie, les Opuntias, et surtout l'*Opuntia horrida*, dont les longues épines lui offrent des points d'appui pour ses toiles. Cette aranéide est aussi parfaitement figurée dans l'atlas de Walckenaër.

Ces belles Epeires vivent dans toutes les régions de l'île, aussi bien sur le littoral qu'à l'intérieur. L'Epeire dorée, l'Epeire noire jettent de grandes toiles verticales à fils jaunes, soyeux et susceptibles d'être travaillés. Le docteur A. Vinson rapporte, d'après des témoignages certains, que sous le gouverneur général Decaen, les dames créoles de l'île Maurice tissèrent avec les fils de ces belles aranéides, une paire de gants dont elles firent hommage à l'impératrice.

L'Epeire de l'Opuntia et l'Epeire lugubre ont des toiles blanches disposées en orbes superposés comme des ombrelles renversées.

D'autres sont rares, comme l'Epeire mauricienne, et l'Epeire triste. L'Epeire de l'île Bourbon, *Epeira Borbonica*, étudiée pour la première fois par le docteur A. Vinson, a l'abdomen grenat, globuleux et rouge comme une cerise, dont elle a l'éclat. Les pattes et le corselet sont d'un beau noir de jais. Elle mesure une longueur de 18 à 20 millimètres, et n'habite que les bois de l'intérieur, c'est-à-dire les régions froides de l'île.

Une charmante aranéide, qui se place auprès des Épeires, est la *Gasteracanthe* de l'île Bourbon; elle est différente de celle de l'île Maurice, dont Cattoire a donné la description, et que Walckenaër reproduit sous le nom de *Plectana Mauricia*. Celle de Bourbon, assez rare, présente une variété blanche plus rare encore, ayant le poli et l'éclat de la porcelaine, avec une raie dorsale noire sur le milieu de l'abdomen.

Après le genre Épeire, le genre *Attus* (ou *Salticus* de Latreille) renferme les espèces les plus nombreuses de l'île de la Réunion. Ces petites aranéides, si alertes et si vives, y font aux mouches et aux moustiques (*Culex*) une guerre incessante et acharnée. On les trouve répandues sur les parois des habitations, sur les vitres des demeures, sur les palissades et dans les jardins. M. A. Vinson en a pu compter et figurer jusqu'à huit espèces qui sont inédites, et ne se trouvent pas dans les Attes africaines dont Walckenaër donne la description.

Le genre *Sphase* (Sphasus) offre à l'île Bourbon une espèce unique et charmante que le docteur A. Vinson a cru devoir dédier au naturaliste J.-B. Dumont, qui faisait partie de la même expédition scientifique que Bory de Saint-Vincent, sur les corvettes le *Géographe* et le *Naturaliste*. Cette dédicace est faite en mémoire d'une note manuscrite où cette aranéide se trouve indiquée et parfaitement décrite par Dumont.

Au sein des appartements, outre l'*Olios leucosius*, dont nous avons parlé, on rencontre plusieurs aranéides dont les couleurs sans éclat semblent indiquer que leur vie se passe à l'ombre et dans les recoins obscurs; ce sont : dans le genre Ulobore, une espèce unique pour l'île Bourbon, différente de celle qui porte le nom de Walckenaër; elle s'étale sur sa toile à tissu lâche; et, à côté d'elle, dans un genre différent, le *Pholcus Borbonicus*, dont les longues pattes, couleur de talc, rappellent le *Pholque phalangioïde*, mais qui n'en constitue pas moins une espèce distincte, à laquelle a été donné le nom de *Pholcus Borbonicus*, Vins.

Dans les mêmes lieux se trouvent aussi la *Scythode thoracique* et sa congénère, la *Scythode brune*, toutes deux si bien décrites par Walckenaër. Pas plus qu'en Europe, on n'a pu (jusqu'à ce jour du moins) étudier le mâle mystérieux de la première de ces aranéides. La Scythode thoracique et la Scythode brune se présentent, à l'île de de la Réunion, sous de si forts volumes, qu'on est porté à croire, en les voyant en même temps si communes, que toutes deux, comme le pensait Walckenaër, sont vraiment originaires des pays chauds.

Le genre *Lycose* (Lycosa) est représenté à l'île Bourbon par trois espèces ou variétés : une grise et deux noires. Elles sont toutes trois d'un petit volume, et leur morsure n'est même pas appréciable en raison de leur exiguïté.

Parlons encore de la *Tetragnathe prolongée* (Tetragnatha protensa, Walck.), qu'on trouve sur les ruisseaux, et dont les mandibules sont dirigées horizontalement.

L'île de la Réunion renferme encore quelques aranéides parasitaires qui tissent leurs petits réseaux sur les extrémités des grandes toiles des grosses aranéides. On les rencontre sur la toile des grandes Epeires et sur celle des Gasteracanthes qui paraissent vivre en bonne intelligence avec elles. Elles sont de petite taille, présentent les yeux disposés comme les Épeires elles-mêmes, et s'établissent le plus souvent à leurs côtés.

« Les couleurs d'or et d'argent dont elles sont ornées, et qui se » montrent sur leur abdomen, dit le docteur A. Vinson, rappel- » lent et font même regretter les *Argyopes* de Latreille, parmi les- » quelles elles eussent été si bien classées autrefois. Mais aujourd'hui » que la méthode de Walckenaër a rayé ce genre établi sur des carac- » tères trop peu anatomiques, il faut bien nous résoudre à les » mettre comme on les trouve dans la nature même, à la suite des » Epeires, dont elles imitent les formes, la beauté et l'élégance » sous de plus petits volumes. (Auguste Vinson.) *Histoire manus-* » *crite des aranéides des îles Bourbon et de France.*

Les espèces d'aranéides de l'île Bourbon qui présentent un certain volume, et qui peuvent être étudiées dans leurs formes générales, sans le secours du microscope, sont au nombre de 35 environ, et paraissent renfermées dans les genres suivants :

Scythode	2	espèces.	Report.... 17 espèces.	
Lycose	3	—		
Sphase	1	—	Epeire	15 —
Atte	8	—	Gasteracanthe	1 —
Olios	2	—	Tetragnathe	1 —
Pholque	1	—	Ulobore	1 —
A reporter......	17	—	En total........ 35 espèces.	

Nous donnons, d'après le docteur A. Vinson, qui nous a communiqué son travail, dont nous avons tâché, dans ce qui précède, de faire une analyse succincte, le tableau des espèces que renferme chacun de ces genres pour l'île de la Réunion. Ce travail n'ayant jamais été fait, a dû nécessiter des noms pour les espèces nouvelles. Chacune d'elles d'ailleurs a été fidèlement décrite et aussi figurée avec beaucoup de soin et de vérité jusque dans les détails anatomiques, par notre collègue du muséum d'histoire naturelle de l'île de la Réunion, qui a consacré plusieurs années à l'étude consciencieuse des aranéides des îles de Bourbon et de France.

Depuis que ce chapitre est rédigé, nous avons appris, de M. Vinson lui-même, qu'il avait fait de nouvelles et intéressantes découvertes, et qu'il publiera dans quelques mois tout son travail sur cette matière, que nous n'avons fait qu'effleurer.

TABLEAU DES ARANÉIDES DE L'ILE BOURBON.

GENRES.	ESPÈCES.		NOMS SCIENTIFIQUES.
I. Scytode......	thoracique...	1	1. Scythodes....thoracica .....Latr.
—	brune.......	2	2. — fusca......... —
II. Lycose.......	grise........	1	3. Lycosa......tigrina........Vins.
—	noire........	2	4. — nigra......... —
—	funèbre......	3	5. — funebris...... —
III. Sphase	de Dumont...	1	6. Sphasus....Dumontii.....Vins.
IV. Atte..........	muscivore....	1	7. Attus......muscivorus...Vins.
—	africaine.....	2	8. — africanus..... —
—	lugubre......	3	9. — lugubris...... —
—	à 4 taches....	4	10. — quadriguttatus —
—	variable.....	5	11. — variabilis..... —
—	fauve........	6	12. — fuscus........ —
—	blonde.......	7	13. — flavus........ —
—	à 2 taches....	8	14. — bi-guttatus.... —
V. Olios........	leucosie......	1	15. Olios........leucosius......Walck.
—	captieux.....	2	16. — captiosus...... —
VI. Pholque......	de Bourbon..	1	17. Pholcus.....borbonicus....Vins.
VII. Epeire.......	dorée........	1	18. Epeira......inaurata......Walck.
—	noire........	2	19. — nigra.........Vins.
—	lugubre......	3	20. — lugubris......Walck.

GENRES.	ESPÈCES.	NOMS SCIENTIFIQUES.
VII. Epeire.......	de l'île Maurice 4	21. — mauricia......Walck.
—	de Bourbon .. 5	22. — borbonica......Vins.
—	triste........ 6	23. — tristis........ —
—	nocturne..... 7	24. — nocturna...... —
—	Isabelle...... 8	25. — isabella....... —
—	opuntia...... 9	26. — opuntiæ ......L. Duf
—	blonde....... 10	27. — fulva.........Vins.
—	réticulée..... 11	28. — reticulata..... —
—	parasite...... 12	29. — parasita....... —
—	verte........ 13	30. — viridis........ —
—	à feuille. 14	31. — epiphylla..... —
—	jaune citron . 15	32. — citricolor...... —
VIII. Gasteracanthe	de Bourbon .. 1	33. Gasteracantha.borbonica...Vins.
IX. Tetragnathe..	prolongée.... 1	34. Tetragnatha.protensa......Walck.
X. Ulobore......	de Bourbon.. 1	35. Uloborus....borbonicus....Vins.

ANNÉLIDES.

Ces animaux, encore assez mal définis, sont très-nombreux à la Réunion. Nous pouvons citer, entre autres, et comme très-abondants, les

Amphinome tetraedra, M. Edw.,

Deux *Eunices,* encore à déterminer,

Et un *Polythoe*, espèce nouvelle?

VERS INTESTINAUX.

Soit par suite d'une prédisposition particulière ou à cause du climat et des fruits généralement verts que l'on mange à Bourbon, c'est aux *Helminthes* que beaucoup de médecins attribuent la plupart des maladies qui, dans l'enfance, attaquent la classe créole, et surtout celle des Africains de tout âge. Nous en avons vu, à la suite de vermifuges assez doux, rendre des masses incroyables de vers. Le Ténia est aussi assez commun dans toutes les classes de la population.

L'île Bourbon possède, du reste, le remède près du mal. Outre le

Semen-contra, la racine de Grenadier et beaucoup d'autres vermifuges, on y emploie le lait ou suc du fruit vert du Papayer, qui malheureusement devient un poison violent quand il est préparé par une main peu exercée.

Nous avons aussi trouvé dans le bras sec de Cilaos, un *Gordius*, encore à examiner.

MOLLUSQUES.

Nous avons travaillé avec tout le soin possible pour réunir une collection complète des mollusques de Bourbon. M. Deshayes, qui fait autorité en cette matière, a bien voulu se charger d'en dresser un catalogue et de déterminer les genres et espèces nouvelles de notre collection. Nous donnons ce travail dans l'annexe *E* de cet ouvrage.

Parmi les terrestres, plusieurs ont été introduites : une agathine, très-anciennement de Madagascar; celle à bouche rose, du même lieu, mais depuis quelques années seulement ; enfin l'escargot, comestible depuis quatre ans, bien qu'il soit déjà assez commun à Saint-Pierre, seul lieu où on le trouve encore.

Citons aussi le *Bulimus venustus* (Morellet), dont on a trouvé, il y a peu de temps, quatre à cinq exemplaires, vivant à Saint-Denis sur un arbre, dans la cour de la grande caserne, et qui a dû être introduit de Madagascar.

Pensant qu'ils étaient suffisamment connus, nous avons eu le tort de ne pas rapporter de Bourbon les mollusques nus que l'on trouve sur les rivages de la mer, entre autres les

> Sepiotenthis mauritianus, Q. et G.
> Octopus dubius, Souleyet.
> — aranea, d'Orbi.
> — indicus, Rupp.
> Sepia latrimanus, Q. et G.
> Doris lacera, Cuv.
> Holoturia ruginosa, Val.
> — Dusumieri, — d°
> — impatiens, Forsk.
> — Bottæ, Val.

Holoturia montuberculata, Q. et G.

— monacaria, Val.

Chirodota, espèce non encore décrite au muséum.

Synapta — d° — d° — d° — d° —

Pendacta costata, Val.

Mullaria latebrosa, — d°

— mauritiana, — d°

Bohaschia punctulata, d°

— pardalis, Val.

— lugubris, d°

On trouve aussi dans les hautes mers de Bourbon, un *Argonauta*, grande espèce désignée, *Argonauta argo,* mais que je crois différente de celle de la Méditerranée qui porte le même nom.

ÉCHINODERMES.

La classe des échinodermes est représentée à Bourbon par de nombreuses espèces; le temps nous a manqué pour les réunir toutes. M. Hardouin Michelin a bien voulu se charger du classement de la collection que nous avons rapportée; nous en donnons à la fin de ce volume, annexe *A*, la nomenclature telle qu'il nous l'a remise. Toutefois, nous avons reconnu dans les galeries du muséum, un *Cidaris lima*, Val. qui été rapporté de Bourbon, et que nous croyons utile de signaler.

CORALLIENS.

Un individu de ce groupe a déjà été décrit par M. Michelin dans l'annexe *B*. Nous donnons ici le nom des quelques autres espèces que nous avons rapportées, ou qui ont été recueillies à Bourbon par M. L. Rousseau, naturaliste attaché au muséum de Paris, qui a bien voulu aussi nous aider dans nos recherches.

ALCYONIENS.

Sarcopython plicatum, Peron.

Spoggodes celosia, Less.

GORGONIENS.

Gorgonia calyculata, Esper.

Gorgonia coarctata, Val.
— d° — flabellum, Lamk.
— d° — plumalis, L. Rouss.
— d° — royana, Val.
— d° — nov. spec. *Voisine du Pectinata*, Val.
Antipathes spiralis, Lam.
— d° — cupressus, Soland.
— d° — flabellum, Pallas.
— d° — ericoides, Lamk.
— d° — mimosella, — d°
Plexaura Boryana, Val.
— d° — nov. spec. *très-voisine du Sanguinea*, Val.

ISIDIENS.

Melitœa ochracea, Lamk.

ZOANTHAIRES.

Alcyoncellum corbicula, Val. *Se trouve à de grandes profondeurs dans les rades de la colonie.*

CORALLIAIRES.

Heterociathus equicostatus, M. Edw.
— d° — Rousseauii, — d°
Seriatopora subulata, Lamk.
Pocillopora acuta, — d°
— d° — brevicornis, M. Edw.
— d° — favosa, Lamk.
Heliopora cærulea, Bv.

Millepora alcicornis, Linn. *Je crois à une erreur. Le Millepora de Bourbon n'est pas le même que celui des Antilles, qui a servi de type.*

Psammocora digitata, M. Edw.
Montipora complanata, — d°
Porites, *espèce très-voisine du Conglomerata*, Lamk.
Madrepora circinata, Val.
— d° — deformis, Dana.

Madrepora granulosa, M. Edw.

— d° — nasuta, Dana.

— d° — plantaginea, Lamk.

— d° — Rousseauii, M. Edw.

Cœnopsammia viridis — d°

Heteropsammia cochlea, — d°

— d° — Michelini, — d°

Leptoseris fragilis, — d°

Fungia patella — d°

Echinopora rosularia, Lamk.

Prionastrea Rousseauii, M. Edw.

Astrea pleiades, Lamk.

Solenastrea. *Nouvelle espèce sans point d'attache au sol et roulant au gré des flots sur les fonds de sable.* Aucun spécialiste ne s'occupant, en ce moment, de la détermination de ces espèces, pour celle-ci comme pour quelques autres nous nous sommes contenté de donner le nom du genre, ou d'indiquer nos doutes sur le nom d'espèce inscrit sur les échantillons du muséum de Paris.

Favia palastræ, Cat. muséum.

— d° — Cordieri, — d°

— d° — Clouei, — d°

Cœloria Bottæ, M. Edw.

Meandrina filograna, Lamk.

Galaxea fascicularis, M. Edw.

Stylophora scabra, — d°

— d° — subseriata, — d°

Stylaster flabelliformis — d° *se trouve par soixante brasses.*

— d° sanguineus, Val.

Axhelia myriaster, M. Edw.

BRIOZOAIRES.

Retepora, *espèce nouvelle voisine du* spinosa, de Blainville.

Hornera, *espèce nouvelle.* (Ces deux briozoaires ont été donnés par nous au muséum de Paris.)

Cellaria neritina, Lamk.

SPONGIAIRES.

Les spongiaires que nous avons recueillis ont été examinés par M. L. Rousseau. Ce sont : la *Spongia hymenacea vulcani*, Val., des récifs de Saint-Pierre, et une *Spongia*, espèce très-rapprochée du *Spongia usitatissima*, Lamk. qu'on trouve sur les côtes de Syrie, où elle est l'objet d'un si grand commerce. Nous avons aussi rapporté un certain nombre de petites espèces inconnues ou peu intéressantes, au sujet desquelles nous ne pourrions que reproduire la remarque faite ci-dessus à l'occasion du coralliaire *Solenastrea*.

Nous terminerons ce chapitre par la lettre qui nous a été adressée au sujet des collections offertes par nous au muséum de Paris. Elle vient corroborer ce que nous avons dit dans diverses parties de ce travail:

Muséum d'histoire naturelle. Paris, le 13 mars 1862.

« Monsieur,

» L'assemblée des professeurs administrateurs du Muséum d'histoire naturelle, dans sa dernière séance, a entendu avec beaucoup d'intérêt la lecture de la lettre que vous nous avez adressée au sujet de la publication que vous avez entreprise sur l'île Bourbon. Nous satisferons au désir que vous nous exprimez d'avoir le catalogue des divers objets d'histoire naturelle que vous avez bien voulu donner au Muséum.

» Nous serons heureux d'entrer en relation d'échange avec le Muséum de l'île Bourbon.

» Notre collègue, le professeur de géologie, nous a informés du don que vous avez bien voulu faire au Muséum d'histoire naturelle :

» 1° D'un modèle en plâtre, très-habilement exécuté par vous, qui représente le relief de l'île de la Réunion, avec diverses circonstances caractéristiques de l'action volcanique.

» 2° D'une carte de la même île, en double exemplaire, dont vous êtes également l'auteur.

» 3° D'une série d'échantillons caractérisant les terrains de ce massif volcanique ; ils seront réunis à la collection que vous avez donnée antérieurement au Muséum.

» Les professeurs de Botanique, de Zoologie et d'Anatomie comparée ont rendu compte à l'assemblée des autres objets que ces diverses parties ont reçus de vous.

» L'assemblée, en accueillant avec une véritable reconnaissance les dons que vous ajoutez aux anciens, au grand profit des leçons et des collections, nous a chargés de vous adresser ses vifs remercîments.

» Veuillez, Monsieur, les recevoir, ainsi que l'expression de notre considération la plus distinguée.

» Les professeurs administrateurs du Muséum,

» Le Directeur,　　　　　　　　　» Le Secrétaire,

» *Signé :* CHEVREUL.　　　» *Signé :* A. AUG. DUMÉRIL. »

ETHNOGRAPHIE.

L'île de la Réunion, par suite de sa position centrale, a vu affluer sur ses rivages une foule de races qui en font un véritable lieu d'études pour l'observateur.

Outre les *Européens* nés dans le pays ou ailleurs, et la classe plus spécialement appelée les *Petits créoles*, on trouve à Bourbon quelques naturels de la côte occidentale d'Afrique, et un grand nombre de la côte orientale, entre autres les *Cafres, Iambanes, Macouas,* etc., etc. On y trouve aussi un certain nombre d'*Arabes* venus surtout de Zanzibar ou de Mascate, et même quelques *Abyssins.*

Madagascar a fourni naturellement ses deux races, les *Ovas* et les *Sakalaves.*

De l'Inde sont venues toutes les castes de son vaste littoral, et sous cette dénomination générique d'*Indiens* on désigne à tort des variétés et même des races très-différentes.

Les *Chinois* ont aussi été introduits en assez grand nombre dans la colonie. Enfin il faut ajouter à cette liste déjà longue, les *Malais* importés à l'époque de l'esclavage, et quelques *Australiens* déposés récemment par un navire en cours de voyage.

Une étude spéciale de toutes ces races, devant être faite par un de nos amis et figurer à l'ANNEXE *D* de ce volume, nous n'en dirions pas plus long sur ce sujet, si nous ne croyions devoir faire remarquer, ainsi que l'indiqueront les tableaux de statistique, combien est grande, dans toutes ces races étrangères, la différence entre le nombre des hommes et celui des femmes, qui y sont à peine dans le rapport de 1 à 5. Cet état de choses, on ne peut plus fâcheux, est la cause d'une foule d'inconvénients, sinon de crimes et de délits; on ne saurait donc prendre trop promptement les mesures nécessaires pour le faire cesser. D'un autre côté, au point de vue qui nous occupe, il en résulte une sérieuse modification dans les mœurs et les habitudes des immigrants; il ne faudrait donc pas juger de l'ensemble de ces populations par ce que l'on en voit à Bourbon. On ne peut réellement étudier une race transportée sur le sol étranger, que lorsqu'elle y émigre en masse et par familles. On a alors de véritables types, et non l'écume de la population, ainsi que cela a lieu quand on se contente de ramasser sur les côtes le rebut des villes maritimes. A la Réunion, on a malheureusement agi de cette manière, entre autres pour les Chinois.

Un des immenses inconvénients résultant de l'absence d'un nombre suffisant de femmes, parmi les immigrants, est l'immoralité dans laquelle tombent généralement ces malheureuses, et la facilité qu'elles trouvent, quel que soit leur âge, à se dispenser de tout travail, en vivant du produit de leur inconduite; sans en faire une règle générale, on doit même dire que c'est à cet état de choses qu'il faut attribuer le peu de soin que ces femmes ont de leurs enfants, et la grande mortalité de ces derniers.

Même du temps de l'esclavage, il n'était pas rare de voir un propriétaire être obligé de veiller lui-même aux soins que les négresses avaient de leurs enfants; car les inconvénients signalés plus haut existaient alors, mais avec beaucoup moins d'intensité.

IMMIGRATION ET ESCLAVAGE.

L'esclavage existait à Madagascar quand les Français s'en emparèrent; ils y eurent donc des esclaves et en introduisirent à Bourbon dès les premiers temps, puisque l'on sait qu'en 1662 Louis Payen en amena dix qui se révoltèrent et partirent dans les bois.

Avant Louis Payen, Thaureau, qui y séjourna deux ans, en avait aussi quelques-uns qui partirent pour l'Inde avec lui.

La traite fut d'abord protégée et même encouragée par des primes que le gouvernement accordait, et qu'il transforma plus tard en un privilége concédé à divers, moyennant redevance.

Libre vers la fin du dernier siècle, la traite des noirs fut enfin défendue par les lois, mais tolérée par les gouvernants, ou considérée simplement comme un délit. Lors de l'occupation anglaise, elle fut assez sévèrement réprimée, mais reprise après 1815, malgré les lois et ordonnances de 1817, 1818 et 1819. Toutefois, le gouvernement de la Restauration, qui, en 1815, avait révoqué la loi anglaise comme trop sévère, en décréta lui-même à diverses époques, augmentant chaque fois les peines à infliger aux traitants, aux capitaines et aux équipages des navires négriers. La loi du 1er août 1827 allait jusqu'à prononcer le bannissement contre les coupables.

La loi du 4 mars 1831, plus sévère encore, porta le dernier coup à ce trafic. Depuis cette époque, aucun navire français n'a, dans la mer des Indes, été même soupçonné de se livrer à la traite.

Ceux qui ont parcouru les colonies à esclaves s'accordent à dire qu'à Bourbon les noirs étaient généralement mieux traités que dans les autres colonies. Certes, il y eut souvent lieu de réprimer de fâcheuses exceptions à la loi commune ; mais, d'un autre côté, les faits contraires furent encore plus nombreux. Les rapports de maître à esclave, surtout autrefois, étaient si intimes, qu'il fut décrété : «Que tout blanc qui donnait la tutelle de ses enfants à un esclave, le faisait libre par ce seul fait. »

Le mélange des races et des castes, dans les esclaves de Bourbon, contribua beaucoup à la tranquillité du pays. Les Cafres et les Malgaches étant généralement peu d'accord avec les Indiens et les Malais, et tous ceux-ci étant considérés comme de caste inférieure par les esclaves créoles, il existait, entre eux tous, un antagonisme continuel qui ne permettait guère aux uns de tramer quelque funeste projet, sans qu'ils fussent dénoncés par les autres. On eut toutefois à réprimer plusieurs tentatives de révolte, entre autres celle de Saint-Paul, en 1730 ; celle de Saint-Leu, en 1811, et celle de Saint-André, en 1836.

Si l'on considère que *ne rien faire* a toujours été la passion dominante des peuples de la zone torride, on ne s'étonnera pas de l'apathie que montraient la plupart des noirs pour le travail de la terre ou pour tout autre, surtout quand il n'avait pas pour résultat de leur faire partager les avantages et les jouissances que pouvaient se donner les quelques travailleurs libres qu'ils voyaient occupés sur les ateliers contigus aux leurs.

Nous avons eu souvent à diriger des ateliers très-considérables, et sommes resté convaincu que le seul moyen de tirer un parti sérieux des travailleurs était de leur imposer une tâche convenable, laquelle, tout en exigeant d'eux un travail quelquefois au-dessus du résultat moyen, leur permettait encore de le terminer avant l'heure où l'homme à la journée quittait la besogne. Si, en dehors de la perspective d'un repos augmenté d'une heure ou deux par l'achèvement prompt de la tâche, on ajoutait une faible récompense, on arrivait alors à des résultats bien plus avantageux encore.

Il fallait avec l'esclave, et il faut encore avec l'engagé, être juste et sévère, l'indulgence pour eux n'étant que de la faiblesse. Une punition méritée n'a jamais aliéné l'affection de l'esclave pour son maître, tandis que l'injustice faisait perdre au blanc tout le prestige que sa condition et son intelligence lui donnent toujours sur les noirs des castes inférieures.

Quand je parle de l'infériorité des castes, c'est, bien entendu, eu égard à la position actuelle de ces populations ; car, quoi qu'on en ait dit, il nous est bien démontré que tout noir, pris jeune et élevé dans les mêmes conditions que nos enfants, offre en moyenne une intelligence égale à celle des jeunes blancs élevés avec lui.

Nous avons vu que les premiers esclaves amenés dans le pays s'enfuirent dans les bois, *allèrent marrons*, comme disaient les créoles. Les cavernes, les remparts et les plateaux supérieurs de l'île leur offrirent des refuges assurés, et ils devinrent si nombreux et si dangereux par leurs excursions dans les habitations, que de 1720 à 1760 l'on dut organiser des expéditions pour aller les réduire. En 1734 ils étaient, dit-on, plus de deux mille, et venaient par troupes attaquer les habitations, pillant maîtres et esclaves. Aussi leur fit-on des chasses en règle, et des primes assez fortes furent-elles accordées, non-seulement à ceux qui les prenaient, mais même à ceux qui, en ayant tué, en rapportaient la main droite. La plaine d'Affouche, les plateaux d'Orère et de Cilaos, le cirque de la Mare-à-Poule-d'Eau (Salazie) et une foule d'autres points furent témoins de combats dans lesquels les blancs ne restèrent pas toujours vainqueurs, mais qui, le plus souvent, se terminaient par la capture d'une partie de la bande, des femmes et de leurs enfants nés dans les mornes presque inaccessibles.

Le nombre des noirs de la colonie ne fut jamais bien connu. Nous voyons, par exemple, qu'en 1826 le recensement officiel en portait le nombre à 62,600, de tout sexe et de tout âge ; savoir :

Créoles, 27,000. — Malgaches, 14,000. — Cafres et noirs de la côte, 18,000. — Indiens, 1,800. — Arabes et Malais, 1,800.

Lors de l'émancipation, en 1848, malgré l'absence d'introductions, et une mortalité dépassant de beaucoup les naissances, le nombre présenté au règlement de l'indemnité, par 6,868 demandeurs, fut encore de 60,829 esclaves, hommes, femmes et enfants, dont la valeur totale, en prenant la moyenne des ventes de 1825 à 1845, était de 93,714,373 fr. L'indemnité allouée fut fixée au chiffre de 41,104,005 fr.

L'affranchissement fut d'abord facultatif jusqu'en 1723. A cette époque, il y fut mis des entraves qui allèrent en augmentant jusqu'à la fin du siècle dernier. Depuis cette époque, favorisé d'abord pendant l'occupation anglaise, il finit par être protégé et même aidé par le gouvernement français, qui, en vertu de la loi de 1845, fournissait au besoin une partie de la somme nécessaire à l'esclave qui n'avait pas de quoi compléter le prix de son rachat, prix fixé par une commission nommée *ad hoc*.

Certes, quand la révolution de 1848 vint avancer de quelques années l'affranchissement complet des esclaves, on ne peut se dissimuler que cette mesure mit en désarroi la plus grande partie des fortunes du pays. Mais si, d'un côté, l'on considère que l'Assemblée nationale accorda une indemnité que n'eût jamais donnée le gouvernement de Juillet, et que, d'un autre côté, l'affranchissement eut pour résultat de transformer un capital mobile et périssable en un autre stable et assuré, par suite de l'augmentation considérable du prix des terres dans toute la colonie, on est forcé de reconnaître que cette mesure, grâce à la sagesse avec laquelle elle fut mise à exécution à la Réunion, eut un résultat dont tout créole sage et intelligent sera le premier à s'applaudir.

La colonie n'attendit pas l'émancipation pour créer des ateliers organisés avec des travailleurs libres introduits de l'étranger; dès le siècle dernier, tous les ouvriers et surtout les maçons étaient tirés de l'Inde ; et c'est à leur travail que l'on doit divers monuments, entre autres les anciens magasins de la compagnie des Indes, diverses églises et aussi la redoute de Saint-Denis. Il y a même tout un quartier de cette ville qui leur avait été concédé, mais qui a changé depuis longtemps son nom de Camp des Malabars en celui de Camp des Libres. On doit aussi citer, comme travail de ces individus, le premier pont construit sur la rivière des Roches.

Dès 1828, l'introduction de ces travailleurs prit une assez grande extension pour qu'en 1829, par un arrêté pris le 3 juillet, l'administration crût devoir régler la position des immigrants asiatiques. Les états statistiques donneront pour ces époques le nombre des travailleurs en séjour à Bourbon, où l'on ne tarda pas à installer un bureau ou syndicat des gens de travail libre, ayant pour mission spéciale l'administration des affaires de cette population.

Le 10 novembre 1843, un nouvel arrêté autorisa l'introduction des travailleurs chinois, et régla la condition du séjour et du rapatriement de ce nouvel élément de population. L'administration coloniale, elle-même, en fit venir un certain nombre, qu'elle organisa en brigade pour l'exécution des travaux publics. Un mauvais choix fait parmi le rebut de la population des ports de la côte rendit cet essai presque infructueux.

Par suite de l'émancipation des esclaves, on dut naturellement donner un nouvel essor à l'introduction des travailleurs libres : on en verra le mouvement dans un tableau spécial.

Les immigrants se trouvent généralement heureux à Bourbon, et ils y amassent un certain pécule. Citons les faits suivants à l'appui de ce que nous disions plus haut sur les bons traitements dont use la population de Bourbon envers les engagés. En 1856, le navire l'*Ile-Bourbon*, et en 1860 celui *la Junon*, tous deux chargés d'Indiens pour les Antilles, furent obligés de relâcher à Bourbon pour cause d'avarie ; les Indiens passagers ayant été mis fortuitement en relation avec ceux du pays, et s'étant ainsi convaincus du bien-être dont ceux-ci jouissaient, refusèrent de se rembarquer en disant qu'ils voulaient rester dans la colonie. Il fallut employer la force pour contraindre ces individus à repartir pour leur destination première.

Le prix de cession des contrats de cinq ans d'engagement des immigrants indiens introduits à Bourbon, est actuellement de 375 à 400 francs. Le demandeur doit s'engager, en outre, à les loger, nourrir, etc., etc., conformément aux arrêtés sur la matière, à leur donner par mois une solde de 10 à 15 francs, selon la stipulation du contrat, et à payer les rapatriements, si à l'expiration de leur engagement ils désirent retourner dans leur pays.

Quand, à la fin de son premier contrat, un travailleur désire rester

encore dans la colonie, il lui est loisible de choisir son nouveau
maître et de traiter lui-même des conditions de son engagement,
qui ne peut être de moins d'une année.

Malheureusement, les arrêtés en vigueur ne sont pas assez sévères au sujet de la population flottante qui résulte de cet état de
choses : outre les contrats fictifs qui, en éludant la loi, établissent un véritable vagabondage organisé, on a laissé jusqu'à ce
jour une foule d'individus trafiquer du travail de ces malheureux en les engageant par de belles promesses, et ensuite en les
louant à divers particuliers avec bénéfice sur le prix de leurs
journées.

L'administration, qui vient enfin d'ouvrir les yeux sur ces faits,
paraît vouloir prendre les mesures nécessaires pour parer à ces inconvénients inhérents à un nouvel ordre de choses que les années
rendront de plus en plus satisfaisant.

Dans l'état actuel, pour encourager l'agriculture, seul avenir du
pays, il serait urgent d'établir :

1° Une taxe modérée sur les immigrants qui se font domestiques,
et dont la solde est plus élevée que celle des travailleurs agricoles;

2° Une taxe un peu plus forte sur ceux qui se livrent, à titre
de fermiers, à la culture du jardinage sur des propriétés qu'ils
louent;

3° Une taxe plus forte encore, une espèce de patente, sur ceux
qui se font marchands et colporteurs de légumes et de fruits;

4° Une loi qui obligerait les travailleurs qui s'engagent pour un
certain nombre d'années, à fournir réellement le nombre de jours
de travail sur lequel l'engagiste a dû compter et, par conséquent, à
remplacer les jours d'absence et autres;

5° D'exiger que les engagistes rendent compte à la police de
l'absence de leurs engagés;

6° De prendre des mesures rigoureuses pour que les recensements des engagistes contiennent exactement la liste de leurs
engagés;

7° D'établir des peines, qui ne soient point illusoires, contre
les engagistes et engagés, quand il sera constaté que le travailleur
d'un propriétaire sert chez lui sans engagement;

8° De prononcer contre l'absence momentanée des immigrants des peines qui ne soient pas plus nuisibles à l'engagiste qu'à l'engagé, et qui ne privent plus le premier, quelquefois pendant plusieurs mois, du travail de son ouvrier.

A Bourbon, le vagabondage est la plaie de l'agriculture; on le trouve plus encore dans la classe des immigrants que dans celle des anciens esclaves, dont pourtant un certain nombre se sont créés des moyens de subsistance incomplets pour eux et pour leur famille. Les vagabonds sont obligés de pourvoir à leur existence par des voies illégales; aussi est-ce par eux, et spécialement par les Indiens, qu'il se commet le plus de délits et surtout de crimes.

Les condamnations qu'avait à prononcer le jury étaient bien peu nombreuses avant l'émancipation des esclaves; car, si cette classe était sévèrement punie quand il s'agissait de marronnage ou de tentatives d'évasion et de révolte, le plus souvent pour les vols et délits légers, le maître ou le juge de paix se contentaient de faire infliger un certain nombre de coups de fouet, et tout était terminé. Aussi, après 1848, le nombre des condamnations augmenta-t-il beaucoup; heureusement que les esclaves affranchis se firent vite à la nouvelle existence que leur créait leur entrée dans la société, avec tous les bénéfices, mais aussi avec toutes les charges qu'elle impose; et l'on peut dire que l'état primitif se serait bientôt rétabli, si l'introduction des immigrants indiens n'était venue d'un autre côté augmenter, et de beaucoup, le nombre des vols et des crimes.

Autrefois, à Bourbon, les crimes étaient bien rares, les vols à main armée à peu près inconnus, et dans aucun autre pays les routes n'étaient plus sûres et les voyageurs plus tranquilles. Les temps sont malheureusement bien changés; car les Indiens, en apportant avec eux tous les vices de leur civilisation décrépite, ont transformé sous ce rapport, comme sous celui de la salubrité, ce beau pays que les anciens voyageurs appelaient Eden.

Le tableau suivant en dira, à ce sujet, beaucoup plus que de longues phrases.

CONDAMNATIONS RÉSULTANT DES SEPT DERNIÈRES SESSIONS D'ASSISES.

POPULATION		À mort.	Trav. forcés à perpétuité.	Travaux forcés à temps.	À la réclusion.	À la prison.	Totaux.	CRIMES ET DÉLITS
Nombre total	Catégories.							principaux.
	Européens........	»	»	»	»	3	3	Bigamie, vols.
	Créoles blancs	»	»	»	3	5	8	Faux, vols.
135,597	Créoles libres......	»	»	»	1	5	6	Vols, abus de confiance.
	Affranchis de 1848.	»	1	12	3	26	42	Idem.
37,200	Indiens..........	2	3	34	5	31	75	Assassinats, vols et attentats à la pudeur.
13,600	Malgaches	»	»	1	»	26	27	Vagabondages, vols.
12,800	Cafres............	»	»	»	1	»	1	Vol.
380	Arabes...........	»	»	»	1	»	1	Idem.
23	Australiens.......	»	»	»	»	»	»	Néant.
400	Chinois..........	»	»	»	»	1	1	Coups et blessures.
200,000	Totaux.....	2	4	47	14	97	164	

Nous avons dit que la salubrité de la Réunion avait beaucoup changé par suite de l'introduction en masse de tant d'éléments divers de population. Si les Indiens nous ont apporté le germe d'une foule de maladies, nous avons dû à l'introduction des Cafres l'épidémie du choléra, qui a décimé la population de quelques communes de l'île ; or, ces éléments d'insalubrité étant les mêmes, on ne peut se refuser à reconnaître la supériorité (pour le travail) de la race africaine, dont le tableau ci-dessus a aussi établi la moralité. Pour nous, le Cafre est le travailleur par excellence : toujours gai et heureux quand on le nourrit bien et que son engagiste veille à son bien-être, il déclare net que pour rien au monde on ne le ferait retourner dans son pays. On a beaucoup parlé de la grande mortalité des Cafres ; nous avons pu constater qu'elle est le résultat des affections qu'ils apportent de leur pays, dont ils arrivent presque tous plus ou moins malades. Quand on est parvenu à rétablir leur santé, la mortalité est, au contraire, moins grande dans cette race que dans les autres.

Les Malgaches vaudraient peut-être mieux que les Cafres, s'ils n'avaient pas toujours en vue le retour dans leur pays, ce qui empêche de les employer à des travaux nécessitant un certain apprentissage, parce qu'ils vous quittent juste au moment où ils commencent à rendre des services. D'un autre côté, ces engagés sont excessivement entêtés et raisonneurs ; c'est aussi parmi eux que se présentent presque tous les cas de coalition que la police a à réprimer.

Les Arabes et les Australiens ne seront toujours, à la Réunion, que des travailleurs exceptionnels. Quant aux Chinois, il ne faut pas impliquer de la non-réussite du premier essai, que ce recrutement doive être à tout jamais abandonné. Parmi ceux introduits se trouvaient des sujets d'élite, et nous pensons que, si l'on allait recruter ces engagés dans l'intérieur des terres, on obtiendrait des résultats bien meilleurs. Les Chinois sont très-forts et excellents travailleurs, aimant l'argent et faisant facilement double tâche pour doubler leur salaire ; mais, si on les emploie au mois, on doit s'attendre à de grands mécomptes, le prix de la journée étant acquis au paresseux tout aussi bien qu'au bon travailleur. Il reste, il est vrai, le stimulant des gratifications ; mais le Chinois préférera toujours une somme convenue à l'avance.

Il est bien à regretter que les désordres qui ont accompagné l'introduction des Malgaches, et surtout des Cafres, aient obligé le gouvernement à défendre la continuation de ce qui était devenu un véritable trafic dont le commerce a été le seul coupable. Dès l'abord, rien n'eût été plus facile que de régulariser cette introduction, et le pays n'en serait pas réduit aux seuls Indiens, caste intelligente il est vrai, mais vicieuse et perverse. Le peu de bons sujets que l'on rencontre parmi eux ne reste guère à Bourbon que le temps du premier engagement. Un autre inconvénient des Indiens est l'impossibilité d'utiliser leurs femmes, qui se refusent à tout travail.

Nous terminons ce chapitre par le tableau du mouvement des immigrants depuis l'année 1830. Nous devons faire remarquer que tous les chiffres de la première colonne, indiquant le nombre d'individus renvoyés par inconduite ou à l'expiration des condamnations judiciaires, s'appliquent, à dix ou douze exceptions près, à la classe des Indiens, et qu'il n'a été renvoyé ni rapatrié aucun Cafre.

ANNÉES.	Renvoyés.	Rapatriés	Morts.	Introduits et Nés.	TOTAUX.	
1830.........					3,102	Presque tous Indiens.
1831.........					2,628	—
1832.........					2,404	—
1835.........					1,890	—
1837.........					1,368	—
1838.........					1,431	—
1839.........					1,423	—
1840.........					1,410	—
1841.........					1,374	—
1842.........					1,353	—
1843.........					1,367	—
1844.........					1,802	Introduction de Chinois.
1845.........					2,197	—
1846.........					2,390	Idem et de Malgaches.
1847.........					2,797	Malgaches et Indiens.
1848.........	15	126	44	1,636	4,248	—
1849.........	13	160	122	8,079	12,032	Introductions diverses.
1850.........	18	16	289	7,177	18,739	—
1851.........	20	130	333	5,155	23,409	—
1852.........	22	135	298	4,116	27,070	—
1853.........	35	475	317	3,350	29,723	—
1854.........	18	1,410	574	13,431 135	41,257	—
1855.........	27	2,009	991	7,439 165	45,914	—
1856.........	15	1,120	1,118	6,388 178	50,227	—
1857.........	28	1,114	1,354	5,242 202	53,175	—
1858.........	12	918	2,880	11,344 140	60,839	—
1859.........	9	1,148	2,484	7,423 112	64,733	—
1860.........	13	872	1,272	1,756 71	64,403	—

Nous avons parlé, dans le cours de cette note, de la retraite des anciens esclaves dans les hauts des terres, où ils ne cultivent que ce qu'il leur faut pour vivre; nous pensons qu'avec quelques encouragements et une liberté plus complète dans le débit de leurs produits, cette classe se livrerait davantage à la petite culture, et produirait, en plus grande quantité, les objets de première nécessité, dont le prix devient, à Bourbon, de plus en plus élevé. D'un autre côté, si le nombre des immigrants était plus considérable, on pourrait donner aux anciens, reconnus bons sujets, la liberté de cultiver et de trafiquer pour leur compte moyennant une patente

ou un léger droit de capitation; on éviterait ainsi la plaie des en-
gagementsfictifs, qui n'auraient plus de raison d'être, etl'on rendrait
à la colonie, par les produits résultant de tous les petits établissements que fonderaient les anciens engagés, la facilité ou au moins
la possibilité d'existence qu'elle avait il y a quelques années. Dans
l'état actuel, il est tel fonctionnaire d'un ordre déjà assez élevé, pour
qui la volaille, le poisson et même la viande de boucherie sont
devenus des articles de luxe dont il est obligé de se priver, s'il a
une nombreuse famille.

Parmi les immigrants les plus industrieux, on peut citer les
Chinois comme tenant le premier rang.

AGRICULTURE.

A la Réunion, parler d'agriculture, c'est s'occuper de la culture de la canne. Toutefois, avant d'entreprendre ce travail, sur lequel nous ne pourrons donner que quelques indications, à cause de notre peu de connaissances spéciales, nous croyons devoir dire un mot des productions autres que la canne, et spécialement de celles qui figurent à nos tableaux de statistique.

Dans notre colonie, tous les travaux de la terre se font à la houe, soit par suite de l'inclinaison générale du sol, soit à cause de la grande quantité de pierres et de roches qu'il contient. Dans quelques parties des terrains d'alluvions, la charrue a été essayée et a donné de bons résultats; mais, nous le répétons, ce ne sont que des exceptions excessivement rares, et la houe est la méthode générale.

Les concessions faites à Bourbon eurent presque toutes pour bornes, deux ravines à droite et à gauche, pour base la mer, et pour limite supérieure la dénomination vague de sommet des montagnes. On ne saurait croire combien ce mode de concession a nui au développement de l'agriculture, par suite de l'absence de limites fixes des propriétés, après les partages entre héritiers et les ventes de parties de concession; il en résulta aussi des prétentions incroyables, lorsque l'administration voulut concéder les plaines de l'intérieur.

Si beaucoup de propriétaires n'osaient défricher et cultiver dans la crainte d'être expropriés par un mesurage ultérieur, bon nombre d'entre eux ne se firent pas faute d'empiéter en largeur chez le voisin, et de donner en hauteur à leurs lots une extension telle, qu'à les en croire, ils se seraient trouvés possesseurs d'une notable partie de la colonie. Malheureusement, en l'absence d'une législation bien établie, l'administration dut transiger avec ces prétentions : nous pourrions citer Saint-Pierre, où un grand propriétaire se prétendait concessionnaire de toute la plaine des Cafres, et à qui, par transaction, on dut en accorder une notable partie.

Un autre inconvénient résultant du mode de concession, mais plus encore du mode de partage habituel, a été celui de diviser toujours les terrains sur la largeur, en laissant à chaque part la hauteur primitive que nous avons dit être du bord de la mer au sommet des montagnes, et ce, sous le prétexte de donner à chacun une portion de bonne et de mauvaise terre. Il en est résulté des propriétés incroyables qui n'ont quelquefois que 15 à 20 mètres de largeur et souvent plusieurs lieues de longueur. Ces parts ou rubans de terre allant du niveau de la mer en s'élevant souvent à plus de 1,000 mèt. d'altitude, nécessiteraient, selon la zone plus ou moins élevée, des genres de cultures différents, ce qui est souvent impossible, surtout quand les propriétés deviennent de plus en plus petites, et, par conséquent, les propriétaires de moins en moins aisés.

Un autre grave inconvénient résultant du mode de division des terres est la difficulté d'arriver à leur sommet sans passer chez le voisin. Nous pourrions citer telle localité où, depuis que l'on cultive la canne qu'il faut indispensablement aller chercher avec des charrettes, le cinquième au moins de la terre cultivable est employé en routes, à cause des nombreux lacets et tournants que doivent faire les chemins particuliers de chaque propriété pour arriver au sommet des terres cultivées. Or, comme les propriétaires ne parviennent que bien rarement à s'entendre entre eux pour ouvrir une route commune, et que la pente du terrain va généralement en augmentant à mesure que l'on s'éloigne de la mer, il arrive un moment où la grande culture devient impossible, parce que les routes d'exploitation envahiraient la plus grande partie du sol, et entraîneraient aussi les propriétaires à des dépenses hors de proportion avec les produits.

Outre les plaines dites de l'intérieur où l'on cultive seulement les légumes verts et secs, et surtout la pomme de terre (sauf la plaine des Cafres, à peu près réservée à l'élevage des bœufs et bestiaux), on peut dire que les cultures forment autour de l'île une ceinture presque continue, interrompue seulement par le Grand-Brûlé et quelques bandes de mauvaises terres.

L'inspection de la carte (pl. III) indique de suite combien la canne envahit de terrain et du meilleur, puisque dans la zone pointillée en vert léger, qui désigne le sol propre aux cultures tropicales, et dont la surface est de 120,000 hectares, la terre employée à la culture de la canne entre pour 62,000 hect. ou 52 p. 100 ; celle en café pour 2,200 h. ou 18 p. 100, et celle en girofliers pour 300 h. ou 0,25 pour 100. Les 36,000 h. restant ou 30 p. 100 sont employés en villes, jardins, routes, canaux et cultures diverses.

Sur la même carte, le vert plus foncé, au-dessus des cultures inférieures, indique les forêts ou plutôt les taillis, puisqu'elles sont presque épuisées de tous bois de construction.

Les teintes rouges représentent les laves récentes ; les plaines de l'intérieur et autres terrains servant aux petites cultures et à l'élevage des bestiaux ont été réservés en blanc.

L'envahissement de la canne, qui fait maintenant la fortune de la colonie, est-il un bien, est-il un mal ? Telle est la question souvent posée. Nous désirons ne pas être prophète et voir prospérer toujours le pays où nous avons passé les vingt-six plus belles années de notre existence ; mais nous restons convaincu que, tôt ou tard, la culture de la canne disparaîtra. On pourrait même citer telle localité, par exemple les terres entre Saint-Denis et la Possession, qui autrefois étaient couvertes de caféiers que l'on a détruits pour y planter des cannes, où cette culture, et même toute autre, est devenue à peu près impossible par suite de la disparition du sol végétal entraîné par les eaux. Notons ce fait, qu'en 1806, lors de l'ouragan, la pluie fut si forte et entraîna une telle quantité de terre, que *la mer en était jaune*, dit-on, *jusqu'à vingt lieues au large*. On doit donc, autant que possible, s'opposer aux défrichements ultérieurs ; aussi regardons-nous comme dangereux pour leur pays les créoles qui demandent avec instance l'autorisation de défricher et de cultiver les terres des plateaux supérieurs dont les taillis retiennent les eaux, les empêchent de s'écouler torrentiellement, et les conservent pour l'alimentation des sources indispensables sur bien des points de la zone inférieure, où la culture n'est plus possible que par des irrigations.

Que faut-il faire en prévision de la disparition de la canne à sucre? Nous ne dirons pas avec les peureux : Plantons des vivres en cas de guerre ; ou, avec les arriérés : Nous planterons des vivres et nous ne manquerons de rien ; car nous sommes convaincu que tout pays qui s'isolerait et chercherait, pour ainsi dire, à se passer de ceux qui l'entourent, retournerait bien vite à l'état de nature, et s'abâtardirait promptement. Il nous semble, à nous, qu'il vaudrait mieux se préparer à l'avance, et faire maintenant des essais de cultures nouvelles. Déjà la vanille est devenue une ressource précieuse pour bon nombre de familles ; et le jardin botanique de Saint-Denis contient une foule de plantes dont la propagation en grand pourrait parer aux éventualités de l'avenir. Malheureusement ce jardin, dont nous avons parlé plus longuement à l'article *Botanique*, est abandonné et végète malgré les soins zélés de son directeur, M. Claude Richard, auquel on ne donne même pas l'eau nécessaire, nous ne dirons pas à la culture des plantes nouvelles, mais même à l'entretien de celles existantes. Nous répétons ces faits dans l'espoir qu'une influence supérieure prendra à cœur de relever cet établissement, où est en germe l'avenir du pays, soit dans sa belle collection de plantes textiles, soit dans toute autre branche de l'agriculture. Il serait donc urgent d'augmenter le personnel du jardin botanique par des travailleurs pris ailleurs que dans des condamnés qui sont changés à chaque instant. Ce ne sont que de mauvais manœuvres impropres aux soins que nécessitent les cultures, et que l'on remet sous les verrous juste aux heures où tout le personnel devrait être à l'arrosage.

Que ne fait-on venir de France quelques bons jardiniers ou cultivateurs, et aussi un aide capable qui soulagerait le directeur actuel, auquel la colonie doit l'introduction de tant de plantes et de fruits nouveaux. Nous le disons avec regret, mais nous devons le dire, pour récompense de ses services on voudrait lui donner un successeur, oubliant que si on peut remplacer dans une administration régulière tel chef de bureau par tel sous-chef, et plus facilement encore tel gouverneur par tel autre, il n'en est pas ainsi quand il s'agit de l'expérience du vieux directeur, indispensable pour. faire l'éducation locale de son aide, qui devra posséder la capacité nécessaire pour le remplacer un jour, et avoir d'avance et pour ainsi dire la survivance de la place.

Or, il est temps qu'on s'y prenne. Mais on aimera mieux ne pas demander un homme capable ; puis, un jour, à sa mort, si on ne peut le faire avant, on remplacera l'homme spécial par le premier protégé venu, sans tenir compte de la *capacité* et de *l'aptitude* de ce dernier; car, à Bourbon plus que partout ailleurs, on s'occupe surtout de savoir si les places conviennent aux individus, et non si les individus conviennent aux places.

Nous nous sommes laissé aller un peu longuement à parler de M. Richard, quand nous devrions parler d'agriculture; mais, nous en appelons à tous, était-il possible de faire autrement?

Cela dit, avant de retourner aux cultures, parlons encore de deux établissements des plus utiles au pays, et que l'incurie et la parcimonie des administrateurs ont fait abandonner faute de bras pour leur entretien, je veux parler des deux jardins d'acclimatation entretenus aux frais de la colonie à 500 et à 700ᵐ de hauteur au-dessus du niveau de la mer, où ils avaient été créés par M. Bréon, prédécesseur de M. Richard, sur un terrain donné par M. de Greslan. Dans un rapport officiel, on trouve, qu'outre un certain nombre de plantes des pays froids dont la culture aurait pu s'étendre sur les zones élevées de l'île, ces jardins contenaient, en 1820, 1134 individus de 11 espèces, et 63 variétés de fruits d'Europe.

Pousserions-nous l'anglomanie jusqu'à imiter les administrateurs de Maurice, qui, au grand désespoir des créoles de cette île, ont laissé saccager le jardin des Pamplemousses, pépinière d'où sont sortis tous les arbres à épices de nos colonies d'Afrique et des Antilles.

Ce jardin est maintenant, dit-on, livré aux soins d'un jardinier anglais largement payé, et dont la seule occupation est de faire des plantations à son profit, et peut-être aussi un peu au profit de ceux dont le devoir serait de surveiller son travail et l'emploi du terrain qui lui est confié.

CAFÉ. — (*Coffea arabica* Linn.)

Le café moka fut longtemps la culture principale de l'île et sa seule richesse. Introduit à la suite de la découverte du café indigène (*Coffea mauritiana* Lamk.) dans les forêts de l'intérieur, sa culture s'étendit vite; il a donné, en 1817, jusqu'à 3,531,000 kilogr. de fèves. Cette culture à peu près abandonnée, même à St-Leu où se récoltait celui de meilleure qualité, a été introduite avec succès dans les cirques de l'intérieur, et surtout à Salazie, où pourtant on a eu d'abord de nombreux mécomptes, le café moka ayant entièrement péri peu après les premières récoltes, par suite d'un excès de végétation. Le seul café qui convienne à cette localité et à toutes celles un peu élevées est le café Leroy (*Coffea laurina* D. C.), dont malheureusement la qualité est bien inférieure à celle du moka. Quant au café indigène, appelé dans le pays café marron ou sauvage, on ne l'a jamais cultivé, sa saveur étant beaucoup trop forte et bien moins agréable que celle de toutes les autres espèces. On pourrait cependant par des mélanges en tirer un très-bon parti dans les établissements où l'on tient moins à la qualité qu'à la force.

On cultive aussi, mais peu et comme agrément, le café myrthe et le café d'Eden ou d'Aden, deux variétés du moka, dont les fèves, surtout les dernières, sont d'une petitesse et d'une régularité remarquables. Il est à regretter que le produit de ces deux espèces soit si minime; car la qualité en est réellement supérieure.

GIROFLE. (*Caryophyllus aromaticus* Linn.)

Culture abandonnée et sans avenir, surtout depuis que l'on cesse d'en employer l'essence dans l'industrie de la teinture. Il en reste encore quelques plantations, que des habitants conservent, peut-être par souvenir, ou laissent sur pied dans des terrains d'un abord difficile. On peut dire avec certitude que, vu le prix élevé de la main-d'œuvre, le girofle ne rend le prix des frais de récolte que dans des années très-exceptionnelles ; car un des inconvénients de cette culture (inconvénient qu'a aussi le café à un degré moindre) est d'être très-capricieuse, et de produire, d'une année à l'autre, dans le rapport de un à cent.

Nous sommes bien loin, comme on le voit, de cet heureux temps où le girofle propagé à Bourbon par les soins de M. Joseph Hubert, fructifiait pour la première fois à St-Denis, dans le jardin du sieur Lacoste, médecin, auquel la colonie fit cadeau d'un esclave en échange des baies qu'il abandonna pour en faire des semis. Ar.

Coton. (*Gossypium indicum* Linn.)

Puisque nous en sommes aux cultures abandonnées, ou à peu près, parlons de celle du coton, qui l'est tout à fait depuis 1828. Si l'on en juge cependant par les pieds sauvages que l'on rencontre encore çà et là, surtout dans la partie sous le vent, et spécialement à St-Leu, le coton de Bourbon devait être un des plus beaux du monde. On assure même que c'est à Bourbon qu'a été prise la graine de la belle espèce dite de Géorgie. Il paraît avoir été introduit dans notre colonie en 1677, par le père Bernardin, qui l'apporta de Surate.

Nous avons entendu parler d'une maladie qui, à ce qu'il paraît, aurait détruit les cotonniers ; mais, à voir la vigueur des plants non cultivés que l'on trouve dans les savanes de Saint-Leu, il est permis de penser que la maladie ne fut pas la seule cause de l'abandon de cette culture. A Bourbon comme ailleurs il passe des épidémies sur les plantes ; nous avons eu et avons encore un peu celle de la vigne; les cafés et les cannes ont eu la leur et d'autres plantes aussi. Heureusement que ces épidémies ne sont que temporaires, et qu'un peu de persévérance les fait vaincre tôt ou tard.

Disons, en terminant, qu'un des habitants les plus intelligents du pays, M. de Châteauvieux, fait actuellement à Saint-Leu des essais pour livrer à cette culture les terres incultes du bas de cette commune, dont il est l'administrateur.

Cacao. (*Theobroma cacao* Linn.)

Cet arbre vient admirablement à Bourbon, et divers habitants, notamment M. Adrien Bellier, cherchent à en propager la culture. Arrive la dépréciation du sucre, et peut-être trouvera-t-on là une compensation, surtout si la faculté d'introduire des travailleurs de toute provenance permettait de réduire le prix de la main-d'œuvre ; car en étendant cette culture on ferait nécessairement baisser le prix de cette denrée.

Vanille. (*Vanilla planifolia* Andr.)

Nous avons dit comment la vanille a été introduite à Bourbon ; elle n'y était, ou à peu près, considérée que comme objet de curiosité et ne produisait un fruit que de loin en loin, quand vers 1840 un jeune noir de M. Bellier Beaumont, le nommé *Edmond*, dont son maître, et M. Lepervanche, s'étaient occupés à développer l'intelligence et avaient initié à leurs études botaniques, voulut se rendre compte de la position des organes de la fleur de cette plante. Son maître eût cueilli la fleur pour l'étudier ; mais lui n'osa pas se permettre ce dégât dans la crainte d'une punition, aussi se contenta-t-il de relever l'opercule qui, dans cette fleur, recouvre le pistil. Or, pendant cette opération, le pollen des étamines tomba ; la *fructification artificielle* de la vanille était trouvée.

Cette culture s'étendit vite ; elle est si facile et produit de si beaux résultats, qu'il est tel individu qui a fait presque 20,000 francs de vanille dans un tout petit verger, qui ne continue pas moins à lui donner les quelques fruits que produisent les arbres au pied desquels il a planté cette riche orchidée.

L'abondance des produits a, il est vrai, très-promptement déprécié la marchandise, et l'on doit s'attendre à voir cette baisse se continuer ; toutefois, cette culture est si facile qu'elle donnera encore longtemps de beaux résultats.

Céréales.

Cette culture, tombée aussi en décadence, a été une des plus importantes de la colonie, et surtout de la riche commune de Saint-Pierre, à l'époque où Bourbon nourrissait sa population, celle de l'île Maurice, et pourvoyait encore à tous les besoins des nombreuses

escadres que nous entretenions dans la mer des Indes. La colonie produisait, en 1783, environ 4,000,000 de kilogrammes *de blé*
(*Triticum sativum* Lamk.). Cette culture qui donnait autrefois de
80 à 100 pour un, ne donne plus maintenant que 40 à 50, par
suite de l'appauvrissement des terres.

L'*avoine* (*Avena sativa* Linn.) vient très-bien aussi à Bourbon ;
mais seulement dans les hauts où l'on cultive aussi l'orge (*Hordeum
hexasticon* Linn.), et d'autres céréales qui sont données en nourriture aux bestiaux et aux bêtes de charroi, concurremment avec le
maïs ou blé de Turquie (*Zea mays* Linn.) dont la récolte est considérable. Moulu, ou plutôt concassé, le maïs se fait cuire comme le
riz et sert alors quelquefois de nourriture à la population pauvre, qui
cultive cette plante nourricière de préférence à toute autre. Les planteurs de canne en couvrent aussi leurs terres dans les années de repos, et en plantent quelquefois en même temps que la canne, de sorte
que le sarclage sert ainsi à la jeune canne et à la culture acces-
soire. Disons, toutefois, que cette méthode est généralement abandonnée comme nuisant au produit ultérieur, et diminuant le rendement en sucre. Le riz (*Oriza sativa* Linn.), qui fut aussi assez
largement cultivé à Bourbon, y était de la meilleure qualité, et bien
supérieur à celui de l'Inde. Les sécheresses et l'augmentation de la
main-d'œuvre ont encore fait abandonner cette culture, qui n'avait
aucun des inconvénients qu'on lui reproche dans les pays où elle
ne vient bien que dans les marais.

RACINES ET TUBERCULES.

Après la *Patate* (*Convolvulus Batatas* Linn.) dont les nombreuses
et excellentes variétés sont, avec les *Cambarres* (*Dioscorea purpurea*
Roxb.), *Ignames* (*Dioscorea bulbifera* Linn.), etc., la ressource du
pauvre, et surtout des nombreux affranchis qui sont allés se fixer
dans les hauts de l'île, on doit faire entrer en première ligne le *Manioc* (*Jatropha manihot*, Ad. Juss.) qui est souvent cultivé en grand
et comme assolement par les sucriers. Précieuse pour la nourriture
des bestiaux et même pour les hommes, cette racine n'a, à Bourbon,
aucun des inconvénients qui la rendent quelquefois, aux Antilles, un
poison violent, et où on ne la fait cuire qu'après une préparation

longue et coûteuse. Dans notre colonie de la mer des Indes, on consomme le manioc au naturel ou préparé. Après la récolte, il suffit de le faire bouillir ou griller sous la cendre. On en tire aussi, comme aux Antilles, un excellent tapioca fort recherché des gourmets et des malades.

Terminons par la *Pomme de terre* (*Solanum tuberosum* Linn.), dont la culture est si facile, qu'il suffit, surtout dans les hauts et les plaines de l'intérieur, d'en planter une fois pour toutes dans un terrain, pour obtenir une récolte à peu près perpétuelle; car si ce tubercule est, à l'époque de la maturité, d'une qualité supérieure, on peut réellement et sans inconvénient en récolter toute l'année à la condition de le consommer immédiatement. Cette nourriture est peu appréciée par les créoles habitués à la douce patate, et on ne l'emploie généralement qu'à la nourriture des nombreux porcs que l'on élève et consomme dans la colonie. Saint-Denis, Saint-Pierre et surtout Saint-Leu font une assez forte exportation de pommes de terre à l'île Maurice, où elles se vendent très-cher à la population anglaise. La population européenne de Bourbon en fait aussi une certaine consommation, et tous les navires qui partent pour de longs voyages ne manquent pas d'en embarquer une ample provision.

FRUITS ET LÉGUMES.

La configuration de l'île Bourbon permet, en s'élevant de plus en plus au-dessus du niveau de la mer, d'y trouver, en moyenne, la température que l'on désire. Il en résulte qu'avec des soins, on peut y acclimater à peu près tous les fruits et légumes du monde.

Nous donnons ici une liste de ces végétaux, dont beaucoup fournissent plusieurs récoltes par an, et pourraient, avec des soins, mûrir à peu près toute l'année, comme le fait la *Figue-banane*. Tous sont loin d'être savoureux; nous n'avons cependant voulu donner aucune indication à ce sujet, certains produits très-médiocres étant parfois prônés par divers amateurs, témoin la noire *Sapote negro*, et l'amère *Margose*.

FRUITS.

Avocat..............	Persea gratissima..............	Spreng...	A.
Atte...............	Annona squamosa...............	D. C.....	A.

Ananas	Bromelia ananas	Linn.	A.
Amande	Amygdalus communis	Linn.	TR.
Abricot	Armeniaca vulgaris	Lamk.	TR.
Arachide	Arachis hypogœa	Linn.	TA.
Bergamotte	Citrus bergamia	Risso.	TA.
Bibasse	Eriobotrya japonica	D. C.	A.
Banane.	Musa paradisiaca	Linn.	A.
Bigarade	Citrus bigaradia	Riss.	A.
Badamier	Terminalia cappa	Linn.	A.
Bilimbi	Averrhoa bilimbi	Linn.	A.
Citron mandarine	Citrus Nov. S. produit de greffe		R.
Coing	Cydonia vulgaris	Linn.	PA.
Citron galet	Citrus medica	D. C.	A.
Citron ordinaire	Citrus limonum	D. C.	R.
Combava	Citrus histrix	D. C.	TA.
Coco	Cocos nucifera	Linn.	A.
Corossol	Anona muricata	D. C.	PA.
Cœur de bœuf	Anona reticulata	D. C.	A.
Chérimolier	— cherimolia	D. C.	TR.
Carambolles	Averrhoa carambola	Linn.	A.
Cerise de France	Prunus avium	Desf.	TR.
Cerise du Brésil	Eugenia Brasiliensis	Lamk.	R.
Coing de Chine	Diospyros Kaki	Linn.	R.
Datte	Phœnix dactylifera	Linn.	PA.
Evy (Fruit de Cythère)	Spondias dulcis	Forst.	PA.
Framboise	Rubus idœus	Linn.	A.
Figue à graine	Musa silvestris	Rumph.	R.
Figue banane	Musa sapientium	Linn.	TA.
Figue nain	Musa sinensis	Sweat.	PA.
Figue d'Europe	Ficus carica	Linn.	PA.
Fruit à pain	Artocarpus incisa	Linn.	PA.
Fraise	Fragaria vesca	Linn.	PA.
Gouyave rouge	Psidium pomiferum	Linn.	A.
— blanche	— pyriferum	Linn.	A.
— de Chine	— sinense	D. C.	PA.
Gombaud	Abelmoschus esculentus	Mœnch.	R.
Grenade	Punica silvestris	D. C.	PA.
Grenadille	Passiflora mauritiana	Petit Th.	A.
Jacque	Artocarpus integrifolius	Linn.	A.
Jamalac	Jambosa malaccensis	D. C.	TA.
Jamloug	Syzygium jambolanum	D. C.	TA.
Jamrosa	Jambosa vulgaris	Linn	A.
Jujube	Ziziphus jujuba	Lamk.	R.
Longani	Euphoria longana	Lamk.	PA.
Letchi	Euphoria litchi	D. C.	A.
Lime	Citrus limetta	Riss.	PA.
Limon	Citrus limonum	D. C.	R.
Mangue	Mangifera indica	Linn.	TA.
Mangoustan	Garcinia mangostana	Linn.	R.
Mabolo	Diospyros embryopteris	Pers.	PA.
Melon	Cucumis melo	D. C.	PA.

Melon d'eau......	Cucurbita citrullus..........	Linn......	A.
Mûrier.........	Morus multicolis...........	Perrotet..	A.
Muscade.......	Myristica aromatica.........	Lamk...	PA.
Mandarine......	Citrus nobilis.............	D. C....	A.
Mandarine du Cap...	Citrus Sp..................	......	PA.
Noix d'acajou.....	Anacardium occidentale.......	Vild....	R.
Noix de France....	Juglans regia.............	Linn......	TR.
Orange.........	Citrus aurantium...........	Linn....	A.
Prune de France...	Prunus communis...........	Hunds...	TR.
Poire de France....	Pyrus communis...........	Linn....	TR.
Pomme de France...	Malus communis...........	Linn....	PA.
Prune de Madagascar.	Flacourtia ramontchi........	l'Her....	TA.
Papaye.........	Carica papaya............	Linn....	TA.
Pêche..........	Persica vulgaris...........	Tourn...	TA.
Pamplemousse.....	Citrus decumanus..........	Rumph...	TA.
Prune de Chine....	Prunus sinensis...........	Lamk....	PA.
Roussaille.......	Eugenia Michelii..........	Lamk...	PA.
Rima..........	Artocarpus incisa var.........	Linn....	PA.
Raisin.........	Vitis vinifera.............	Linn....	PA.
Sapotille.......	Achras sapota............	Linn....	R.
Sapote negro.....	Sapota nigra.............	Roxb....	A.
Tamarin........	Tamarindus indica.........	Linn....	A.
Vangassaye......	Citrus vangassaye..........	Boj.....	TA.
Vavangue.......	Vaugueria edulis..........	D. C....	TA.

La végétation trop abondante ne laisse malheureusement pas toujours à la graine de ces plantes le temps de se former; aussi, est-on, pour certaines espèces, obligé de la faire venir chaque année des pays d'où on l'a tirée. Ce phénomène, rare dans les arbres à fruits, s'observe surtout pour un certain nombre de légumes et pour une notable partie des fleurs. Peut-être qu'avec le temps et une culture plus intelligente on arrivera à un meilleur résultat.

Des essais infructueux ont été faits jusqu'à ce jour pour cultiver la vigne en grand et en tirer du vin. La culture du raisin était pourtant assez productive avant l'apparition de la maladie qui n'a pas encore complétement disparu; il donne deux récoltes par an, mais est généralement acide et incomplétement mûr. Il faut peut-être attribuer à ce fait, que la même grappe contient toujours des grains très ou trop mûrs, et d'autres encore à peine formés, l'impossibilité où l'on a été de faire, à Bourbon, du vin de raisin.

LÉGUMES.

Ail..............	Allium sativum.................	Linn.....	TA.
Artichaut..........	Cynara scolymus...............	Linn.....	A.
Asperge des champs..	Asparagus crispus..............	Lamk.....	PA.

Asperge cultivée.....	Asparagus officinalis...............	Linn.	PA.
Betterave..........	Beta vulgaris.....................	Linn......	PA.
Bringelle..........	Solanum esculentum	Dunal. ..	TA.
Chou navet...........	Brassica napus var..............	Linn. ...	R.
Champignon........	Agaricus campestris...............	Linn....	R.
Concombre.........	Cucumis sativus..................	D. C.	A.
Chou-chou..........	Sechium edule....................	Swartz...	TA.
Cresson..............	Sisymbrium nasturtium.........	Linn.	TA.
Chou...............	Brassica oleracea.................	Linn.....	A.
Chou-rave..........	— napobrassica.............	Linn....	PA.
Calebasse..........	Cucurbita lagenaria.............	Linn. ...	PA.
Citrouille..........	— maxima.............	D. C. ...	TA.
Carotte.............	Daucus carota	Linn....	A.
Chou-fleur..........	Brassica botrytis	Mill.....	R.
Céleri.............	Apium graveolus.............	Linn....	PA.
Chicorée..........	Cichorium intybus............	Linn....	A.
Chou palmiste.......	Areca alba................	Bory....	PA.
Cressonnette........	Thlaspi sativum.............	Desf.....	PA.
Embrevate..........	Cajanus flavus.............	D. C. ...	TA.
Epinard............	Spinacia oleracea.............	Linn....	PA.
Echalotte..........	Allium ascalonicum..........	Linn. ...	A.
Fève..............	Faba vulgaris..............	D. C. ...	R.
Haricot............	Phaseolus vulgaris...........	Linn. ...	TA.
Lentille..........	Ervum esculenta............	Manch...	A.
Laitue.............	Lactuca sativa	Linn. ...	A.
Morelle...........	Solanum nigrum............	Linn.....	TA.
Margose...........	Momordica balsamina	D. C. ...	A.
Navet.............	Brassica napus.............	Linn....	PA.
Oignon............	Allium cepa..............	Linn...	TA.
Oseille...........	Rumex acetosa.............	Linn....	A.
Pomme de terre.....	Solanum tuberosum.........	Linn. ...	TA.
Pois..............	Pisum sativum.............	Linn....	A.
Pois du Cap........	Phaseolus capensis..........	D. C. ...	TA.
Poireau...........	Allium porrum.............	Linn. ...	A.
Piment............	Capsicum frutescens........	Linn....	A.
Patole............	Trichosantes anguina.........	D. C. ...	PA.
Papangaille........	Luffa acutangula...........	D. C. ...	PA.
Pomme d'amour.....	Lycopersicon esculentum.......	Dunal. ..	R.
Raifort...........	Raphanus niger.............	Mill.....	TR.
Radis.............	Raphanus sativus...........	Linn. ...	A.
Scarole...........	Cichorium endivia..........	Linn....	PA.
Salsifis...........	Tragopogon porrifolium........	Linn ...	PA.
Tomate...........	Lycopersicon cerasiforme.......	Dunal. ..	A.
Topinambour.......	Helianthus tuberosus.........	Linn....	TR.

TABAC. (*Nicotiana tabacum* Linn.)

La culture du tabac est assez importante ; elle équivaut presque
à la consommation locale, l'introduction se réduisant à peu près à
celle des cigares, dont on ne fabrique à Bourbon qu'une qualité très-

inférieure. Cette culture du tabac pourrait prendre une extension beaucoup plus grande; elle est complétement libre, et beaucoup de navires font à Bourbon leur provision en tabac du pays; il se vend en carottes depuis 1 franc jusqu'à 5 francs le kilog. selon la qualité.

Thé. (*Thea bohea* Linn.)

Lors de son deuxième voyage à Bourbon, M. Diard nous a initié à la préparation du thé, dont plusieurs propriétaires, entre autres MM. Adam, à Salazie, et de Châteauvieux, à Saint-Leu, avaient cultivé de nombreux plants. Il y aurait, je crois, avantage pour la population pauvre qui habite les hauts de l'île, à se livrer à cette culture qui peut se faire facilement en utilisant tous les membres de la famille.

C'est à tort que l'on dit que le thé de Bourbon est de mauvaise qualité. En cela, comme en tout, aux colonies, on est trop pressé de jouir, et l'on oublie qu'il faut à ce produit plusieurs mois de fabrication préalable, avant que l'on puisse en faire des infusions.

Fleurs.

Presque toutes les fleurs du monde poussent à Bourbon; malheureusement peu de personnes s'adonnent à leur culture. Il faut dire aussi que l'eau, l'élément essentiel, manque dans beaucoup de localités.

Cultures diverses.

En outre des plantes dont nous venons de parler, nous citerons encore l'Arrow root (*Maranta arundinacea* Linn.), dont le bulbe donne une fécule excellente, et dont la préparation est aussi et même plus facile que celle de la Pomme de terre et du Manioc; les Agaves, dont deux espèces, les bleus et les verts (*Agave americana* Linn. et *Agave Fourcroya* Vent.), donnent des fils employés dans l'industrie; le petit Agave (*Agave viviparis* Linn.) dont les pointes aiguës permettent d'en faire des clôtures à peu près impénétrables, et enfin le Vacoua (*Pandanus utilis* de Bory, ou *Vinsonia utilis* de Gaudichaud), du nom de Vinson père, ancien médecin à Sainte-Suzanne, qui a rendu de grands services à la science et à son pays d'adoption.

Le Vacoua sert surtout à faire des sacs à emballage pour le sucre;

à ce titre, nous en parlerons comme annexe de l'industrie sucrière.

Nous passons une foule d'autres cultures qui auront peut-être un jour plus d'importance ; tels sont le Roucou (*Bixa orellana* Linn.), l'olivier (*Olea europæa* Linn.) qui réussit à Orère ; l'Arachide (*Arachis hypogæa* Linn.), etc., etc.; mais nous ne pouvons clore ce chapitre, sans dire un mot de quelques-uns de ces Palmiers qui donnent aux pays chauds ce caractère spécial si nouveau pour les voyageurs.

Nous avons parlé dans les légumes du Palmiste blanc (*Areca alba* Bory), dont le chou ou cœur est un des meilleurs légumes connus; on trouve encore, dans les forêts, le Palmiste rouge et le Palmiste épineux (*Areca rubra* et *crinata* Bory), tout aussi bons comestibles que l'autre. Le chou de Coco et de beaucoup d'autres Palmiers est aussi comestible. Toutefois, on trouve dans les ravins de l'île, un très-beau Palmiste, appelé Palmiste poison (*Areca lutescens* Bory) qu'il serait dangereux de manger. Heureusement que l'aspect de l'arbre, d'un vert glauque, et l'amertume de son chou, ne permettent pas que le voyageur le plus novice s'y laisse prendre.

On cultive encore comme agrément l'Arbre du voyageur (*Ravenala madagascariensis* Por.), le Latanier (*Latania borbonica* Lamk.), le Palmiste chevelu (*Saguerus saccharifer* Rumph.), le Moufia (*Sagus ruffia* Gartn.); enfin le magnifique Palmier de Cayenne (*Euterpe caribæa* Spring.), dont le tronc, superbe colonne, s'élève à une hauteur immense, et dont le panache ondule au gré de la brise et brave l'effort des ouragans qui renversent quelquefois des champs entiers de cocotiers.

Chambre d'Agriculture.

Une chambre d'agriculture composée de trente et quelques membres, tient ses séances à Saint-Denis, et est chargée de faire connaître les besoins du pays et d'encourager les cultures nouvelles. Malheureusement, les résultats produits par cette institution laissent beaucoup à désirer. Tous ses efforts paraissent se diriger vers la culture de la canne, ce qui s'explique facilement lorsqu'on saura qu'elle se compose en presque totalité de sucriers ou planteurs de cannes. Certes, il est bon de protéger et d'améliorer la culture principale du pays ; mais il me semble que penser à l'avenir ne serait pas mauvais non plus. Aussi, pourrions-nous citer plusieurs membres qui, découragés par la tendance de cette assemblée, ne paraissent plus ou n'ont jamais paru à ses séances.

Comme fait caractéristique des tendances de cette réunion, disons que le Directeur du Jardin botanique ne fait pas partie de la Chambre d'agriculture.

FORÊTS.

A Bourbon, à très-peu d'exceptions près, les forêts n'existent plus. Que de beaux arbres nous avons vu abattre et brûler il y a à peine vingt ou vingt-cinq ans! Ils auraient maintenant plus de valeur que les cultures qui les ont remplacés. Que sont les quelques plantations de Filaos (*Casuarina lateriflora* Lamk.), en comparaison de ce que la hache et le feu ont saccagé?

Beaucoup de colons paraissent ne pas sentir l'importance de l'ombre et de la verdure ; nous ne parlons pas seulement des petits créoles qui n'hésitent jamais, quand ils parcourent les forêts, à abattre un citronnier pour ramasser un ou deux fruits; ni des sucriers qui coupent impitoyablement le dernier arbre qui se trouve au milieu de leurs champs : les uns ont au moins le prétexte de la soif, et les autres celui de quelques kilogrammes de sucre de plus à produire; mais que dire de tel habitant des villes qui, lorsqu'il achète une maison entourée d'arbres, commence par raser toutes les plantations qui s'y trouvent, sous le prétexte d'arrangement nouveau ou tout autre plus futile? Que dire surtout de celui qui allant s'installer au milieu d'une forêt, débute en faisant tomber, jusqu'à une grande distance, et sans exception aucune, tous les arbres qui couvrent le sol. Certes, l'air et la lumière sont de belles et bonnes choses, mais un petit bouquet de bois réservé pour les jours de chaleur ou pour les heures de promenade et de rêverie ne nuirait en rien aux autres satisfactions, et donnerait à l'ensemble de l'habitation un aspect attrayant et des jouissances intimes que l'on ne peut rencontrer dans une case isolée au milieu d'une savane.

Combien de fois le destructeur impitoyable des forêts n'a-t-il pas été justement puni de sa barbarie, en voyant tarir petit à petit la source près de laquelle il était venu s'établir. Il s'en prend alors à une prétendue diminution générale des pluies, et ne pense même pas à reboiser le vallon qu'il a transformé en un fonds aride et desséché.

Certes, il y a à cette habitude générale beaucoup d'exceptions intelligentes; toutefois, nous devons faire remarquer que, malgré ses nombreux arrêtés, l'administration n'est jamais venue à bout de faire planter par les riverains une ligne d'arbres le long des routes ou chemins, et aussi que lorsqu'elle a cru devoir faire ces plantations elle-même, elles ont eu toujours plus ou moins à souffrir, soit de la part du public, soit surtout de celle des propriétaires du sol, si même elles n'ont disparu complétement.

Nous donnons au chapitre *Industries diverses* un tableau des principaux bois de construction des forêts de l'île ; nous pensons qu'avec quelques soins, de bons règlements et surtout plus de surveillance et moins de camaraderie, on pourrait rapidement transformer les taillis actuels en bois de hautes futaies. Sous les tropiques, la végétation est si forte et si active, qu'en fait de culture il ne faut désespérer de rien.

Les seuls arbres qui se trouvent encore en notable quantité, parce qu'ils poussent dans une zone élevée, sont les Tamarins des hauts (*Accacia heterophylla* Willd.). Ces arbres, gros et souvent tourmentés, sont propres à tous les travaux et spécialement aux constructions maritimes.

Le meilleur de tous les bois de Bourbon est, après l'incorruptible Bois puant (*Fœtidia mauritiana* Lamk.), devenu très-rare, le Natte à petites feuilles (*Imbricaria petiolaris* D. C.), qui était autrefois très-commun ; il a été détruit en partie par les fabricants de bardeaux, petites planchettes appelées aussi *Essentes*, qui, à Bourbon, servent à remplacer les tuiles dans la couverture des maisons. Toutefois, leur rareté, et par suite leur prix élevé, ont obligé les nouveaux constructeurs à les remplacer par les tuiles et les couvertures métalliques qui, malheureusement, ne résisteront jamais aussi bien aux ouragans que la couverture primitive, qui est encore la meilleure que l'on puisse employer. Elle n'a qu'un seul défaut, c'est de nécessiter une grande inclinaison, et, par suite, des toits très-élevés.

Nous ne pouvons clore ce chapitre sans donner quelques détails sur les causes de diminution de la petite propriété à Bourbon, et, par suite, de la disparition des cultures secondaires et de la production des vivres frais. Nous pensons que la première et peut-être la principale cause est le manque de travailleurs dont la rareté a fait élever les prix d'engagement, et, par conséquent, de solde journalière. Cette pénurie de bras va si loin, qu'à Bourbon il ne sera bientôt plus possible à la classe moyenne de vivre d'une manière convenable, et qu'elle y sera réduite aux riz et blés de l'Inde, ainsi qu'aux viandes et poissons salés introduits du dehors.

Comme il n'est possible qu'aux grands propriétaires de mettre le prix nécessaire à l'acquisition des contrats d'engagement des travailleurs, il en résulte que les petits ne pouvant vivre du produit de leurs champs devenus un capital mort, faute de bras pour la culture, sont réduits à les vendre aux sucriers qui, si cet état de choses dure encore quelques années, finiront par envahir toute l'île, et la transformeront en une véritable Irlande, qui sera la propriété de 200 ou 250 individus. Nous pourrions, à l'appui de ce fait, citer la petite commune de Saint-Philippe dont plus des trois quarts du sol cultivé ou cultivable appartient à deux seuls propriétaires.

Nous avons parlé ailleurs de la nécessité *d'augmenter le nombre des communes*, nous pensons que cette mesure aurait pour résultat de créer de nouveaux centres de transaction et de permettre la mise en culture des zones de terre où la canne ne peut plus mûrir. Dans l'état actuel, certaines zones ne sont abandonnées que par suite de leur éloignement des villes et villages, ou de l'absence de chemins, et enfin parce que le manque de sources oblige à de trop grandes fatigues pour se procurer l'eau nécessaire à la vie, et y rend impossible l'élève des animaux, complément indispensable de toute habitation rurale. Or, tous ces avantages seraient obtenus par la formation d'un centre qui aurait pour résultat de créer des intérêts communs entre un certain nombre de propriétaires, et leur permettrait de faire les frais des chemins et d'amener l'eau nécessaire à l'alimentation de la population.

Au sujet des conduites d'eau, disons ici un mot à l'appui d'un projet dont l'exécution doublerait presque les productions de l'île Bourbon ; nous voulons parler *d'un canal de ceinture* qui, coulant à

14

une hauteur de 800 à 1,000 mètres au-dessus du niveau de la mer, prendrait l'eau dans les localités où elle est abondante, et la déverserait dans les quartiers qui en sont complétement privés, tout en réunissant à son cours les sources secondaires actuellement gaspillées par des particuliers à qui elles ont été plus ou moins régulièrement concédées. Comme ensemble de ce projet, nous jetons les jalons suivants : l'eau de la rivière Saint-Denis, déversée tout entière dans les hauts, donnerait à la ville le double d'eau que lui fournit son canal actuel, tout en faisant mouvoir, en descendant, des minoteries et des manufactures industrielles. Elle permettrait aussi d'établir des lavoirs publics, et le surplus irait alimenter les terrains à l'est de la ville jusqu'aux Patates à Durand.

Le premier bras, dit du Chaudron, suffirait pour sa localité ; l'eau de la rivière des Pluies et celle de la rivière du Mât viendraient se réunir dans les hauts de la ravine des Chèvres. La rivière des Roches suffirait largement pour tout le bras Panon, et la rivière des Marsouins et de l'Est pour les communes de Saint-Benoît et de Sainte-Rose.

St-Joseph, qui a trop d'eau, en déverserait sur St-Philippe; et à St-Pierre, le bras de la Plaine suffirait pour toute la commune.

Le bras de Cilaos, convenablement ménagé, donnerait au delà des besoins de la commune de St-Louis, et pourrait peut-être arriver jusqu'à St-Leu, au delà duquel les difficultés, tout en devenant grandes, ne seraient peut-être pas insurmontables ; car la rivière des Galets, en alimentant une partie de St-Paul, ne laisserait de difficile à irriguer que la portion sud de cette commune. Or, nous pensons qu'en ménageant avec soin les diverses sources et bassins de ces localités, actuellement gaspillées par des particuliers, on arriverait à donner le nécessaire à tout le monde.

Nous croyons à la réussite de ce travail ; mais si sa possibilité complète est un beau rêve, la plus grande partie en est au moins praticable. Avec le concours du pays, des communes et des populations intéressées, à Bourbon, tout est possible ; il ne faut que de l'énergie et de la volonté.

CULTURE DE LA CANNE

La canne à sucre (*Saccharum officinarum* Linn.) est cultivée à Bourbon depuis un temps immémorial, peut-être même y est-elle indigène. Cette plante, selon ses variétés, atteint de 2 à 5 mètres de longueur ; elle se termine par une flèche couronnée d'une belle panicule dont la présence indique la maturité de la canne, qui a lieu de 15 à 30 mois après la mise en terre des plans ou boutures. Ces limites extrêmes dépendent naturellement de la bonté et de l'altitude du terrain. En moyenne, on calcule sur deux ans.

Autrefois, on ne tirait de la canne, dont on exprimait le jus, que du Sirop dont chacun faisait cuire sa provision, du Vin de canne par fermentation, et de l'Arack par distillation. Cette dernière production, longtemps libre, ne fut imposée que depuis la fin du siècle dernier.

Parmi les espèces de cannes cultivées, outre celles dites du pays, nous citerons encore : les cannes de Java jaunes ; d° blanches ; d'Otaïti ; rouges ; Pinang ; Batavia jaunes ; d° vertes ; de Guingan et Diard.

Une certaine quantité de ces espèces ont été apportées de Maurice, où elles étaient cultivées depuis longtemps. Nous avons dit que la canne était coupée entre 15 mois et 3 ans de plantation : on récolte généralement une recoupe au bout d'un ou deux ans, et souvent une troisième environ deux ans plus tard, mais cela dépendant de la bonté du terrain, de l'humidité du sol, et principalement des fumures plus ou moins actives employées par les planteurs. Toutefois, nous pourrions citer des terrains, à Saint-Pierre par exemple, qui en sont à leur 25 ou 30me coupe, mais ce sont là des exceptions fort rares.

La première coupe est généralement celle qui rapporte le plus; cependant, il est certains terrains, entre autres au Portail à St-Leu, où les deuxièmes coupes rendent souvent plus que les premières.

Quand le planteur juge que la canne, qui ne meurt presque jamais, mais qui va en s'étiolant, ne rendra plus assez, il désouche sa plantation et met le champ en assolement, puis le replante deux ou trois ans plus tard, quand il ne préfère pas replanter de suite, en usant largement des engrais. Il est toutefois des terrains assez riches pour être replantés plusieurs fois sans engrais ni assolement.

Ce ne fut qu'après la prise de l'île par les Anglais que la culture de la canne prit une certaine extension, parce qu'on fut obligé de fabriquer dans le pays l'arack, qu'auparavant l'on tirait de l'île de France, qui avait le monopole de cette fabrication; mais cette culture ne devint réellement importante que vers 1815. Enfin, nous avons lu dans un document sérieux, que Labourdonnais avait fait faire de grandes plantations de cannes, et l'on voit, dans les *Lettres édifiantes*, qu'en 1721 Bourbon produisait du sucre et du vin de canne.

La canne est une plante à laquelle l'humidité est indispensable; dans les terrains secs, cette culture nécessite donc une irrigation régulière. Toutefois, les terrains marécageux ne peuvent être utilisés qu'après avoir été assainis par des fossés et de nombreuses rigoles; encore, doit-on planter alors la canne sur le sommet des sillons, tandis qu'il faut faire le contraire dans les autres terrains. La canne se reproduit au moyen de boutures que l'on couche au fond d'une fosse pratiquée à cet effet. C'est la tête de cette graminée, c'est-à-dire les derniers nœuds que l'on plante ainsi, parce que ce sont ceux qui poussent le mieux, et qui contiennent le moins de sucre.

On épierre souvent les champs, pour faciliter les sarclages ou grattages, le sol devant être entretenu très-propre, si l'on veut obtenir une bonne récolte, et ce, jusqu'au moment où les cannes *ferment*, c'est-à-dire jusqu'à ce qu'elles couvrent tout le sol, empêchant ainsi la croissance des autres plantes.

Les roches provenant de l'épierrement sont mises en sillons pour retenir la terre lors des grandes pluies; quand elles sont en très-grande quantité, on en forme des murailles et des meulons.

M. Gimart, dont nous aurons à parler plus loin, fut le premier qui eut l'idée de couper les pentes, en faisant décrire aux sillons des courbes horizontales quel que soit le sens de l'inclinaison du terrain. On obtient, par cette méthode de culture, la conservation de l'humus que les pluies ne peuvent entraîner. Quant à la méthode générale de plantation et aux autres détails et soins que nécessite la canne à sucre, c'est à M. Joseph Desbassyns qu'on les doit, et c'est encore presque partout ses instructions qui sont suivies. Elles se résument en quelques principes qui sont : 1° sillonner à 1^m 60 de distance; 2° creuser entre les sillons des trous ou fosses longitudinales de 65 ^{c}· de longueur, 16 ^{c}· de largeur, et 25 ^{c}· de profondeur. Ces fosses doivent laisser entre elles autant de plein qu'elles ont de vide, c'est-à-dire 65 ^{c}·, ce qui donne 1^m 30 ^{c}· de distance de centre en centre de chaque trou; 3° coucher au fond du trou, en croisant les extrémités supérieures, deux têtes de cannes de 45 à 50^c· de longueur, que l'on recouvre d'un simple bouchon de paille.

La canne prenant racine à une profondeur de 25^c·, résiste ainsi bien mieux à l'action du vent, qui sans cela la déracinerait, surtout pendant les ouragans. Mais comme elle aime l'air, on est obligé, pendant les premiers mois, de nettoyer les trous à chaque grattage, et d'en extraire la terre qui pourrait y être tombée. On plante généralement de Novembre à Février, et l'on récolte de Juillet à Février.

Quand on sarcle les champs, les herbes sont ramassées avec soin sur les sillons, dont elles améliorent la terre, et à chaque nouvelle plantation on déplace ordinairement ces sillons, afin de replanter dans un sol moins épuisé.

Quand la terre est peu profonde, les bons cultivateurs mettent de côté l'humus de la surface du sol, creusent davantage les trous, et les rétablissent à la profondeur voulue, à l'aide de l'humus qu'ils ont réservé.

Quant aux engrais, chacun les met un peu à sa manière, les uns avec les plants, les autres plus tard ; la nature de ceux-ci varie beaucoup, depuis le simple fumier jusqu'au riche guano du Pérou, le cultivateur soigneux alternant les méthodes dans une même habitation, selon la qualité, l'altitude et l'humidité du sol.

Un des cultivateurs les plus intelligents de la Réunion, dont nous aurons à parler encore au sujet de la fabrication du sucre, M. Théodore Deshayes, a transformé, par un travail persistant, un des plus secs et des plus mauvais terrains de Saint-Pierre en une véritable habitation modèle. Située au centre d'un terrain d'alluvion presque sans humus, et composée de sable ou de galets, dans l'ancien lit de déjection de la rivière Saint-Étienne, la propriété de Pierrefonds a décuplé de valeur par les soins de son propriétaire, et par l'emploi intelligent des eaux de la rivière voisine, dont il a, pour ainsi dire, doublé le volume en faisant travailler *jour* et *nuit* à l'irrigation, sillon par sillon, trou par trou, dans tout le terrain planté en cannes sur sa belle propriété.

Méthode de culture employée sur le domaine de Pierrefonds.

1° Pour détruire la trop grande division du sol, on l'amende par l'introduction de 75 kilog. de terre glaise par trou de canne.

2° Pour combattre la sécheresse, les sillons, tracés avec une légère pente, permettent l'écoulement des eaux d'irrigation que l'on amène à la partie supérieure de tous les sillons, et dans lesquels elle coule, environ une demi-heure tous les six jours.

3° La température chaude et sèche de la localité jointe aux arrosages réguliers, hâtant extrêmement la végétation, les cannes sont coupées tous les ans, et l'on ne désouche qu'après la cinquième coupe.

Pour arriver à ce résultat, on emploie les engrais concentrés, tels que guano et noir animalisé à raison de 5 à 10 centimes en valeur, par trou de canne ; puis on soutient la végétation des 3e, 4e, et 5e coupes au moyen de 50 kilog. par fosse, d'un compost de terre argileuse et de fumier provenant des animaux de l'habitation. Ce compost est placé dans le creux du sillon de manière à être léché par l'eau d'irrigation qui le divise ainsi et le répartit par tout le sol. A l'aide de ce système se résumant de la manière suivante :

1° Epierrement du sol comme préparation pour faciliter les travaux de trouaison, sarclage et irrigation ;

2° Amendement du sol par la terre glaise ;

3° Premier fumage par engrais concentré servant aux deux premières coupes ;

4° Deuxième fumage par compost compacte servant aux trois dernières coupes ;

5° Irrigation tous les six jours ;

6° Enlèvement des souches immédiatement après la cinquième coupe ;

7° Assolement et couverture du sol par pois de Mascate (*Canavalia melanosperma?*) et Embrevates (*Cajanus flavus* D. C.), pendant trois ans.

A l'aide de ce système, disions-nous, un sol qui, à chaque coupe, donnait à peine 0 kilog. 30 de sucre par trou de canne, ou par $2^m 00$ de superficie de terre, donne aujourd'hui en moyenne $1^{k.} 00$.

Si la culture de la canne a fait la fortune de l'île Bourbon, on doit dire aussi qu'elle a ruiné bon nombre de ses habitants, et qu'elle a été plus désastreuse pour le café et le girofle que les coups de vent et la baisse de prix de ces denrées. En effet, les facilités que trouvaient les planteurs de canne à faire des emprunts avec les sucriers, à la condition, bien entendu, de leur engager leurs récoltes, ont poussé bien des petits cultivateurs à tout détruire pour se livrer à la nouvelle culture. L'amour-propre s'en mêlant un peu, chacun voulut être au moins planteur de canne, puisqu'il ne pouvait être fabricant de sucre. Le résultat ne se fit pas longtemps attendre, et le planteur qui laissait déjà au sucrier la moitié du produit de son champ à titre d'indemnité de fabrication, vit le reste passer encore, presque en entier, entre les mains de celui-ci, en payement des avances qu'il avait faites. Il fallut donc lui demander de nouvelles avances ; puis, à la première mauvaise récolte, on fut endetté ; et bien heureux les planteurs qui ne virent pas ainsi leurs champs passer entre les mains du manipulateur de cannes, en payement des sommes avancées, auxquelles venaient s'ajouter les intérêts à 12 et 15 pour 100, sinon plus. Ceci arriva surtout aux petits planteurs et à ceux qui ne furent pas assez sages pour n'emprunter que le nécessaire, attendant pour jouir que leurs cultures eussent donné des bénéfices.

Combien ont ainsi cherché la fortune, et ont eu à regretter leur ancienne et modeste aisance !

La canne, comme toutes les cultures, a ses bonnes et ses mauvaises années ; elle a aussi ses maladies et ses insectes destructeurs. En 1846, 1847 et années suivantes, les cannes jaunirent, se desséchèrent et périrent en partie ; les cannes du pays les plus anciennement cultivées disparurent presque toutes. On a attribué généralement ce fléau à un cryptogame qui se développait dans l'aisselle des feuilles. La culture de la canne allait devenir impossible; on pensa alors aux cannes Diard nouvellement importées, et la réussite fut complète. Il se trouva aussi dans le pays une variété de canne qui ne fut pas atteinte; enfin, on fit venir des plants de Maurice où n'existait pas la maladie qui sévissait d'une manière si désastreuse sur les cannes de Bourbon. Malheureusement avec ces nouveaux plants on introduisit un papillon qui menace de détruire cette importante culture.

Le *Borer* ou *Perce-Canne* (*Borer Saccharellus* Guenée) fut introduit à Maurice dans des plants venant de Ceylan. La chenille, gris jaunâtre avec deux rangées de points noir brun sur le dos, et une plaque brune sur la tête, vit dans la canne, où elle grossit dans les trous qu'elle y perfore en tous sens. Elle subit sa transformation parmi les feuilles qu'elle lie de quelques brins de soie. Le papillon est nocturne, et ressemble tellement à un fragment de feuille de canne desséchée, qu'il faut beaucoup d'attention pour le découvrir sous ces feuilles, où il se tient pendant le jour.

Quand la canne ne meurt pas par suite des blessures que lui fait la chenille du Borer, elle reste au moins dans un état de fermentation qui est très-nuisible, parce qu'il empêche la cristallisation du sucre.

Jusqu'ici le Borer n'a fait de grands ravages qu'à Sainte-Marie et Sainte-Suzanne ; mais, s'il vient à se propager comme à Maurice, et la chose est plus que probable, il deviendra pour le pays un véritable fléau. Ce lépidoptère sera d'autant plus terrible, que les essais tentés depuis 1857 pour sa destruction ne paraissent avoir en rien entravé son développement.

La canne est cultivée à Bourbon, à partir du bord de la mer, jusqu'à une distance qui varie selon les communes : à Saint-Philippe, cette distance ne dépasse pas 2,500 mètres, tandis que dans d'autres localités elle s'étend bien plus loin (voir la zone des cultures, pl. III).

A la hauteur de 700 mètres au-dessus du niveau de la mer, la canne vient très-lentement, et nous ne pensons pas qu'elle puisse se cultiver utilement passé 1,000 mètres d'altitude.

Il y a deux parties de l'île où la canne ne se cultive pas : la première comprend tout le pays Brûlé jusqu'à la pointe de la Table, où cette culture est impossible à cause de la nature du sol ; la seconde se trouve entre Saint-Denis et la Possession. C'est pourtant dans cette dernière partie de l'île que fut établie une des premières sucreries; mais la canne n'y vient plus, la terre ayant été emportée par les pluies à une époque où la méthode de culture par sillons horizontaux n'avait pas encore été trouvée.

La surface de terres cultivées en canne ou en assolements préparatoires a beaucoup varié et n'a jamais été rigoureusement connue, par suite de renseignements inexacts fournis à l'administration.

Un travail que nous avons entrepris en 1853, sur la demande de la Chambre d'agriculture, nous a démontré que la surface des terrains consacrés à la culture de la canne était à cette époque de 55,000 hectares, et nous pensons que la surface actuelle ne peut pas être estimée à moins de 62,000 hectares, bien que les documents officiels ne donnent que 49,000 hectares. Cette différence résulte peut-être d'erreurs commises dans certaines mairies, où l'on ne considère pas comme employées à la culture de la canne les terres couvertes de Pois, Embrevates et autres assolements presque sans rapport, et qui n'ont d'autre but que de laisser reposer la terre et de l'améliorer, tout en la défendant contre l'action des pluies torrentielles si désastreuses à Bourbon.

INDUSTRIE SUCRIÈRE

Le sucre se fabriquait à Bourbon depuis la naissance de la colonie; seulement, les premiers habitants se contentaient de concentrer le jus de la canne qu'ils extrayaient au moyen d'un appareil nommé *Flangourin* (de là le nom de vin de flangourin donné au jus de canne fermenté). Nous avons déjà dit que de Labourdonnais fit faire de grandes plantations de canne; il en fit fabriquer du sucre pour les besoins de son escadre. En 1785, M. Laîné de Beaulieu installait une petite sucrerie à Saint-Benoît, et plus tard, M. Azema du Tilleul en établissait, dit-on, une autre à Sainte-Suzanne.

Toutefois, cette industrie ne prit de l'importance qu'en 1815, et ce fut M. Charles Desbassyns qui le premier livra du sucre au commerce extérieur.

Dans cette industrie, les progrès ont, à Bourbon, marché avec une rapidité surprenante; aussi, quoique entrée la dernière en date dans cette fabrication, la colonie de la Réunion est-elle maintenant la première quant à la perfection des produits obtenus : résultat naturel de l'empressement qu'elle mit à appliquer tous les perfectionnements introduits dans cette industrie.

En 1815, la canne était broyée entre des cylindres en bois qui n'extrayaient qu'une faible partie du jus; en 1817, M. Desbassyns faisait venir des cylindres en fonte verticaux, mus par une machine à vapeur anglaise, et depuis, de progrès en progrès, on en est arrivé à employer les puissants moulins de Derosne et Cail.

La cuisson du jus de canne ou vesou se fit d'abord à feu nu dans des chaudières en fonte, puis dans une batterie en cuivre, long canal divisé par des cloisons, et sous lequel passe un courant de flammes. Plus tard seulement, préparée dans cette batterie, elle fut terminée par des évaporateurs rotateurs ; et enfin, déjà beaucoup de sucreries ont remplacé ces appareils par la cuite au vide dans les évaporateurs Howards. Il y a même un propriétaire de Saint-Paul qui a installé un appareil d'un nouveau modèle, dit à triple effet, qui est peut-être destiné à remplacer tous les autres, au moins dans les localités où l'eau est abondante.

Le nettoyage du vesou s'est fait d'abord par de simples écumoires auxquelles ont succédé des filtres au noir animal et autres, des bacs à décanter, et enfin des défécateurs chauffés à la vapeur.

M. Vetzel fut, peut-être, celui qui a fait faire le plus de progrès à l'industrie sucrière, surtout dans la période moyenne. On lui doit un certain nombre d'améliorations, entre autres les bacs à décanter et surtout les évaporateurs rotateurs employés dès 1838, et que l'on retrouve maintenant jusqu'à la Havane. Cependant, un des plus méritants fut M. Gimart, qui pourtant ne voulut jamais recevoir aucun salaire pour les services qu'il rendit à l'industrie sucrière.

Après avoir inventé, en 1824, une batterie où toutes les phases de la cuisson marchent de pair, et qui économise les trois quarts des bras employés jusqu'alors à l'écumage et autres manœuvres, batterie qui, avec quelques modifications, sert encore dans presque toutes les sucreries ; il se mit, lui et ses ouvriers, à la disposition de tous ceux qui voulurent installer ses appareils. On s'explique ainsi pourquoi l'inventeur, après avoir enrichi la colonie, succombait, en 1846, au regret de ne pouvoir faire honneur à sa signature, refusant néanmoins toute espèce de secours, et laissant à sa famille le soin de régler les comptes qu'il n'avait pu acquitter.

C'est à M. Vincent que l'on dut, en 1839, l'introduction du premier appareil à cuire dans le vide. Ce mode assez coûteux n'est pas encore généralement répandu.

Avant 1854, le sucre fabriqué se mettait dans des formes où, par des *clairces* et autres procédés, on séparait le sirop du sucre. A cette époque, M. Duboisé, sucrier à Sainte-Marie, établit chez lui les premières turbines à force centrifuge. Ce procédé qui permet de livrer le sucre au commerce presque aussitôt sa cuisson, et avec lequel on obtient une bien plus belle nuance, se répandit très-vite ; aussi presque toutes les sucreries sont-elles munies de turbines.

Voici la liste des appareils employés à la fabrication du sucre dans une sucrerie modèle, par exemple celle de M. Th. Deshayes à Pierrefonds, commune de Saint-Pierre.

1° Deux puissants générateurs à vapeur pour toute l'usine.

2° Moulin de Cail mû par une machine à vapeur de 16 chevaux, et spécialement affectée à l'extraction du jus ou vesou.

3° Chaudière ou caléfacteurs chauffés à la vapeur recevant le vesou froid et le rendant à 100° après un premier nettoyage.

4° Bacs à décanter pour le dépôt des matières mises en suspension par l'addition de la chaux.

5° Batterie Gimart modifiée pour l'évaporation à haute température et la concentration du jus.

6° Chaudière de repos où le jus reçoit une deuxième et légère addition de chaux.

7° Deuxième passage dans les bacs à décanter.

8° Citerne de repos ou réservoir de l'appareil au vide.

9° Appareil au vide pour cuire en candis, au moyen d'une pompe aspirante mue par un cours d'eau.

10° Tables rafraîchissoirs où l'on transporte le sucre pour le laisser refroidir.

11° Dix turbines de 80 centimètres de diamètre de Panier, faisant 1000 tours par minute, et mues par une petite machine à vapeur de Flaud.

A l'aide de ce système, M. Th. Deshayes fabrique le plus beau sucre de la colonie, et livre au commerce et à la consommation locale (sans l'emploi du noir animal) des sucres à petits grains aussi purs et presque aussi blancs que le sucre raffiné en Europe.

Tableau du nombre de moulins à sucre à diverses époques.

ANNÉES.	MOTEURS PRINCIPAUX DES USINES.					
	VAPEUR.	EAU.	VENT.	CHEVAUX.	BRAS.	TOTAUX.
1815........	»	»	»	1	»	1
1817........	1	1	1	4	3	10
1820........	3	16	2	51	19	91
1822........	20	34	2	90	22	168
1823........	73	37	6	57	7	180
1830........	84	41	8	52	4	189
1842........	90	29	2	4	»	125
1847........	86	24	»	»	»	110
1857........	103	17	»	»	»	120
1860........	102	19	»	»	»	121

De 1822 à 1830, le nombre des sucreries augmenta rapidement ; chacun voulait avoir sa petite usine, et encore beaucoup maintenant ambitionnent le titre de sucrier. Pourtant, en 1830, à la suite de mécomptes résultant de faux frais, presque aussi considérables dans une petite usine que dans une grande, il fallut bien réduire le nombre de ces usines, et installer plus en grand celles restantes.

Nous donnons ici l'état actuel des produits de la colonie, avec détail par commune et par nombre de sucreries. Ce travail est extrait de notes fournies par MM. les maires ; nous les avons toutefois contrôlées au moyen de documents pris à la douane et à d'autres sources.

CAMPAGNE DE 1859-60. *Résumé des produits de la colonie.*

COMMUNES.	SUCRERIES.	SUCRE PRODUIT.	HECTARES CULT.
Saint-Denis............	5	3,150,000	900
Sainte-Marie............	16	7,162,000	3,100
Sainte-Suzanne..........	11	5,700,000	1,900
Saint-André............	8	4,157,000	1,600
Saint-Benoît............	15	12,000,000	7,000
A reporter......	55	32,169,000	14,500

COMMUNES.	SUCRERIES.	SUCRE PRODUIT.	HECT. CULTIVÉS.
Report..	55	32,169,000	14,500
Sainte-Rose.	4	2,200,000	1,900
Saint-Philippe	1	550,000	500
Saint-Joseph.	4	2,150,000	2,100
Saint-Pierre.	19	13,000,000	11,500
Saint-Louis.	12	6,350,000	5,000
Saint-Leu.	9	5,900,000	3,400
Saint-Paul.	17	6,150,000	10,000
Totaux.	121	68,469,000	48,900

La récolte de 1860-61 a produit plus de 73,000,000 kil.

Le rendement du vesou en kilogrammes de sucre est naturellement variable selon le degré de maturité des cannes, la nature du
sol, et aussi selon que l'année a été plus ou moins chaude, plus
ou moins pluvieuse. Toutefois, on peut considérer comme une bonne
fabrication celle où 1,000 litres de vesou à 12° rendent 180 kilog.
de sucre de belle nuance; car il est évident que les sucres non tur-
binés ou encore colorés par du sirop donneront, en qualité inférieure,
un rendement supérieur à celui obtenu avec du beau sucre.

Dans les conditions actuelles, le sucre ordinaire se vendant aux
environs de 50 francs les 100 kilogr., une sucrerie qui fait 500,000
kilog. de sucre, vaut, terres, usine, charrois et contrats d'engagés
qui y sont attachés, environ 1,000,000 de francs.

Une industrie que l'on ne peut séparer de celle du sucre, est la
fabrication du Rhum, extrait de la fermentation d'un mélange d'eau
et de gros sirop ou mélasse. Le rhum fabriqué à Bourbon est de la
plus mauvaise qualité, et se consomme presque entièrement dans le
pays: la production en est donc limitée. Aussi laisse-t-on perdre
une notable partie des mélasses, qui n'ont aucune valeur. Le rhum,
nuisible à la santé de la classe des engagés, ainsi qu'à celle d'un
certain nombre d'individus de la population locale, est une véritable
plaie pour le pays, mais un des articles les plus importants du budget
des recettes. Le grand nombre d'arrêtés et de mesures prises au
sujet de cette matière indiquent suffisamment le combat des deux

éléments de la question : moralité et impôt, le gouvernement augmentant ou diminuant les droits de fabrication : dans le premier cas pour élever le prix de la vente, et par conséquent l'entraver ; dans le second cas, au contraire, pour augmenter le débit qui devient alors très-important, et par suite accroît considérablement les rentrées du trésor. Cet état de choses n'ayant rien de stable, nous ne pouvons que donner un chiffre de fabrication moyenne, qui nous a semblé être pour les dix dernières années de 1,600,000 litres.

Une autre industrie, liée en partie à celle du sucre, est celle des sacs ou emballages, que fabrique la population pauvre avec les feuilles du Vacoua (*Vinsonia utilis* Gaudi).

D'autres plantes analogues, à feuilles plus petites, existent aussi, à Bourbon, à l'état sauvage (*Pandanus purpurascens* P. Th. ; *humilis* Rumph. ; et *bromeliæfolius* Desf.). Les sacs fabriqués avec le vacoua doivent contenir 75 kilog. de sucre, et l'on met double emballage. Bien que ces sacs se fabriquent un peu partout, la plus grande partie vient des communes de Sainte-Rose et de Saint-Philippe, dont certains terrains pierreux ne sont bons qu'à produire le vacoua, plante peu difficile, et qui pousse dans tous les sols.

Il se fabrique annuellement à Bourbon, pour le sucre et pour les autres denrées, environ 3,000,000 de sacs qui se vendent, l'un :

A Saint-Denis,	0ʳ65ᶜ
A Saint-André,	0,55.
A Sainte-Rose,	0,50.
A Saint-Philippe,	0,45.
A Saint-Pierre,	0,55.
A Saint-Paul,	0,60.

INDUSTRIES DIVERSES

L'industrie, à Bourbon, ne produit que pour les besoins locaux, aucune fabrique et aucun atelier n'exportant de produits.

Nous ne parlerons pas des métiers connus : des maçons, charpentiers, forgerons, bourreliers, cordonniers, tailleurs, bijoutiers, peintres, tonneliers, ferblantiers, etc., etc., enfin de tout ce qui touche aux besoins immédiats d'une population, mais nous devons faire connaître que l'industrie sucrière a nécessité la création de quelques usines où l'on fait assez bien les travaux de fonderie et d'installation ou de réparation des machines. Il y a aussi dans le pays quelques briqueteries, scieries, et chaufourneries. Malgré les masses de madrépores qui entourent une partie de l'île, les navires ont encore quelquefois avantage à apporter de France de la chaux en pâte toute préparée. Quant aux briques, elles sont d'une assez médiocre qualité, et celles de France leur font une concurrence redoutable.

Une industrie plus importante, à cause de la grosse mer qui bat constamment les rivages de Bourbon, est celle des constructions navales. Autrefois, les transports de quartier en quartier et de terre à bord des navires se faisaient avec des pirogues creusées dans des troncs d'arbres ; maintenant, ces pirogues ne servent plus qu'à la pêche du poisson à la côte, ou à quelques milles au large. Les transports de terre à bord se font avec des chaloupes, et le cabotage, de rade en rade, au moyen de bateaux de 10 à 30 tonneaux; il y en a même de plus forts qui font les voyages de Maurice et de Madagascar. Or tous ces bateaux sont faits dans la colonie et surtout à Saint-Pierre, où l'on a même construit et envoyé à Bordeaux un navire de 300 tonneaux.

Il nous est impossible encore de passer sous silence l'imprimerie, qui, bien que datant de ce siècle, est représentée à Bourbon par 5 ou 6 établissements, l'un desquels emploie une presse mécanique.

La lithographie, qui ne date que de 12 ans, s'est remarquablement améliorée, et *l'Album de la Réunion*, publication locale, est un spécimen des progrès réalisés par les deux modes d'impression cités ci-dessus.

La Réunion possède une foule de plantes oléagineuses, et pourtant produit à peine quelques litres d'huile, que divers habitants font pour leur consommation. Les abeilles y viennent admirablement, et malgré cela, la colonie tire de l'Inde une partie de la cire qu'elle emploie. Il n'y a que peu d'années qu'elle utilise ses écorces pour le tannage de quelques cuirs. Elle envoie souvent ses bois en France, d'où ils lui reviennent sous forme de meubles. Malgré sa richesse en bois de tour, on serait fort embarrassé pour y faire confectionner un étui ou un jeu d'échecs. Enfin depuis quelques années seulement on peut parcourir les routes de la colonie dans des voitures partant à heures fixes.

On aurait tort de conclure de ce qui précède que les créoles ne sont pas industrieux, car nous avons eu maintes fois lieu de nous convaincre du contraire. Ils deviennent, quand ils veulent, d'excellents ouvriers et d'habiles contre-maîtres; mais, à valeur égale, tout ce qui peut venir d'Europe aura toujours, à Bourbon, la préférence sur les produits locaux, qui, du reste, sont généralement plus chers, à cause du prix élevé de la main-d'œuvre, vraie pierre d'achoppement contre laquelle vient se briser le bon vouloir de ceux qui essaient d'introduire à Bourbon des industries ou des cultures nouvelles.

Dès 1836, et dans les années suivantes, on essaya la production de la soie. Le mûrier (*Morus australis* Poir.), introduit par la Compagnie des Indes, se trouvait à l'état sauvage dans tous les champs, où les oiseaux en semaient la graine. Rien n'était donc plus facile : malheureusement les encouragements furent mal appliqués, et les efforts

mal dirigés. Au lieu de favoriser la construction d'une foule de petites magnaneries, le gouvernement dépensa 100,000 francs en pure
perte, à Salazie, pour créer un vaste établissement modèle et surtout une filature. On voulait à toute force produire de la soie, quand il
aurait fallu se contenter de produire des cocons, qui se seraient si bien
vendus sur les marchés de France. Quand on pense qu'il eût été, ou
plutôt qu'il est possible de produire 10 à 11 éclosions par an,
on se demande comment l'administration a été assez mal inspirée
pour offrir des primes à la sortie de la soie : il eût été beaucoup plus
sage de n'en accorder qu'à celle des cocons. Pourtant les aver-
tissements ne manquèrent pas. Nous terminons en reproduisant un
des nombreux articles publiés dans les journaux de l'époque, par M.
Vassal père.

« Depuis plusieurs années, on a fait dans tous les quartiers de notre
» pauvre île Bourbon de nombreux essais d'éducation de vers à
» soie, qui ont produit d'une manière extraordinaire beaucoup de
» soie et d'une qualité supérieure. L'expérience faite, il y a deux ou
» trois mois, chez M. Boyer, par une commission du comité d'agri-
» culture, porte la preuve que l'industrie de la soie sera une source
» de richesse, quand on voudra l'exploiter dans ce pays.

» La bonne routine d'élever des vers à soie étant encore incon-
» nue, et aucune plantation régulière de mûriers n'existant en-
» core, ces essais ont dû être imparfaits, les vers ayant souvent
» manqué de nourriture. Je me suis servi du terme routine, et c'est
» la chose qui existe ; car les personnes qu'on doit généralement
» employer à élever les vers à soie ne seront pas toujours des gens
» de science.

» Dans tous les pays où l'on fait de la soie, ce sont, en général,
» les pauvres familles, hommes, femmes, enfants, et même les in-
» firmes, qu'on emploie à élever les vers.

» Les riches achètent les cocons pour les faire dévider, et filer la
» filoselle. Or, il y a travail et profit pour tout le monde.

» Pour accélérer l'industrie de la soie à Bourbon, et la rendre
» promptement générale, le meilleur moyen serait de faire voter par
» chaque conseil de commune, cent journées de noirs pour établir
» un petit et bien simple modèle de magnanerie. Avec cent jour-

» nées de noirs, un membre du conseil communal, sous l'inspec-
» tion du maire, ferait planter cent gaulettes de terre en boutures
» de mûrier sauvage, à trois pieds de distance dans le rang et à un
» pied sur la ligne ; ensuite, construire un hangar de 25 pieds de
» long et 9 de large, bordé et couvert en paille, sur la propriété d'une
» pauvre famille ; au centre de ce hangar on mettrait, en piquets
» et gaulettes, un échafaudage de 7 pieds de haut, 3 de large, afin
» de pouvoir faire trois ou quatre étais de tablettes pour placer les
» vers. Dans un pareil hangar, en réglant sagement la coupe des mû-
» riers, on pourrait élever, chaque mois de l'année, une once de
» graine de vers à soie. Avec ce petit sacrifice, la commune aurait
» enrichi une famille. Cet établissement serait bien vite imité par
» les voisins, et de proche en proche, la misère qui nous poignarde
» disparaîtrait. »

Nous donnons ici deux tableaux que nous croyons pouvoir être
d'une certaine utilité dans diverses industries.

Tableau concernant quelques bois de l'île de la Réunion.

NOMS VULGAIRES.	NOMS SCIENTIFIQUES.	POIDS du mètre en kilogrammes.		PERTE de volume en séchant.	NOTES et Observations.
		vert.	sec.		
		kil.	kil.	mèt.	
Banane,	Casearia fragilis, *D. C.*	880.1	702.9	0.037	Rare, gauchit.
Bancoulier,	Aleurites triloba, *Forts.*	721.8	488.7	0.075	Rare, bois cultivé.
Bassin rouge,	Blackwellia paniculata, *Lamk.*	1179.6	851.6	0.056	Travaille un peu.
Bassin blanc,	Blackwellia paniculata, *Var.*	1061.4	856.5	0.056	A à peine gauchi.
Blanc à petites feuilles,	Hernandia ovigera, *Spreng.*	589.0	348.9	0.083	Se pique facilement.
— à grandes feuilles,	Gastonia cutispongia, *Lamk.*	876.6	489.6	0.052	Se pique un peu.
Filao,	Casuarina lateriflora, *Idem.*	1138.8	968.7	0.096	Pourrit vite à l'air.
Gaulette,	Cupania alternifolia, *Pers.*	1190.6	1110.8	0.060	Très-bon bois.
Gouyavier marron,	Ludia sessiliflora, *Linn.*	1073.2	823.2	0.071	Gauchit beaucoup.
Jam-Rosa,	Jambosa vulgaris, *Idem.*	1119.7	865.5	0.093	A gauchi.
Jaune,	Ochrosia borbonica, *Gmelin.*	856.2	731.9	0.032	A très-peu travaillé.
Judas,	Cossignia borbonica, *D. C.*	1179.1	1116.2	0.067	Très-dur, rare.
Natte à petites feuilles,	Imbricaria petiolaris, *D. C.*	1130.6	1039.1	0.108	Résiste aux intempéries.
— à grandes feuilles ou grande natte,	— maxima, *D. C.*	1014.1	851.0	0.113	Bois d'ébénisterie.
Noir des Hauts (ébène),	Diospyros melanida, *Poir.*	1083.5	929.0	0.094	A beaucoup travaillé.
Olive blanc,	Olea lancea, *Lamk.*	1138.8	1074.1	0.034	Bon bois de tour.
Puant,	Fœtidia mauritiana, *Idem.*	1250.0	1115.1	0.092	Rare, incorruptible.
Rampart,	Securinega nitida, *Willd.*	1131.8	857.1	0.154	A beaucoup travaillé.
Rongle ou Ronde,	Erythroxylon longifolium *Lamk.*	1078.8	873.6	0.043	Bois de tour, etc.
Rouge à grandes feuilles,	Elœodendron orientale, *Jacq.*	975.5	803.6	0.084	A gauchi.
— à petites feuilles,	Idem. Idem, *Var.*	1186.7	1038.1	0.104	A un peu gauchi.
Tacamahaca blanc,	Calophyllum, *Willd.*	931.9	802.0	0.078	Bon bois de charpente.
—rouge,	Idem. idem, *Var.*	775.9	665.9	0.057	— do — bordages de navires.
Tau rouge,	Weinmannia macrostachya, *D. C.*	878.4	620.5	0.071	A beaucoup travaillé.

POIDS DU MÈTRE CUBE DE DIVERSES SUBSTANCES.

Briques du pays de 0^m225 de longueur, 0^m116 de largeur et 0^m037
d'épaisseur.   1635 k.

Sable basaltique.	2470
Sable blanc (madréporique).	1323
Tuf en poudre.	1228
Pouzzolane en poudre.	1186
Lave très-poreuse.	1938
d° poreuse.	2216
d° peu poreuse.	2392
Lave avec olivine (péridotite).	2589
— avec peu d'olivine (basanite).	2920
Basalte.	3035
Trachyte de la rivière Saint-Étienne.	2520
Corail compacte (très-variable).	1950
Chaux de corail en poudre (d°).	753
d° d° en pâte (d°).	1413

COMMERCE

Le commerce, à Bourbon, n'a qu'un mouvement bien restreint, puisqu'à part quelques transactions avec Madagascar, il se résume dans l'importation des denrées alimentaires ou autres articles nécessaires à la population locale, et dans l'exportation des produits du sol qui sont le sucre et un peu de café. (Les chiffres de ces produits et leur valeur se trouvent naturellement donnés au chapitre *Statistique*.)

Les commerçants de Bourbon font tous plus ou moins la banque, prêtant aux sucriers au taux de 12 %, augmenté des commissions, etc., qui viennent élever considérablement cet énorme intérêt, dont les sucriers grèvent à leur tour les planteurs qui ont recours à eux pour des avances. Heureux encore les sucriers et les planteurs, si une clause du contrat n'engage pas la vente de leur récolte à un prix déterminé à l'avance, et qui est souvent au-dessous du cours présumé de l'époque à laquelle aura lieu la livraison de la denrée.

Il n'y a à Bourbon que trois villes de commerce ayant des relations directes avec l'extérieur; ce sont : Saint-Denis, Saint-Paul et Saint-Pierre. Saint-Paul, par son voisinage de Saint-Denis, perd beaucoup de son importance; aussi, les arrivages de l'extérieur y sont-ils moindres qu'à Saint-Pierre, qui fait cependant immensément moins d'affaires que Saint-Denis. Quant aux exportations, elles se font par chaque rade. Il s'embarque beaucoup plus de sucre à Saint-Pierre qu'à Saint-Paul, parce que d'abord la commune de Saint-Pierre produit davantage, et qu'ensuite tous les sucres de Saint-Louis, et en partie ceux de Saint-Joseph et de Saint-Philippe, se chargent aussi dans cette localité.

Si l'ouverture du canal de Suez n'avait pas lieu, la Réunion aurait l'espoir de faire le commerce de transit entre la France et les nouveaux centres commerciaux ouverts par les campagnes de Chine et de Cochinchine ; mais, dans l'état actuel, comme elle n'aura rien à envoyer dans ces deux pays, elle peut tout au plus espérer d'en tirer des travailleurs, genre de trafic qui nécessitera toujours l'intervention directe du gouvernement, si l'on ne veut voir se renouveler les faits regrettables qui ont forcé d'arrêter l'immigration des naturels de la côte d'Afrique.

Si la France prenait pied d'une manière plus sérieuse dans la grande île de Madagascar, la Réunion verrait notablement augmenter son importance ; mais seulement pour un nombre d'années limité, car il est bien certain que la nouvelle colonie, possédant des ports naturels et de vastes baies, la Réunion cesserait bien vite de lui servir d'intermédiaire entre la France et l'Europe.

Le commerce de Bourbon est si peu régulier, que quelquefois les articles de première nécessité manquent presque complétement. Cela est même arrivé pour le poisson sec, et souvent pour la bougie, le savon, l'huile et une foule d'articles, dont les prix montaient alors d'une manière incroyable. Souvent aussi, quand aucun envoi important n'est attendu, il arrive à tel négociant d'acheter tout ce qui reste sur la place de telle ou telle denrée ; alors il fait la loi, vend au prix qu'il veut, et jamais, que nous sachions, ce fait assez commun n'a été réprimé par le gouvernement ni même flétri par la voix publique. Nous sommes heureux d'avoir à ajouter que, non-seulement certaines maisons n'ont jamais commis ce délit, mais que d'autres s'y sont opposées de tout leur pouvoir. Nous pourrions même en citer, qui en prévision d'un accaparement de certains objets de première nécessité, ont accaparé elles-mêmes et ont ensuite vendu au cours ou avec un bénéfice fort restreint.

Si nous faisons l'historique de ce qu'a été le commerce à Bourbon, nous voyons que, d'abord réduit à quelques échanges avec les navigateurs, il fut plus tard réuni tout entier entre les mains de la Compagnie des Indes, qui sous des peines sévères s'était réservé le monopole des importations et exportations, gagnant toujours cent pour cent sur ce qu'elle vendait, et fixant elle-même au plus bas prix la valeur des choses qu'elle achetait. Il arriva même que quand l'abondance de la récolte la gênait, elle faisait détruire la portion qu'elle n'achetait pas, afin, disait-elle, de ne pas avilir les prix.

La Compagnie essaya bien, de 1741 à 1746, d'autoriser la liberté de commerce, ne se réservant que le produit des droits d'entrée et de sortie ; mais elle revint bien vite sur cette mesure, qui avait été très-favorable aux producteurs.

Après la rétrocession au roi, l'état commercial ne fut guère plus prospère. La colonie voisine absorbait tout le trafic, et les navires refusaient de venir à Bourbon, qui n'avait pas de port de refuge. Cet état de choses, heureusement déjà modifié, le sera plus encore par la création d'un port à la Réunion, et surtout par les nouvelles mesures commerciales qui viennent d'être décrétées. Sans chercher à prévoir quel sera le résultat de la liberté de commerce accordée aux colonies, nous pouvons affirmer que la masse de la population y gagnera considérablement.

En juillet 1829 le gouvernement créa à Saint-Denis un *Bureau du Commerce*, qui fut remplacé le 7 avril 1830 par une chambre de commerce siégeant au même lieu, et à la nomination de laquelle concourt une partie des patentés de toutes les communes de l'île. Disons toutefois qu'il est souvent impossible de réunir assez d'électeurs pour nommer les membres de cette assemblée, et que le gouvernement a dû prendre des mesures pour ne pas arrêter la marche de ce service. Nous ne pensons pas que la tiédeur des commerçants de Bourbon pour la chambre qui les représente provienne de son inutilité ; mais nous en déduisons que, probablement, les bases sur lesquelles est fondée cette institution sont mauvaises, puisqu'elle est sans action, et qu'elle n'a même pas eu assez d'influence pour faire établir à Bourbon une bourse où se traiteraient les affaires, chacun aimant mieux trafiquer dans son petit cercle.

Le commerce de la Réunion possède un certain nombre de navires, et il est intéressé dans l'armement d'un grand nombre d'autres. Ceux qu'il possède en propre sont au nombre de 17, jaugeant ensemble environ 4000 tonneaux, et portant bien davantage. Il y a, en outre, dans le pays, 36 bateaux caboteurs grands et petits, jaugeant ensemble 696 tonneaux.

GOUVERNEMENT, ADMINISTRATION,

SERVICES PUBLICS ET FORCES MILITAIRES.

La colonie de la Réunion est, aux termes du sénatus-consulte du 3 mai 1854, administrée par un GOUVERNEUR, représentant de l'Empereur et du Ministre de la marine. Ce haut fonctionnaire est chargé du commandement général et de la haute administration de la colonie.

Les pouvoirs militaires ont toujours été entre les mains du Gouverneur ; toutefois, en 1836, il fut créé un poste de commandant militaire, dont le titulaire était le second chef de la colonie ; mais ces fonctions furent supprimées à la fin de 1855.

L'ordonnance organique du 21 août 1825, et celle modificative du 22 août 1833, donnent tous les détails de distribution des pouvoirs entre les divers chefs d'administration qui sont : l'Ordonnateur, le Directeur de l'intérieur et le Procureur général.

Un Contrôleur colonial correspondant directement avec le ministre a droit d'observation sur une grande partie des actes des administrateurs ; il assiste aussi aux séances du conseil privé, que le gouverneur préside.

Le Conseil privé, créé par l'ordonnance du 21 août 1825, est placé près du gouverneur pour éclairer ses décisions, et en partager au besoin la responsabilité. Il est composé, en outre des chefs d'administration précités, de deux habitants notables, qui ont des suppléants.

Quand le conseil privé se trouve avoir à traiter des questions religieuses ou d'instruction publique, l'évêque doit être appelé, et a voix délibérative.

Un secrétaire archiviste est chargé de la rédaction des procès-verbaux. Quand le conseil privé se constitue en conseil du contentieux administratif ou en commission d'appel, il s'adjoint deux magistrats, et le contrôleur y exerce alors les fonctions de ministère public.

On peut toujours en appeler au conseil d'État des décisions du conseil privé, constitué en conseil du contentieux administratif.

Nous avons déjà dit que le gouverneur avait la plénitude des pouvoirs militaires et la haute direction des affaires ; toutefois, les détails qu'il ne saurait embrasser ont été placés entre les mains de trois chefs d'administration.

L'ORDONNATEUR, représentant du ministre pour toutes les dépenses de la guerre, de la marine et des finances, a des attributions très-étendues, surtout en ce qui concerne les approvisionnements, les classes, l'inscription maritime, le service de santé, etc., etc. Mais, comme toutes ces attributions ne touchent pas directement le pays, et ne concernent guère que la marine militaire, nous ne traiterons pas plus longtemps les questions qui se rattachent à ce service. Pourtant, une branche importante que nous ne pouvons passer sous silence est celle du trésor, qui se trouve placé dans le service de l'ordonnateur.

Le *Trésorier général* est payeur, receveur-général des finances de la colonie et trésorier des Invalides de la marine. Il a sous ses ordres un trésorier particulier dans la partie sous le vent, et des percepteurs dans chaque commune. Par lui et par ses agents, son service centralise les comptes de toutes les recettes et dépenses au compte de la métropole, de la colonie et des communes.

Le PROCUREUR GÉNÉRAL a la direction des affaires judiciaires. Traitant ces questions dans une note spéciale, nous nous contenterons de dire ici que l'administration de ce fonctionnaire comprend tout le personnel des magistrats, juges, avocats, avoués, notaires, etc.

Il nous reste à parler de l'administration la plus importante, celle qui se rattache le plus aux intérêts du pays, la Direction de l'Intérieur. Le chef de ce service, dont les attributions, quoique plus étendues, sont toutefois analogues à celles cumulées des préfets et sous-préfets de France, s'occupe de la direction et de la surveillance de tous les services civils de la colonie. Le décret du 23 décembre 1857 donne tous les détails relatifs aux pouvoirs de ce haut fonctionnaire, dont l'influence sur les affaires de la colonie et, par suite, la responsabilité, sont très-considérables.

Il est secondé par un secrétaire-général et par des chefs de bureaux. Les chefs de service sous ses ordres sont :

1° Le *directeur de l'Enregistrement et des Domaines,* qui a aussi dans ses attributions l'administration des *successions* ou biens vacants et celle des *eaux et forêts.* L'importance de ces fonctions se conçoit facilement, eu égard au désordre qui a régné et règne encore dans la concession et la division des terres. Le service des eaux et forêts, dont l'influence serait si grande à la Réunion, n'est malheureusement composé que d'employés sans connaissances spéciales, et dont la bonne volonté ne peut remplacer les études nécessaires à leurs fonctions. Quant aux agents inférieurs, mal payés et peu nombreux, leur action est complétement nulle.

2° Le *directeur des Douanes,* dont le service est organisé sur le pied de France, et dirigé par des agents appartenant en grande partie à la métropole. Pour cette raison ou pour toute autre, on peut dire que ce service est un de ceux qui marchent le mieux.

3° Le chef du *service des Contributions,* qui a sous ses ordres, outre tout le personnel des contrôleurs, celui de surveillance des distilleries et aussi le service de la poste aux lettres ; ce dernier service, un des plus anciens puisqu'il date de 1784, laisse encore beaucoup à désirer, par suite de la parcimonie de l'administration, qui, allouant aux préposés des communes des émoluments trop minimes, ne peut exiger que ces fonctionnaires soient toute la journée à la disposition du public. Il est telle ville qui est obligée de donner un supplément au préposé de la poste pour obtenir qu'il tienne son bureau ouvert huit heures par jour.

4° Nous suivons ici le classement officiel, et, comme lui, nous ne plaçons à regret qu'en quatrième ligne le service de *l'Instruction publique,* à la tête duquel est placé, comme chef, un inspecteur nommé par le ministre. Outre la commission centrale d'instruction publique, il y en a une spéciale dans chaque commune.

On vient de créer dernièrement une commission d'examen chargée de délivrer des brevets provisoires de capacité, remplaçant, en partie, dans les facultés de France, celui de bachelier.

L'instruction publique étant traitée dans un chapitre spécial, nous n'en parlerons pas davantage.

5° *Le service des Ponts et Chaussées,* dont le chef a une responsabilité considérable, puisque de sa capacité ou de sa bonne direction dépend le bon ou le mauvais emploi des fonds de la colonie, qui en dehors des dépenses courantes sont tous employés aux travaux publics.

Composé autrefois presque entièrement de fonctionnaires européens, le personnel des ponts-et-chaussées a été dans ces dernières années recruté exclusivement parmi les créoles, et ce, par réaction contre l'administration métropolitaine, qui envoyait de France, au moins pour une notable partie, des protégés incapables de remplir les fonctions qui leur étaient confiées. Malheureusement, l'avenir offert aux jeunes fonctionnaires créoles n'étant pas en rapport avec la position que leurs relations leur permettent de se créer, presque tous les plus capables ont donné leur démission, de sorte que ce service n'offre plus à son chef, dont les capacités sont appréciées par tous à la Réunion, les moyens de faire marcher convenablement les travaux.

Le service des Douanes et celui de l'Instruction publique, qui se trouvaient autrefois dans la même position, ne se sont relevés que par l'assimilation complète aux services de France, et nous pensons que celui des ponts et chaussées ne rendra de services réels à la colonie que quand son personnel appartiendra complétement au corps métropolitain, qui serait alors seul chargé de le recruter. Il resterait aux jeunes créoles qui auraient étudié dans les bureaux et les ateliers de la colonie, la ressource d'aller en France passer des examens que l'on considérerait alors comme plus sérieux, et qui leur donneraient un relief qu'ils n'obtiendront jamais en ne quittant pas leur pays.

Cette question est fort grave; et à la Réunion, plus que partout ailleurs, on a pu s'apercevoir, sans parler d'autres considérations tout aussi importantes, qu'une route mal tracée est une calamité publique, permanente, dans laquelle l'argent dépensé n'est qu'un des plus petits malheurs. Il est tel pont, celui de la rivière des Roches, par exemple, qui mal placé a déjà entraîné plus d'un million de dépenses, sans que l'on puisse garantir sérieusement la durée des ouvrages existants, posés sur un sol affouillable. Or, si en 1825, alors qu'il n'y avait ni routes, ni ponts, ni intérêts particuliers engagés, on avait placé le pont quelques centaines de mètres plus loin du bord de la mer, ce pont primitif serait probablement encore en place; et, chose plus grave, la commune de Saint-Benoît n'aurait pas été grevée, en dehors du million dépensé par la colonie, d'un surcroît de dépenses sur toutes les denrées, par suite des difficultés résultant de l'interruption des communications.

Si nous nous sommes étendus plus longuement sur ce service, c'est que nous en connaissions bien le fort et le faible, et que l'on ne saurait trop répéter à la colonie que ses progrès étant liés en partie à ceux des travaux publics, c'est à elle à s'arranger de manière à avoir pour ce service, non-seulement un personnel capable et complet, mais encore quelques doubles pour parer aux maladies, absences, et autres causes de mouvements. Dans ce personnel, un fonctionnaire inférieur ne peut pas toujours remplacer un supérieur; parce que, chez le premier, l'absence de connaissances spéciales ou pratiques peut lui faire prendre une fausse mesure, qui paraît d'abord peu importante, mais dont les suites sont souvent désastreuses.

6° Le *service de la Police* n'est placé qu'en sixième ligne dans l'ordre de ceux dépendants de la direction de l'intérieur; encore passons-nous celui de la *Vaccine*, dont l'importance est toutefois assez grande, eu égard surtout à l'introduction des masses d'émigrants qui se font à Bourbon, et des épidémies de variole dont le pays a eu tant à souffrir.

Revenant donc au service de la police, nous dirons qu'il péche par la base, ne trouvant à recruter ses agents inférieurs que dans la classe infime de la société, et n'obtenant pour eux, même vis-à-vis des Indiens et autres engagés, ni prestige ni influence. Sans le service de la gendarmerie, qui fait la sûreté du pays, il est bien certain que les agents de police seraient dans l'impossibilité d'y maintenir l'ordre. Ne serait-il pas possible de remplacer cette foule d'agents par un certain nombre de gardes recrutés en France, comme on le fait pour la gendarmerie, et qui seraient tenus et organisés en corps régulier ? Tel ou tel fonctionnaire aurait moins de plantons ou de domestiques à son service ; mais l'ordre, et par suite le pays s'en trouveraient mieux. Que peut-on du reste espérer d'agents qui gagnent moins que des manœuvres, et qui, par conséquent, dans un pays où les bras manquent au travail, n'entrent dans le corps des gardes de police que pour ne *rien faire?* Citons ce fait, que des voleurs ont pu, à Saint-Denis, ville éclairée toute la nuit, enlever deux énormes coffres-forts qu'ils ne pouvaient forcer, les transporter à bras jusque dans la campagne en traversant toute la ville, et là les briser à leur aise sans crainte des voisins.

La police, dirigée par un commissaire central, qui a sous ses ordres deux ou trois commissaires principaux et un nombre suffisant de commissaires de police, a aussi dans ses attributions le syndicat des gens de travail et tout le personnel des ateliers de discipline.

En outre des services ci-dessus cités sont encore dans les attributions du directeur de l'intérieur, en suivant toujours l'ordre officiel, les *bureaux de bienfaisance,* les *écoles professionnelles* et autres *établissements* dits *de la providence,* dirigés par des révérends pères, la *léproserie,* le *jardin botanique,* la *bibliothèque publique,* la *vérification des poids et mesures,* la *chambre d'agriculture,* celle de *commerce* et celle des *agents de change,* les *expositions annuelles,* de l'agriculture, de l'industrie et des beaux-arts (il n'y en a encore eu que cinq), le *muséum d'histoire naturelle,* et la *surveillance des administrations municipales.* Le directeur de l'intérieur est aussi le représentant de l'administration au *conseil général,* assemblée représentant le pays, autant que peut le faire un conseil nommé moitié par le gouvernement et moitié par les conseils municipaux, nommés eux-mêmes par le gouverneur. On doit reconnaître toutefois que ce conseil a, malgré son origine, une indépendance quelquefois embarrassante pour l'administration, qui a du reste le droit d'annuler ses votes en tout ce qui ne concerne pas le budget des dépenses facultatives, le conseil général pouvant augmenter, mais jamais réduire le budget des dépenses obligatoires qui lui est présenté. En dehors du budget, les attributions de ce conseil sont tellement restreintes que son influence sur les affaires du pays est presque nulle. Le délégué que le conseil envoie en France pour y représenter la colonie peut au contraire faire beaucoup pour le pays, selon qu'il a plus ou moins de zèle et de capacité. Ajoutons que pour les quelques années écoulées depuis l'établissement de cette institution, le conseil a eu la main heureuse.

LES FORCES MILITAIRES se composent des *milices* et des troupes européennes. Dès sa naissance, la colonie eut à se défendre contre les esclaves fugitifs qui provenaient des Malgaches amenés par les premiers habitants qui durent s'organiser pour se défendre ou pour aller attaquer les Marrons dans leurs retraites. En 1718, ce service se régularisa et devint obligatoire vers 1739 ; mais *la milice* ne fut sérieusement constituée que par l'ordonnance du roi du 1er août 1768, qui ne reçut son application à Bourbon que le 2 janvier 1770.

C'est aux milices que l'on dut de conserver le drapeau tricolore jusqu'en 1810. Leur défense contre les invasions anglaises furent souvent de brillants faits d'armes, où la milice de Saint-Benoît se distingua au premier rang, lors de la défense de Sainte-Rose. A cette époque, la milice comptait pour toute la colonie, 6 compagnies de canonniers, 6 de grenadiers, 21 de chasseurs et 2 de dragons, formant en tout 2,496 hommes, non compris les corps de réserve.

Il est probable que si les créoles en sentaient la nécessité, la milice se réorganiserait encore sérieusement ; mais nous devons dire que dans l'état actuel, cette force militaire n'est prise au sérieux par personne, et que le service se fait avec un laisser-aller incroyable. Il est même telles communes où l'administration ne parvient pas à trouver un commandant dans toute la population.

Les créoles ont prouvé dans maintes occasions qu'ils vont bravement au feu. Vers 1739, les volontaires de Bourbon combattirent vaillamment dans l'Inde, ainsi qu'en 1758 et années suivantes. En 1772, partis 174, ils ne revinrent que 25. Enfin, en 1779, un corps de volontaires envoyé dans l'Inde fut attaqué en mer par la frégate anglaise le *Cheval marin* : il se défendit héroïquement avec le seul feu de sa mousqueterie, et se fit abandonner après avoir détruit presque tout l'état-major et une partie de l'équipage de la frégate anglaise.

Les créoles, jouissant de tous les droits et prérogatives de Français, n'ont pourtant ni les charges de la conscription, ni même sérieusement celle de l'inscription maritime; ils ont donc mauvaise grâce à ne pas accepter plus franchement l'institution de la milice, à laquelle concourent tous les Européens, même anciens militaires résidant dans la colonie. Il nous paraîtrait juste, si l'on ne veut pas faire sortir de leur pays les jeunes créoles de Bourbon, d'en organiser une partie en corps régulier, par une espèce de conscription locale, et d'exiger d'eux, avec faculté de rachat, un nombre d'années de service déterminé, comme on le fait pour tous les autres Français.

En dehors de la milice, il y a, à Bourbon, divers corps de troupes métropolitaines, savoir : un détachement d'ouvriers d'artillerie, une compagnie d'artillerie et de l'infanterie de marine, en tout, environ 500 hommes.

En 1857, il fut créé par arrêté local une compagnie du génie indigène, dont l'effectif doit être de 150 hommes, et dont le recrutement se fait par engagement volontaire. D'abord payée par le service local, elle a été mise plus tard à la charge de la métropole. Cette compagnie, dont l'effectif est loin du complet, n'a pas encore rendu tous les services que l'on aurait dû tirer de son institution.

Le corps le plus utile à la colonie est la compagnie de gendarmerie dont l'effectif est de 166 hommes; il est réparti dans 17 postes, et rend des services incontestables.

Nous devrions compter dans les forces de l'île de la Réunion, la station navale de la mer des Indes dont elle est le chef-lieu. Cette station était même autrefois commandée par le gouverneur; mais depuis quelques années elle a été mise sous les ordres d'un officier de vaisseau, et le gouverneur ne dispose plus que d'un ou deux petits navires destinés à entretenir des relations suivies avec les postes de Madagascar.

LÉGISLATION

ET ADMINISTRATION DE LA JUSTICE

Antérieurement à 1714, toute législation et justice émanait du commandant de l'île, seul pouvoir officiel. Toutefois, ce pouvoir paraît avoir été souvent tempéré par des réunions de notables.

L'édit de mars 1711 vint modifier cet état de choses en créant à Saint-Paul un conseil provincial, qui n'y fut toutefois installé qu'en 1714. Ce conseil rendait des ordonnances et jugeait toutes les causes ; il était, croit-on, composé de notables, qui nommaient leurs successeurs (N.). Les appels de ce conseil avaient lieu devant le conseil supérieur de Pondichéry.

Le 20 septembre 1724, le conseil provincial fut remplacé par un conseil supérieur nommé par l'édit de novembre 1723, et jugeant en dernier ressort pour l'île Bourbon et l'île de France. Ce conseil fonctionna jusqu'en 1734, époque où il fut transféré à l'île de France, et où un autre fut nommé pour l'île Bourbon.

Le conseil supérieur, comme le conseil provincial, s'occupait de la justice et de l'administration ; il faisait aussi des lois et règlements. Il fut toujours présidé par le gouverneur ou commandant, jusqu'au 13 novembre 1767, date de la promulgation de l'ordonnance du roi du 25 septembre 1766, qui restreignit les attributions

16

du conseil supérieur à celles purement judiciaires, tous les autres pouvoirs restant entre les mains du gouverneur, envers lequel le conseil n'avait qu'un droit de remontrances.

Un édit du roi (octobre 1771) créa un tribunal, dit *Juridiction royale*. Il était composé d'un juge royal, d'un lieutenant de juge, d'un procureur et d'un greffier. A partir de cette époque, le conseil supérieur ne fut plus qu'un conseil d'appel.

L'assemblée coloniale installée à Bourbon en 1790 supprima toutes ces juridictions (le 3 avril 1793), et en créa successivement plusieurs autres aussi embrouillées que les affaires de l'époque. Le pays était tiraillé entre les deux partis qui avaient tour à tour la majorité à l'Assemblée.

En 1790 furent créés des tribunaux de paix, ayant des attributions plus étendues que celles qu'ils ont actuellement, et en 1793, des tribunaux électifs de première instance et d'appel.

L'ordre et la discipline furent rétablis aussitôt après l'arrivée du général Decaen, envoyé comme gouverneur général des deux îles. Il résuma en lui seul tous les pouvoirs administratifs ou judiciaires, et mit successivement en vigueur les codes français avec les modifications imposées par les lieux et les circonstances. Le gouverneur général était représenté à Bourbon par le général Magallon.

Pendant leur occupation, les Anglais ne changèrent rien aux institutions judiciaires; mais lors de la rétrocession de l'île, les tribunaux furent rétablis sur le même pied qu'avant 1790. Peu après, le conseil supérieur fut remplacé par une cour royale, et la juridiction royale par un tribunal de première instance. Les justices de paix furent maintenues, ainsi que le tribunal terrier, supprimé en 1825, et remplacé par le conseil privé jugeant au contentieux.

Après 1830, il y eut à Bourbon divers mouvements, à la suite desquels le gouverneur, conformément au vœu populaire, institua, par arrêté local du 10 avril 1832, un conseil général chargé d'administrer les affaires du pays. La loi du 24 avril 1833 vint, en créant le conseil colonial législatif et électif, régulariser cet état de choses, qui fut largement modifié en 1841, et définitivement supprimé en 1848.

La colonie resta, de 1848 à 1854, soumise aux décrets du pouvoir métropolitain. Elle est maintenant régie par le sénatus-consulte du 3 mai 1854.

Un conseil général a été établi en 1854 ; mais ses attributions, très-restreintes, se résument dans l'émission de quelques vœux et le vote du budget colonial. Encore est-il obligé de sanctionner purement et simplement la partie du budget qui lui est présentée sous le titre de dépenses obligatoires.

Le conseil général est pris parmi les habitants de la colonie, et nommé, moitié par le gouverneur et moitié par les conseils municipaux, qui sont eux-mêmes à la nomination du gouverneur.

Le conseil général nomme tous les trois ans le délégué du pays au comité consultatif des colonies.

Le service de la justice, à Bourbon, est administré par le procureur général. Il se compose d'une cour impériale, à Saint-Denis, et de deux tribunaux de première instance, un à Saint-Denis et l'autre à Saint-Paul. Toutefois, un décret impérial du 6 juin 1857 ordonne le transport du tribunal de Saint-Paul à Saint-Pierre, ville plus au centre de la partie sous le vent.

Les siéges des deux tribunaux sont aussi ceux des deux cours d'assises, qui sont composées de magistrats et d'assesseurs choisis par le gouverneur parmi les notables du pays. Ceux-ci, tirés au sort comme les jurés, jugent concurremment avec les magistrats.

Il y a de plus huit tribunaux de paix dans les principales communes de l'île. Le décret qui ordonne la translation du tribunal de Saint-Paul à Saint-Pierre, prescrit aussi d'installer un neuvième tribunal de paix à Saint-Leu, commune importante qui actuellement dépend du tribunal de paix de Saint-Louis.

Les bases de la législation de la colonie de la Réunion sont les codes français promulgués par le général Decaen, avec les modifications que nous avons indiquées plus haut. Le code civil fut mis en vigueur le 17 octobre 1805 ; il fut suivi, le 25 du même mois, de deux arrêtés modificatifs et complémentaires.

Le code de procédure civile fut promulgué le 1er octobre 1808, et les autres codes à des époques très-rapprochées ; il en fut de même du régime hypothécaire, de l'enregistrement, etc., etc.

Les lois françaises ne peuvent être appliquées à Bourbon qu'après y avoir été promulguées à la suite de décisions du pouvoir métro-politain. On a mis en vigueur plusieurs lois et décrets spéciaux sur l'expropriation pour cause d'utilité publique, sur l'introduction des engagés, etc., etc.

Outre les arrêtés que rend le gouverneur sur les détails d'admi-nistration, de police et autres, les maires ont aussi qualité de rendre des *arrêtés municipaux*, qui ne laissent pas quelquefois d'être assez curieux; témoin, celui en vertu duquel on empoisonne tous les chiens errants dans la ville de Saint-Denis (*à Bourbon la rage est inconnue*), et surtout celui rendu à Saint-Paul pour entraver la sortie des denrées alimentaires.

FINANCES, BUDGETS, ETC.

La colonie de Bourbon, fondée par la Compagnie des Indes, posséda d'abord très-peu de numéraire. C'est ce qui força cette compagnie à créer un papier-monnaie, qu'elle donnait en payement aux habitants. Elle émit aussi des bons payables en France, en échange des denrées qu'elle seule pouvait acheter, ne les prenant toutefois que selon ses besoins, et faisant, souvent sans indemnité, jeter à la mer les produits de toute une année, quand elle les trouvait trop abondants, et craignait d'en voir déprécier la valeur. Le gouvernement du roi, en reprenant la colonie des mains de la Compagnie, retira le papier-monnaie de celle-ci, et en introduisit un autre qui fut bientôt déprécié. Le même essai fut aussi tenté en 93, et dut être abandonné quelques jours après. Mais comme il fallait une unité pour les transactions, on admit bien vite la balle de café, qui devint le type, la base des échanges et des contrats pour les affaires un peu importantes, la livre du pays (0 franc 50 cent. divisée en 20 sols) servant d'unité pour les petits achats.

Quant aux impôts, dans un pays où il n'existait et n'existe encore ni cadastre, ni estimation approximative de la surface des propriétés concédées sans mesure et d'une ravine à l'autre, l'impôt foncier ne put d'abord être établi; il ne l'a été depuis que sur les maisons de ville. L'impôt de capitation créé primitivement par tête d'esclave, puis pour toute la population, fut donc la première taxe imposée. Vinrent ensuite les douanes et presque tous les impôts indirects en usage dans la métropole.

Primitivement, toutes les dépenses d'administration et autres concernant l'intérêt général, étaient supportées par la Compagnie des Indes, puis par le roi ; les habitants n'ayant à leur charge que les dépenses purement locales, ou plutôt communales. La seule exception fut, peut-être, l'impôt mis pendant quelques années sur la sortie du café (0 fr. 5 c. par livre), et une taxe prélevée à l'entrée des esclaves ; encore ces impôts cessèrent-ils en 1781.

Pour terminer tout de suite avec ce qui concerne la métropole, disons que si, pendant toute la période révolutionnaire, elle cessa de fournir les fonds nécessaires aux dépenses dites de gouvernement et de protection (état de choses que les Anglais conservèrent naturellement), elle reconnut, dès 1816, que ces dépenses lui incombaient, et sans les prendre entièrement à sa charge, fit à la colonie une subvention de 700,000 francs, qui fut réduite successivement, et n'était plus en 1819 que de 80,000 francs. Toutefois, le principe était sauvegardé.

Nous n'entrerons pas dans le détail de toutes les modifications apportées par les diverses chartes coloniales. Nous nous contentons de donner ici un extrait du budget métropolitain en ce qui concerne la colonie, budget destiné à solder les dépenses de gouvernement et de protection pendant l'année 1861.

Personnel civil.

Gouverneur	60,000 fr.
Administration, contrôle, etc.	200,250
Justice	270,200
Culte	217,100
Divers	36,780
Ensemble	784,330

Personnel militaire.

Etat-major	66,500	
Gendarmerie	404,894	
Compagnie indigène	67,000	
Vivres et accessoires	373,437	
Ensemble	911,831	911,831
A reporter		1,696,161

Report................ 1,696,161

Matériel.

Travaux des ports et rades.......... ... 310,000
Cathédrale........................ 50,000
Casernement....................... 255,300
Divers............................ 92,500

Ensemble.......... 707,800   707,800

Total.......... 2,403,961 fr.

Si l'on ajoute à ces dépenses celles bien plus élevées de station navale et d'entretien des troupes d'infanterie et d'artillerie qui figurent dans l'ensemble du budget du ministère de la marine, on verra que, si la France tire un grand bénéfice du produit de son commerce avec ses colonies, elle intervient, au moins pour une forte partie, dans les dépenses que ces établissements nécessitent.

Rentrons maintenant dans notre sujet, et disons qu'avant 1768 le peu de chemins et de travaux exécutés l'avaient été au moyen de corvées plus ou moins volontaires, mais qu'à cette époque il fut institué un conseil électif, dit *commune générale*, chargé de voter l'emploi des fonds provenant d'un impôt de capitation de 0 fr. 50 cent. à 1 fr. 50 cent. par tête d'esclave.

En 1797, l'assemblée coloniale, qui avait remplacé tous les autres pouvoirs, ne recevant plus de fonds de la métropole, et se trouvant arrêtée dans son administration, vota un impôt de 400,000 fr.; charge énorme, surtout si l'on considère qu'alors il n'y avait presque pas de numéraire dans le pays. Pour parer à cet inconvénient, l'assemblée fit payer l'impôt en girofle ou en café, et solda les dépenses avec les bons de dépôt de ces denrées, qui étaient remises en échange desdits bons, à présentation aux magasins du gouvernement. Ce système d'échange fonctionna admirablement jusqu'à l'époque où l'on put se procurer du numéraire, par la vente des denrées aux navires neutres, presque tous américains, qui payèrent en piastres valant ou plutôt estimées 5 fr. 50 cent. l'une.

Nous avons vu que le budget colonial était, en 1797, de 400,000 fr. Il s'augmenta successivement par la création de nouveaux impôts d'entrée, de sortie et autres, et aussi par suite de l'augmentation des affaires. Voici un tableau indiquant ces augmentations:

Années.	Recettes.	Dépenses.	Observations.
1797.	400,000	389,000	Chiffres réels.
1801.	508,000	439,000	————
1815.	1,480,000	1,397,000	————
1826.	1,964,000	2,021,000	————
1840.	1,736,000	1,844,000	————
1847.	1,521,000	1,635,000	————
1858.	6,229,000	6,183,000	————
1861.	6,303,000	6,916,000	Prévisions.

Dans ces dernières années, toutes les recettes ont été abandonnées à la colonie, à charge par elle de solder une foule de dépenses incombant précédemment à la métropole, qui s'était réservé une grande partie des contributions indirectes. Nous donnons, du reste, ici, quelques détails sur le budget prévu pour l'exercice 1861.

Recettes.

Contributions directes.	1,686,000 fr.
— indirectes.	4,093,000
Produits divers.	524,000
Total.	6,303,000

Dépenses obligatoires.

Solde d'agents de toute nature.	1,648,000
Pensions, hôpitaux, etc..	118,000
Frais de perception.	100,000
Atelier colonial.	225,000
Atelier de condamnés..	275,000
Entretien des routes, ponts et bâtiments.	654,000
Remboursements aux communes..	875,000
Achats d'immeubles, lazarets, phare, loyers, etc.. . . .	397,000

Dépenses facultatives.

Solde d'agents, etc..	144.000
Travaux neufs.	1,435,000
Impressions, etc..	49,000
Instruction publique.	376,000
Subventions..	391,000
Approvisionnement, transport et achats divers.	140,000
Dépenses diverses.	89,000
Total.	6,916,000

Il doit paraître surprenant de voir la colonie dans certaines années dépenser bien au delà de ses recettes. C'est ici le cas de parler de la *caisse de réserve*, fondée par ordre ministériel, et qui date du 1er janvier 1819. Cette caisse se forme au moyen du versement, à la fin de chaque exercice, de l'excédant des recettes sur les dépenses ; elle sert : 1° à compléter les fonds nécessaires à la clôture des exercices dont les dépenses excèdent les recettes ; 2° à solder les dépenses extraordinaires résultant des ouragans et autres calamités publiques.

La somme en numéraire que doit contenir cette caisse a varié selon les époques, et peut être fixée en moyenne à 1,500,000 fr., que l'on y maintient au moyen de prévisions sur les budgets qui suivent les exercices où des prélèvements ont été jugés nécessaires. De même quand son encaisse dépasse le chiffre fixé, on s'empresse de voter un excédant de dépenses égal à la somme qui se trouve en trop dans la caisse de réserve.

Cette sage prévoyance du gouvernement métropolitain a pourtant trouvé de nombreux détracteurs parmi les créoles. Cette opposition contre une institution qui a rendu de si grands services au pays, ne peut être motivée que par la crainte de voir cette réserve employée d'office par ordre venu de France, et aussi parce que, à la suite de désastres, la colonie de la Réunion ayant ainsi des fonds disponibles, n'a pu obtenir certains secours qui ont été accordés aux colonies des Antilles, où on n'a pas créé de réserve semblable à celle qui nous occupe.

Les *Banques* ou caisses d'escompte sont des institutions trop utiles pour ne pas avoir été introduites dans une colonie aussi avancée que celle que nous cherchons à faire connaître. Dès 1821, une caisse d'escompte avait été établie par un arrêté du gouverneur en date du 10 novembre, au moyen d'un prélèvement de 750,000 fr., fait sur la caisse de réserve. Elle put fonctionner, à partir du 1er janvier 1822, et fut remplacée, dès le 25 décembre 1823, par une caisse semblable, mais dont les fonds furent constitués par des particuliers. Cette nouvelle caisse fut supprimée par l'ordonnance du roi du 16 mai 1826, publiée dans la colonie le 12 septembre de la même année, ordonnance qui autorisait l'établissement d'une autre caisse sur des bases plus larges. Cette dernière caisse cessa de fonctionner le 23 décembre 1831, laissant des comptes si embrouillés que les tribunaux n'ont pu encore prononcer sur certaines affaires pendantes, par suite de sa liquidation.

Un comptoir d'escompte a aussi été autorisé le 16 avril 1849. Il commença ses opérations le 29 mai suivant, et ne les cessa qu'à cause de la création de la banque coloniale, instituée par la loi du 30 avril 1849. Cette banque ouvrit ses bureaux le 17 mai 1853, et continue à fonctionner avec une réussite aussi complète que possible, puisque ses actions, émises à 500 francs, valent maintenant 750 fr.

Le capital de la banque coloniale a été prélevé sur l'indemnité accordée aux possesseurs d'esclaves, auxquels on a payé en actions le huitième des sommes qui leur revenaient. Elle émet des billets au porteur, de 500, 100 et 25 francs, ayant cours comme monnaie légale. Son fonds de réserve est d'environ un million.

Disons qu'avant l'institution de la banque, un négociant de Saint-Denis émit une grande quantité de billets au porteur qui étaient parfaitement acceptés comme monnaie courante, et qu'il ne retira de la circulation que quand l'émission de la banque n'en rendit plus le cours nécessaire.

Au moment où nous écrivons, de nouvelles institutions de crédit se créent, et viennent en aide à l'agriculture coloniale. Elles sont trop récentes pour que nous en parlions. Nous nous contentons donc de les signaler.

Il n'en est pas de même d'une institution déjà un peu ancienne, et que M. Hubert Delisle a copiée sur celles de France. Son bon vouloir s'est brisé contre l'apathie créole et l'absence de toute pensée d'avenir dans la classe des travailleurs et des prolétaires : nous voulons parler de la *caisse d'épargne*. Toutefois, la semence est jetée, et il ne faut pas désespérer de la voir fructifier un jour ; car beaucoup gardent de l'argent et l'enterrent, conservant ainsi la vieille habitude des forbans et des Malgaches, qui contribuèrent pour une partie à former la première population de la colonie. Or, enterrer de l'argent n'est-ce pas une folie, dans un pays où l'intérêt légal est de 9 pour cent, et l'intérêt commercial de 12 pour cent ?

Avant de clore ce chapitre, nous croyons devoir donner un aperçu de la richesse relative des diverses communes de l'île. Nous dressons à ce sujet un tableau présentant le résumé de leurs recettes

prévues pour l'année 1858, non compris les budgets additionnels
que les conseils de commune sont autorisés à voter pendant le
cours des exercices.

COMMUNES.	RECETTES.	DÉPENSES.
Saint-Denis.	413,600	Les communes
Sainte-Marie	52,800	n'ayant pas,de caisse
Sainte-Suzanne.	102,000	de réserve, le chiffre
Saint-André.	108,500	des dépenses égale
Saint-Benoit.	132,800	toujours celui des
Sainte-Rose.	38,900	recettes, ou à peu
Saint-Philippe.	19,600	près.
Saint-Joseph.	62,700	
Saint-Pierre.	317,400	
Saint Louis	109,900	
Saint-Leu.	58,800	
Saint-Paul.	255,200	
Salazie.	18,500	

Totaux. . . . . . . 1,690,800 fr.

Nous croyons devoir signaler les détails suivants : l'île de la Réunion
coûte à la France un peu plus de deux millions, c'est-à-dire moins
que la Martinique, la Guadeloupe, la Guyane et même le Sénégal;
elle suffit à ses dépenses intérieures et locales, et ne reçoit aucune
subvention du budget métropolitain.

Nous terminerons ce chapitre par une récapitulation des monnaies, poids et mesures employés à Bourbon.

Le numéraire fut toujours rare à la Réunion ; aussi essaya-t-on
plusieurs fois de créer un papier-monnaie, et arriva-t-on, à une époque dont nous parlons ailleurs, à mettre en circulation des bons de
dépôt de denrées qui étaient admis comme argent comptant.

En outre des monnaies françaises, toutes les monnaies du monde
commercial sont admises à Bourbon, et plusieurs y ont un cours
forcé plus élevé que leur valeur réelle. Les mesures prises pour en
diminuer l'exportation n'empêchent pas le numéraire d'être fort rare,
parce que la même mesure a été prise dans d'autres pays, et qu'il
faut, chaque année, une quantité énorme d'argent comptant pour
les achats de riz, de grains, et des autres denrées que l'on tire de
l'Inde.

Nous avons fait le relevé des monnaies ayant cours forcé à Bourbon, en vertu d'arrêtés locaux rendus à sept époques différentes, et trouvé que le nombre de ces monnaies était de 10 pour les pièces d'or, et 14 pour celles d'argent, non compris, bien entendu, les multiples et sous-multiples de ces 24 types.

Une seule monnaie est refusée dans la caisse publique, suivant avis promulgué le 29 octobre 1838, c'est celle de Monaco.

On vient encore, par un nouvel arrêté, d'autoriser (chose inouïe) un grand propriétaire à faire circuler, *sous sa responsabilité personnelle*, et pour la valeur de 1 franc, des pièces autrichiennes dont la valeur réelle n'est que de 0,80 centimes.

On a dû remarquer que dans tout cet ouvrage, nous n'avons donné que des chiffres et des mesures décimales, ayant eu soin de tout réduire à ce type, qui est le seul admis actuellement à Bourbon (depuis le 1er janvier 1841). Autrefois, on n'y employait que les mesures anciennes de Paris, sauf pour les mesures agraires, les concessions n'étant faites qu'en largeur de terre. Ce fut, *dit-on,* vers 1715, que l'on admit comme unité de largeur dans le partage des concessions, *la gaule* de 15 pieds de roi (4 m. 8726.), vulgairement appelée *gaulette.* C'est elle qui a servi de type à tous les mesurages de l'île, sauf toutefois à Sainte-Marie, où ayant concédé plus de largeur en gaulettes que le terrain n'en comportait réellement, et voulant donner à chacun sa part proportionnelle, l'administration décida que la gaulette de cette localité n'aurait que 12 *pieds de roi.*

Le tableau suivant nous paraît devoir compléter ce chapitre.

Anciennes mesures.

Poids.....	La livre de Paris avec ses dérivés; elle est représentée par...	0k 489506
Longueur...	Gaulettes, 15 pieds de roi.........	4m 872591
	Pas géométrique.............	1 624197
	Pied de roi...............	0 324839
	Toise..................	1 949037
	Aune de Paris.............	1 188450

Nota. — Dans la commune Sainte-Marie, la gaulette n'était que de 12 pieds de roi.

Itinéraires...	Lieue commune...................	4444m 44444
	Mille marin....................	1851 85185

Capacité....	Barrique...........................	228^l·	000000
	Velte.............................	7	450000

Nota. — Les grains se vendaient au poids.

Superficie...	Gaulette carrée....................	23$^{m.car.}$	742145
	Toise carrée........................	3	798744
	Pied carré.........................	0	105521

Solidité....	Toise cube.................	7$^{m.cnb.}$	403890
	Pied cube.................	0	034277
	Corde.... 8 p. × 4 p. × 2 p. 1|2..	2	742184

Monnaies... La livre créole valait la moitié de la livre tournois, soit 0 fr. 4988, mais passait pour 0 fr. 5000 ou un demi-franc; elle était divisée en 20 sols, passant pour 2 centimes 1/2 l'un.

NOTA.— En 1812 la longueur de l'AUNE fut portée à 1^m 20.

———— La réserve des 50 PAS GÉOMÉTRIQUES est de 81^m 20975.

———— La GAULETTE de Sainte-Marie est de 3^m 898068.

———— La VELTE et la BARRIQUE de Bourbon sont des mesures conventionnelles, dont les éléments ne sont pas bien certains.

INSTRUCTION PUBLIQUE,

PUBLICATIONS, BIBLIOTHÈQUE.

Ces établissements indispensables dans toute société intelligente et progressive, furent longtemps bien négligés, pour ne pas dire nuls à Bourbon, qui était, sous ce rapport, tributaire de l'île de France, où le gouvernement subventionnait une institution publique. Toutefois, l'amiral Kempenfelt, qui passa à Bourbon en 1758, dit qu'on était en train d'y construire un collége. Mais ce bâtiment, situé à l'angle de la rue Royale et de la place de l'Hôpital, fut transformé en caserne. Un essai de lycée fut encore tenté en 1792, époque où l'institution Bellon, la seule de Saint-Denis et probablement de l'île, fut érigée en collége national; mais cet établissement fut fermé cinq ans après.

Le désir qu'avait le général Decaen de tout centraliser à l'île de France, où il existait un lycée, empêcha longtemps la création, non-seulement d'établissements publics d'instruction à Bourbon, mais même celle d'institutions particulières, dont on entravait le développement. Aussi les créoles de Bourbon furent-ils forcés d'envoyer leurs enfants au collége de Maurice, longtemps même après l'occupation anglaise.

Ce fut en 1812, le 1er juin, que s'ouvrit la maison d'éducation du sieur GALLET, une de celles qui ont rendu le plus de services à la colonie.

En 1817, au dire de M. Thomas, les frères des écoles chrétiennes vinrent s'établir à Bourbon. Ils furent suivis plus tard des sœurs de Saint-Joseph, qui installèrent des écoles de jeunes filles. Ces deux groupes d'établissements sont soldés par la colonie.

L'ordonnance du 24 décembre 1818 vint enfin prescrire la formation d'un collége royal à Bourbon, et les cours en furent ouverts le 7 janvier 1819 avec 25 pensionnaires et externes. En 1825, ils étaient 112, et 330 en 1840. On pourrait croire que ce chiffre s'est considérablement accru ; il n'en a malheureusement pas été ainsi, et nous dirons plus bas pourquoi, en 1860, le nombre des élèves n'est encore que de 380, dont 165 internes et 215 externes.

L'instruction des demoiselles, longtemps négligée à Bourbon, fut enfin prise en grande considération. De 1825 à 1850, il se forma dans la colonie de nombreux pensionnats destinés aux jeunes personnes, mais la plupart ont dû fermer par les mêmes causes qui ont entravé le développement du lycée impérial ; nous voulons parler ici de la concurrence faite aux établissements d'instruction existants par ceux qui furent installés à la suite de la création de l'évêché de Saint-Denis.

Nous sommes loin de dire que l'instruction donnée dans les établissements religieux est inférieure à celle des établissements laïques ; nul n'ignore que parmi les prêtres et les pères jésuites il se trouve des hommes fort instruits, et nous devons dire que le pensionnat de l'Immaculée-Conception, ouvert par les Sœurs de Saint-Joseph, sous la protection de Monseigneur l'évêque de Saint-Denis, possède des institutrices de premier ordre, même pour les talents d'agrément admis dans les couvents. Mais est-il bien sage, administrativement parlant, de confier ainsi toute une génération à une classe dont les tendances peu progressives ne sont que malheureusement trop connues ? Est-il bon aussi de séparer les jeunes filles de leur famille et de la société, qu'elles ne voient qu'une ou deux fois par an aux époques des vacances ? Enfin, est-il juste que le gouvernement paye les sœurs qui, dans les quartiers, font, comme à Saint-Denis, concurrence aux institutions particulières, qui doivent naturellement disparaître, parce qu'elles sont obligées de payer un personnel et un local que les sœurs ont pour rien.

Pour être vrai, disons que les frères de la doctrine chrétienne sont les seuls qui ne font pas marchandise de leur position, et chez qui tous les enfants sont élevés gratuitement et sans distinction de classe. Il n'en est malheureusement pas ainsi des institutions de jeunes filles, et il y a bien peu de temps que les sœurs de Saint-Joseph acceptent les enfants de couleur dans les hautes classes, les classes payantes ; encore y a-t-il des exceptions.

En 1855, il existait dans la colonie environ 80 écoles et institutions, dont 24 payées par le trésor. Elles avaient en tout 5,641 élèves. En 1860, les seules institutions religieuses, y compris il est vrai celles des jeunes Malgaches, avaient en tout 6,534 élèves, savoir :

	Gratuites.	Payantes.
Collège diocésain dirigé par les PP. Jésuites. . . .	»	180
— de Saint-Benoît dirigé par des prêtres. . .	»	85
— de Saint-Paul d° — d° . .	»	104
Ecole des jeunes Malgaches, par les PP. Jésuites.	70	»
— professionnelle, par les religieux du Saint-Esprit.	93	»
Pénitentiers des jeunes détenus, par les mêmes. .	100	»
Ecoles gratuites (16), par les Frères de la Doctrine chrétienne.	2,980	»
Ecoles des jeunes filles malgaches, par les sœurs. .	48	»
Asiles à Saint-Denis, — . .	327	»
Ecoles des Saints-Anges — . .	»	75
Orphelinat de Saint-André, — . .	20	»
Ouvroir à Sainte-Suzanne, — . .	20	»
Orphelinat — — . .	90	»
Ecoles de jeunes filles (13), — . .	1480	490
Orphelinat de Saint-Denis, — . .	63	»
Ouvroir — — . .	55	»
— de Sainte-Marie, — . .	88	»
— de quartier français, — . .	96	»
— de Bethléem, — . .	60	»
— de Sainte-Anne, — . .	110	»
Totaux.	5,600	934

Outre des bourses à divers collèges de Paris et de province, la colonie fait encore les frais d'une bourse à l'École polytechnique, de deux à l'École centrale, de plusieurs aux écoles d'Alfort, de Châlons et autres établissements d'instruction publique de France. De ces encouragements à la jeunesse créole sont sortis quelquefois des sujets fort remarquables.

Nous devons dire que les élèves du lycée de Saint-Denis, envoyés à Paris, n'ont presque jamais été obligés de doubler la classe qu'ils venaient de quitter, et ont eu souvent de brillants succès.

On accorde maintenant aux jeunes créoles qui ont fait leurs études dans la colonie des brevets de capacité qui leur servent provisoirement de diplômes de bachelier, même pour la continuation de leurs études dans les facultés de France. Ces brevets sont délivrés par une commission composée de deux docteurs en droit, d'un docteur en théologie, d'un élève de l'école polytechnique, et d'un docteur ès sciences.

Au moment où nous quittions la colonie, le lycée de Saint-Denis avait pu faire obtenir au même élève, dans le même examen, le brevet de capacité pour les sciences et pour les lettres.

En outre des quelques institutions particulières existant en dehors de celles dont nous avons parlé, il se fait à Saint-Denis des cours publics et gratuits, soit par des professeurs du lycée, soit par des particuliers qui se sont mis, à cet effet, à la disposition de l'administration. Ces cours sont destinés à prendre une extension de plus en plus grande, et à embrasser toutes les sciences. Ils ont commencé par des cours d'anglais, de musique, de dessin linéaire, et enfin par un cours de préparation aux sciences exactes.

Mais, s'il est nécessaire que la colonie fasse instruire la jeunesse, il faut aussi qu'elle la prépare à la vie positive par l'apprentissage d'une profession, elle n'a pas failli à ce devoir : nous voyons que, dès 1816, elle avait obtenu du roi l'autorisation de faire entrer douze de ses enfants, comme élèves travaillant avec les ouvriers d'artillerie. Malheureusement cet essai n'eut pas de résultats, les jeunes enfants n'ayant jamais voulu se plier à la discipline. En 1822, le même essai fut tenté sur vingt jeunes gens, et n'eut pas plus de succès. Aussitôt qu'ils surent à peine manier un outil, ils disparurent des ateliers de l'arsenal.

On forma de nouveau, par décret du 11 octobre 1840, une école spéciale d'arts et métiers, dont les débuts furent on ne peut plus satisfaisants, et qui a produit des chefs d'atelier et des contre-maîtres que l'on recherche encore dans l'industrie, où elle versait chaque année 120

17

élèves charrons, maçons, charpentiers, mécaniciens, menuisiers, forgerons et armuriers. L'institution était gratuite ; on n'exigeait que quelques connaissances préalables et un engagement de trois ans. Mais les élèves s'étant mutinés à deux reprises différentes, on profita de cés désordres pour retirer l'école à la direction d'artillerie et la mettre, avec la dénomination *d'école professionnelle et agricole*, sous la direction des Pères et des Frères de la congrégation du Saint-Esprit et de l'immaculé cœur de Marie. Les professions enseignées dans cet établissement sont : la forge, le charronnage, la menuiserie, la charpente, la maçonnerie, la cordonnerie et l'agriculture.

Nous pensons devoir joindre à ce chapitre quelques notes sur les diverses sociétés de secours et autres qui se sont formées à Bourbon.

La plus nombreuse est la société de Saint-Vincent-de-Paul. Elle étend ses ramifications dans toute la colonie. Etablie en 1854, elle n'a été autorisée que par un arrêté du gouverneur en date du 13 mars 1858.

Citons aussi la société de Saint-François-Xavier, société de persévérance et de secours pour les ouvriers, qui contient quatre mille membres ; et celle de Notre-Dame-de-Bon-Secours pour les femmes, marchant parallèlement avec celle des hommes, dont elle n'est qu'une annexe, et qui ne compte que deux mille membres.

Il y a encore, pour les dames, une société de Saint-Vincent-de-Paul et une société de mères chrétiennes.

Terminons cette série en parlant de la société des Dames de charité, fondée dans la colonie, par madame Cuvillier, et dont le but est l'entretien d'une maison de refuge à Saint-Denis pour les jeunes filles pauvres, qui y sont élevées et y apprennent à travailler. Nous croyons savoir de bonne source que depuis la présence dans la colonie des hauts fonctionnaires du clergé, ces dames ont bien de la peine à garder le libre emploi des fonds mis à leur disposition par la charité publique.

En dehors de l'action du clergé il s'est formé plusieurs sociétés, dont les principales sont :

1° La société de secours mutuels des ouvriers de Saint-Denis, qui fut fondée vers la fin de l'année 1848, et qui ne fut autorisée légalement que 10 ans plus tard. Cette société organisée libéralement, a pu, en outre des secours qu'elle a distribués, acquérir un vaste terrain, avec un lieu de réunion pour son comité, et des salles dans lesquelles chaque dimanche ses membres se réunissent, pour passer en famille un jour dont tant d'autres profitent pour se livrer à des plaisirs où l'arack joue malheureusement un grand rôle.

2° L'association des anciens élèves du lycée, association de confraternité et de bienfaisance. Elle emploie ses fonds à payer des bourses aux jeunes gens peu aisés.

Citons encore la société philharmonique, celle de secours des médecins de la colonie, et terminons par la société des sciences et arts, fondée le 22 novembre 1855, et immédiatement approuvée par l'administration. Le bulletin qu'elle publie fait suffisamment connaître la nature de ses travaux. Ajoutons cependant que chaque année elle délivre une médaille d'or au meilleur ouvrage écrit sur les données qu'elle propose. Nous citerons entre autres les sujets suivants : Histoire de la colonie depuis 1789 à 1815 ; Étude sur les poëtes créoles.

La presse et les journaux étant pour les hommes ce que l'instruction des écoles et des lycées est pour la jeunesse, nous avons cru ne pouvoir mieux faire que d'en parler dans ce chapitre.

Ce fut vers 1790, que l'imprimerie parut à Bourbon. Si la presse n'y a jamais été complétement libre, excepté en 1848 et 1849, on doit dire, à l'honneur des gouvernants, que jamais elle n'y fut sérieusement bâillonnée. Le premier journal qui parut (1804), fut la *Gazette de l'île de la Réunion*, qui devint plus tard l'*Indicateur colonial*, puis le *Moniteur officiel de l'île de la Réunion*. Peu après parurent les *Petites affiches* de Saint-Paul qui devinrent le *Glaneur*, puis le *Créole*, et sont encore publiées sous le nom de *Bien Public*. Ce journal a peu d'importance, et n'est guère qu'un journal d'annonces qui sera transféré à Saint-Pierre à la suite du tribunal. Citons encore la *Feuille hebdomadaire* dont l'éditeur du *Moniteur* était propriétaire, et qui a cessé d'être publiée quand le journal officiel de la colonie l'a remplacée, en paraissant deux fois par semaine.

Lors de la période de 1848, il parut une foule de journaux plus ou moins sérieux, dont bien peu eurent une longue vie. Déjà, en 1836, on avait essayé de publier un journal artistique, *l'Entr'acte*, qui, ressuscité en 1858, mourut encore à l'apparition du choléra. C'est peu avant 1848 que fut publié *le Colonial*, qui prit, à cette époque, le nom de *Conservateur*, et qui est devenu ensuite le journal *du Commerce*.

Maintenant, il se publie à Bourbon quatre journaux, savoir :

Le *Moniteur*, journal officiel qui paraît le mercredi et le samedi.

Le *Journal du Commerce*, qui paraît le mardi et le vendredi.

Le *Bien Public*, qui paraît le jeudi.

Enfin *La Malle*, journal religieux, qui paraît tous les jeudis.

Il y a bien aussi le *Colon*, qui paraissait le jeudi ; mais à la suite de suspensions, il a dû cesser sa publication, qui va pourtant, dit-on, être reprise.

Nous nous réservons de mentionner au chapitre Beaux-Arts, l'*Album de la Réunion*, qui publie une ou deux livraisons par mois.

Nous n'avons parlé jusqu'ici que de la presse autorisée, disons un mot de deux journaux qui ont paru en 1831 et en 1847. Le premier était le *Salazien*, réclamant la liberté coloniale, et le second, le *Cri Public*, réclamant la liberté de la presse ; ces deux journaux clandestins ont pu paraître à Bourbon malgré toutes les recherches de l'autorité ; ils n'ont jamais été saisis, et n'ont cessé d'être publiés que le jour où le but qu'ils se proposaient a été atteint.

Nous terminerons ce chapitre par quelques mots sur la bibliothèque coloniale, institution nouvelle, due au précédent gouverneur, qui fit réunir dans une salle, louée à cet effet, tous les livres ayant fait partie des bibliothèques du conseil privé et du conseil colonial. Cette nouvelle création devrait être vivement encouragée ; malheureusement, les sommes allouées pour achats de livres sont portées, au budget colonial, dans les dépenses facultatives, et dépendent du bon vouloir du Conseil général, qui pense un peu plus au présent qu'à l'avenir. Espérons que quand des besoins plus pressants seront satisfaits, on songera à une institution indispensable au développement complet de l'intelligence de la jeunesse créole, où les hommes faits viendraient puiser les renseignements qui leur manquent pour leurs travaux, et où la vieillesse trouverait encore, dans la lecture, un délassement et une distraction si nécessaires dans un pays où cette partie essentielle de l'existence manque à peu près complétement.

La bibliothèque est maintenant installée dans une vaste salle du nouvel hôtel de ville de Saint-Denis.

CULTES.

Les premiers habitants de Bourbon n'eurent pendant longtemps d'autres prêtres que ceux qui passaient sur les rades de la colonie à bord des vaisseaux dont ils étaient aumôniers. Le premier qui paraît y avoir séjourné est le prêtre Mathos, il débarqua avec des malades le 24 février 1667.

Nous n'avons pas cru devoir relever sur les registres de baptême et autres les noms de ses successeurs. Il paraît toutefois que ces prêtres avaient une certaine autorité. On voit même que l'un d'eux, le père Bernardin, capucin de Quimper, devint commandant de l'île. Il retourna en France en février 1680, et avoua avoir laissé le pays sans pasteur, trouvant que ses prédications produisaient trop peu de bons résultats, surtout sur les noirs.

Près de dix ans plus tard, M. de Vauboulon amenait avec lui un autre capucin de Quimper, le père Hyacinthe (*Kerbiguet de Kerguelin*), qui prit une grande influence sur la population, et alla jusqu'à faire arrêter le gouverneur dans l'église pendant le *Domine salvum*, et à le faire détenir dans les prisons de Saint-Denis, où il mourut plus d'un an après. Certains historiens assurent même que le père Hyacinthe, en donnant le signal de l'arrestation, le fit dans des termes peu convenables, eu égard à son caractère et au lieu où il se trouvait.

Ce prêtre eut du reste le talent de se tenir en dehors de cette affaire, qui entraîna la condamnation aux galères de quelques créoles, entre autres un Vidot, un Duval, etc. Il continua donc à rester curé de Saint-Paul, où il figure sur les registres curiaux depuis le 31 décembre 1689 jusqu'au 15 juillet 1696, époque à laquelle il partit pour la France (Août).

Le désir de régulariser le service du culte à Bourbon fit passer, le 22 décembre 1712, avec le supérieur des religieux de Saint-Lazare, une convention qualifiée de concordat, par laquelle il s'engageait à entretenir à Bourbon un certain nombre de prêtres, et en vertu de laquelle on accorda à ceux-ci plusieurs avantages et concessions de terrains. Ce fut le noyau des propriétés curiales vendues en 1793 au profit de la colonie.

Les conventions de 1712 furent renouvelées le 27 juillet 1736 et le 3 mars 1739. Il paraît que plus tard ce régime fut changé, car on trouve dans une série de décisions du roi datées de 1770 le paragraphe suivant :

« Il est fâcheux que les missionnaires se refusent à l'arrangement
» proposé de régler leur traitement à 500 francs en argent, payables
» par le roi, indépendamment du casuel, et 500 francs en argent,
» payables par la caisse des nègres justiciés, avec une barrique de vin
» et 300 livres de bled ; il n'est pas possible que le roi paye éternel-
» lement leur entretien, et il est juste que les habitants y contri-
» buent. Le roi charge MM. Desroches et Poivre d'engager ces
» missionnaires à consentir à cet arrangement, et à concerter avec
» eux un tarif modéré pour fixer leur casuel. On n'a pu procurer
» que trois missionnaires à l'île de France et un à l'île Bourbon.
» S'il y a moyen d'en avoir un plus grand nombre, on les fera em-
» barquer en 1771. »   « Approuvé. »

On reprocha aussi souvent aux prêtres de s'immiscer dans l'administration du temporel, et ils étaient parvenus à se créer à Bourbon une assez belle position financière, si l'on en juge par l'état suivant des biens curiaux vendus en 1793 dans les différentes communes de la colonie.

NOMS DES COMMUNES.	NOMBRE DES NOIRS VENDUS.	VALEUR DES NOIRS.	VALEUR DES IMMEUBLES.	TOTAUX PAR COMMUNES
		fr.	fr.	fr.
Sainte-Marie.........	14	52,275	31,300	83,575
Sainte-Suzanne......	23	145,725	60,026	205,751
Saint-André........	6	12,700	8,500	21,200
Saint-Benoît........	11	65,725	113,500	179,225
Sainte-Rose.........	4	21,500	30,000	51,500
Saint-Joseph........	0	0	20,300	20,300
Saint-Pierre........	7	58,925	120,575	179,500
Saint-Louis.........	21	78,200	85,500	163,700
Saint-Paul.........	16	65,600	121,500	187,100
Saint-Denis........	28	176,462	130,150	306,612
Totaux.....	130	677,112	721,351	1,398,463

Ce chiffre de 1,400,000 fr. est loin de représenter la valeur totale des propriétés curiales ; car, disent les pièces officielles de l'époque, on réserva tous les biens nécessaires aux besoins coloniaux ; de plus, le culte n'ayant jamais été aboli à la Réunion, *on laissa,* disent les mêmes documents, *au citoyen curé de chaque paroisse, le presbytère et les terres y attenant.*

Si l'on se reporte à l'époque actuelle, on voit que les presbytères sont encore assez étendus, malgré les emprunts faits par les communes pour y établir des écoles et autres établissements publics. Puis, lors de l'émancipation des esclaves, plusieurs cures eurent à réclamer leur large part de l'indemnité. Citons, entre autres, celle de Saint-Paul, qui était réellement riche sous ce rapport, et dont la bande de noirs, louée par le curé, lui constituait un revenu considérable.

Les services rendus par les prêtres, lors de l'émancipation, ne furent peut-être pas appréciés par tous à leur juste valeur ; on se souvenait trop alors de l'intolérance avec laquelle ils avaient fait l'instruction religieuse des noirs, de 1845 à 1848. Pour être vrai, il faut dire que M. Sarda trouva en eux un concours presque complet, et que c'est à leur bon enseignement que l'on dut en partie le maintien du travail.

Ajoutons que dans l'épidémie de variole de 1852, et surtout dans celle du choléra de 1859, leur dévouement fut complet, et qu'en dehors du clergé régulier, les Pères jésuites et les Frères de la doctrine chrétienne rivalisèrent de zèle avec les religieuses des différents ordres pour les soins à donner aux malades.

A Bourbon le clergé eut longtemps pour chefs des préfets ou vice-préfets apostoliques ; il y passa aussi quelquefois des évêques. En 1703, on y vit même un cardinal légat. Le décret du 27 septembre 1850 a changé cet état de choses, et le 22 mai 1851 vit arriver à Saint-Denis le premier évêque nommé à ce siége.

Actuellement, le clergé de la colonie se compose de soixante et onze ecclésiastiques, savoir :

Evêque.	1
Grands vicaires.	2
Chanoines et prêtres.	68
Total	71

Il faut ajouter à ce chiffre :

Pères jésuites	30
Prêtres du Saint-Esprit.	4
Frères, id.	13
Frères de la doctrine chrétienne	66
Novices, id.	6
Sœurs de Saint-Joseph.	119
Novices, id.	22
Sœurs de Marie.	56
Novices, id.	6
Postulantes, id.	11
Sœurs de Saint-Vincent-de-Paul	4
Total	410

Les soixante et dix ecclésiastiques composant le clergé régulier sont seuls sous les ordres directs de l'évêque. Ils sont répartis dans neuf cantons divisés en cinquante-quatre paroisses, dont les noms sont portés au tableau suivant :

Commune de Saint-Denis	8	Report	8
La Cathédrale.		Saint-Thomas des Indiens.	
L'Assomption.		La Montagne.	
Saint-Jacques le Majeur.		Le Brûlé.	
La Rivière.		Le Chaudron.	
A reporter	8	A reporter	8

Report.......	8		Report........	29

Commune de Sainte-Marie..........	2	*Commune de Saint-Pierre*..........	7
Sainte-Marie.		Saint-Pierre.	
Rivière des Pluies.		Entre-Deux.	
		Tampon.	
Commune de Sainte-Suzanne.......	2	Notre-Dame du Mont-Carmel.	
Sainte-Suzanne.		Petite-Ile.	
Quartier Français.		Notre-Dame du bon Port.	
Commune de Saint-André..........	6	Ravine des Cabris.	
Saint-André.		*Commune de Saint-Louis*...........	5
Champs-Borne.		Saint-Louis.	
Bras-Panon.		Cilaos.	
Notre-Dame des Salazes.		Notre-Dame du Rosaire.	
Hell-Bourg.		L'Etang-Salé.	
Saint-Martin.		Avirons.	
Commune de Saint-Benoît..........	4	*Commune de Saint-Leu*........	3
Saint-Benoît.		Saint-Leu.	
Sainte-Anne.		Les Colimaçons.	
Plaine des Palmistes.		Le Portail.	
Notre-Dame de Bethléem.		*Commune de Saint-Paul*............	10
Commune de Sainte-Rose...........	2	Saint-Paul.	
Sainte-Rose.		Possession.	
Notre-Dame des Cascades.		Bois de Nèfles.	
Commune de Saint-Philippe........	2	Saint-Gilles.	
Saint-Philippe.		Trois-Bassins.	
Notre-Dame des Flammes.		Notre-Dame de Saint-Gilles.	
Commune de Saint-Joseph..........	3	Stella Maris.	
Saint-Joseph.		La Saline.	
Sainte-Geneviève.		Notre-Dame des Anges.	
Saint-Athanase.		Sainte-Mathilde.	
A reporter.....	29	Total égal........	54

Outre les fonds provenant du casuel, des quêtes, souscriptions, cadeaux, etc., dont on ne peut naturellement connaître le chiffre, les recettes suivantes ont été *faites* dans les *diverses paroisses*, savoir :

1858.

Pour la Propagation de la Foi......................	12,470 fr.
Pour la Sainte-Enfance............................	9,560
Total................	22,030 fr.

1859.

Pour la Propagation de la Foi.......................	11,745 fr.
Pour la Sainte-Enfance.........	8,129
Total................	19,874 fr.

En dehors du culte catholique, il n'existe à Bourbon aucun autre culte organisé, et bien que le nombre des protestants y soit assez grand, ils n'y ont pas de temple. De temps à autre, un pasteur vient de Maurice faire quelques instructions à ses coreligionnaires; il est à regretter que chaque fois, la présence de ce pasteur soit le sujet de paroles amères débitées dans les chaires catholiques.

Les diverses races africaines qui habitent Bourbon n'ont aucun culte régulier. Les Chinois eux-mêmes n'y pratiquent aucune cérémonie. Il ne nous reste donc à parler que des quelques fêtes des Indiens.

Un arrêté de 1829, art. 15, dit qu'il sera désigné un terrain servant de camp aux gens de travail libre et de *centre pour la célébration de leurs fêtes religieuses.*

Ces sages prescriptions ne sont malheureusement mises nulle part en vigueur; mais les Indiens ont toujours soin de stipuler dans leurs engagements qu'ils seront dispensés de tout travail les jours réservés pour leurs fêtes religieuses, entre autres, celle du *Yamsé.* On les voit à cette époque circulant par la ville, entourant une espèce de pagode en bambou ornée de papier de couleur, ou portant un éléphant de carton plus ou moins bien figuré; ils se livrent autour de ces idoles à des danses et à des pratiques spéciales en criant: Yamsé! Yamli! ô Hosein! ô Ali!

La plupart des assistants sont costumés en tigres ou revêtus d'armures de carton couvertes de papier doré et de miroirs de toutes les couleurs.

Nous n'avons jamais cherché à approfondir les mystères cachés sous ces rites plus ou moins étranges; mais nous n'avons jamais vu sans une certaine émotion un enterrement indien. Le mort conduit par tous ses amis est entouré de toutes les provisions, fruits et comestibles dont ils peuvent disposer. Porté sur les épaules de quatre de ses plus proches parents, il est mené au lieu de repos au milieu de chants et au son des instruments. On affirme que les Indiens sont persuadés qu'aussitôt morts, ils renaissent dans leur pays. On s'expliquerait alors assez facilement pourquoi ils tiennent si peu à la vie.

TRAVAUX PUBLICS ET PARTICULIERS.

Le premier travail d'intérêt général dont il reste des traces à la Réunion, est un sentier ouvert en 1720 entre Saint-Paul et Saint-Denis, puis ensuite jusqu'à la rivière des Marsouins. En 1735, la Compagnie des Indes fit ouvrir un chemin dans le quartier Saint-Paul; poussé avec activité, il arrivait au repos Laleu en 1736, et à la rivière d'Abord en 1737. L'année 1738 vit élargir le chemin entre la rivière d'Abord et Saint-Benoît, passant par Saint-Paul et Saint-Denis. Tous ces sentiers, à peine praticables aux cavaliers, furent exécutés plus tard jusqu'à Saint-Joseph du côté de Saint-Pierre, et jusqu'aux cascades du côté de Saint-Benoît. Enfin, en 1793, ce chemin fut complété à travers le Grand-Brûlé. Une partie avait jusqu'à 4 et 5 mètres de largeur. C'est vers la même époque que la chaussée de Saint-Paul a aussi été construite. En 1808, la route du tour de l'île fut réparée, et les parties coupées par le volcan rétablies; la longueur totale de ce chemin de ceinture était de 207 kilomètres 32.

Voilà tout ce qui existait en fait de routes avant 1825, année à partir de laquelle on s'est occupé sérieusement des voies de communication. A cette époque, en sus du pont sur la ravine des Chèvres, des magnifiques ponts suspendus sur les rivières des Roches et du Mât, de quelques sentiers communaux et des traverses des villes et bourgs ouvertes sur une certaine largeur, il n'existait à Bourbon qu'un mauvais chemin de ceinture tracé sur le sol naturel, sans aucune notion de l'art de l'ingénieur, et à peine praticable aux piétons et aux cavaliers. Les transports se faisaient à têtes de noirs, et quelquefois avec des bêtes de somme; aussi, y a-t-il lieu de s'étonner des résultats obtenus depuis, et des efforts faits par la colonie pour se procurer des voies de communication complètes, dans un pays aussi accidenté, et où les difficultés ne sont peut-être comparables à celles d'aucune autre localité.

N'oublions pas toutefois la route de l'intérieur allant de Saint-Benoît à Saint-Pierre par les plaines des Palmistes et des Cafres. Ce chemin, ouvert en 1752, fut amélioré en 1793, par ordre de l'assemblée coloniale, et, sauf la grande montée, il devint un chemin de cavaliers assez passable, surtout après les améliorations de 1822.

L'atelier colonial, formé de noirs achetés par la colonie, d'Africains ou Malgaches saisis sur les négriers et enfin de quelques engagés, comptait en moyenne 900 individus de 1825 à 1847, époque à laquelle il fut licencié. C'est à cet atelier que l'on doit en partie l'exécution des routes, qu'il était arrivé à confectionner avec une habileté et une rapidité très-remarquables.

De 1825 inclusivement au 1er janvier 1861, on trouve sur les registres de la direction des ponts et chaussées que les voies de communication, routes et ponts, ont coûté à la colonie, en dehors des journées de son atelier colonial, la somme énorme de 　17,293,000 fr.

Si l'on ajoute environ 4,900,000 journées de cet atelier estimés à 1 fr., soit 　　　　　　　4,900,000

et 1,800,000 journées de condamnés, aussi à 1 fr. 　1,800,000

on trouve pour la valeur totale des travaux de routes et ponts exécutés de 1825 à 1861 　　　23,993,000 fr.

L'atelier colonial a été réorganisé depuis 1856; il se compose actuellement de 10 brigades de 50 engagés chacune, et promet d'égaler, sinon de dépasser son devancier, qui n'était formé que de manœuvres, terrassiers et mineurs, tandis que, pour le nouvel atelier, on a pris la bonne résolution de former dans chaque brigade une section d'ouvriers maçons, charpentiers, forgerons, appareilleurs, scieurs de long, etc., etc.

Les allocations destinées à l'exécution des routes ont varié selon les ressources du pays. Une somme de 50,000 francs était allouée en 1825 ; nous voyons qu'elle est, pour le budget de 1861, de 748,000 francs, et de 400,000 journées de l'atelier colonial et des condamnés estimées à 1 fr. 50.

Nous donnons ci-dessous le tableau des routes exécutées aux frais de la Colonie en dehors des routes communales, dont le développement est de beaucoup plus considérable, et de celle des particuliers, qui occupent des surfaces de terrain bien plus grandes encore, par suite de la déplorable habitude qu'a chaque propriétaire de faire dans son habitation une route pour lui seul, au lieu de s'entendre avec ses voisins. Or, comme ces routes vont toujours en montant, au moyen d'interminables lacets, et que toutes les propriétés, partant du bord de la mer et s'élevant jusqu'au sommet des montagnes, n'ont quelquefois que cinquante mètres, et même moins de largeur, il en résulte qu'une partie du sol est perdue pour la culture. On pourrait citer plusieurs de ces propriétés, dont le quart de la surface est employé en chemins.

Les voies de communication exécutées jusqu'à ce jour se composent :

1° de la route de ceinture, dite route impériale, qui est complétée, mais dont on entreprend de modifier diverses portions, entre Saint-Paul et Saint-Leu, en passant par le bord de la mer ;

2° de la partie terminée de la modification dont il est parlé ci-dessus, laquelle aura pour résultat de diminuer la longueur totale de 2500 mètres, tout en ne montant pas à 511 mètres de hauteur comme le fait la route actuelle ;

3° de la portion de route de Salazie praticable aux voitures ;

4° des deux portions du chemin de la plaine qui sont dans les mêmes conditions ;

5° de ce qui a été terminé, jusqu'à ce jour, de la deuxième route de ceinture (Route H. Delisle), commencée en 1856, et dont l'altitude varie entre 500 et 800 mètres ;

Savoir :

Longueur de la route impériale....................	232 kil.	60
— des rectifications terminées entre Saint-Leu et Saint-Paul.	4	45
— de la route terminée à Salazie...............	15	00
— du chemin de la Plaine terminé, du côté de Saint-Benoît, de 1837 à 1861.................................	23	»
Longueur du chemin de la Plaine terminé, du côté de Saint-Pierre, de 1840 à 1861...............................	12	00
Longueur des portions ouvertes de la route Henri Delisle........	17	95
Longueur totale des routes de voitures terminées...	305	00

On a de plus ouvert de bonnes routes de cavaliers, ou ébauché des routes de voitures sur plusieurs points, savoir :

A Salazie......................	8 kil.	00
A Cilaos........................	38	00
A Mafatte.......................	9	00
Au chemin de la Plaine.............	33	00
A la route Henri Delisle.............	43	00
Longueur totale.............	131 kil.	00

Dans quelques ravines secondaires, et aussi dans le lit des rivières des Pluies, des Orangers, de Saint-Etienne et des Galets, les plus importantes de l'île, on s'est contenté de faire des passages provisoires ou des radiers, qui sont souvent emportés dans la saison des pluies. Ces rivières sont au nombre de 23 pour la seule route impériale. Quant aux ponts exécutés, il y en a 99 ; savoir :

Ponts avec culées et piles en maçonnerie et travées en bois, de 4 à 8 mètres d'ouverture totale.....................	31
Id. de 10 à 20 mètres.................	34
Id. de 20 à 40 mètres.................	20
Id. de 40 à 60 mètres.................	8
Pont en pierre avec voûte en plein cintre...........	1
Ponts suspendus de 42 à 80 mètres de longueur...........	3
Ponts en tôle et fer corniers, de 15 et 60 mètres...........	2
Total égal..........	99

Les plus grandes arches des ponts en maçonnerie et fermes en bois n'ont que 22 à 25 mètres de portée ; la plupart n'en ont que de 12 à 16.

Le pont en pierre, exécuté par la compagnie des Indes sur la ravine des Chèvres, une des moins importantes de la colonie, n'a que 11 m. de portée.

Des trois ponts suspendus, il n'en existe plus qu'un seul incomplet, celui de la rivière du Mât, qui franchit ce torrent au moyen de deux travées de 40 mètres chacune. Il était primitivement à deux voies; mais étant tombé par l'imprudence d'un agent chargé de sa réparation, il ne fut relevé qu'à une voie. Quant au deuxième, sur la rivière des Roches, qui avait sa travée principale de 40 mètres, flanquée de deux petites arches de 10 mètres, il a été plusieurs fois emporté par des crues qui ont atteint son tablier, ou par d'autres causes; il vient d'être définitivement remplacé par un pont en tôle et fer corniers de même portée. Ces deux ponts suspendus, demandés en Angleterre en 1821, arrivèrent en 1824 et furent livrés à la circulation en 1827.

Quant au troisième pont suspendu, celui de la rivière de l'Est, construit en 1839, il vient d'être enlevé par une crue extraordinaire qui a fait ébouler des pans de montagnes, et comblé le lit du torrent de près d'un mètre au-dessus du niveau du tablier du pont.

Comme on le voit, tous ces travaux ne se sont pas faits sans quelques écoles résultant des difficultés que présentaient les localités, et surtout de l'absence de renseignements, les ingénieurs prenant souvent les plus grandes crues qu'ils ont observées comme un maximum qui est quelquefois dépassé et doublé. Il est aussi arrivé que des arbres flottants ou des matériaux charriés par les cours d'eau, sont venus, comme à la rivière d'Abord, encombrer une ou deux travées d'un pont et en déterminer la chute. Des parties de routes furent même emportées sur plusieurs kilomètres de longueur par des rivières sorties de leur lit. Aussi pouvons-nous affirmer qu'il est bien peu de localités où l'on ait eu à vaincre plus de difficultés qu'à Bourbon, eu égard surtout aux ressources du budget local. Seule la colonie a supporté toutes ces dépenses, qu'elle s'impose sans regret, certaine que les routes sont pour elle le seul moyen de suivre et même de dépasser la marche progressive des autres colonies. Bourbon n'a du reste, comme elles, ni canaux ni rivières navigables; de plus, il est entouré d'une mer généralement très-grosse et battant des côtes où nulle crique, sauf Saint-Pierre, n'offre de refuge aux embarcations fuyant la tempête. A Bourbon, le seul transit régulier par mer est celui qui se fait de Saint-Denis à la Possession, sur quelques lieues de côtes, et à l'abri d'une montagne.

La portion de route entre Saint-Denis et la Possession est très-peu pratiquée, à cause des immenses lacets que lui font faire les montagnes à franchir et les nombreuses vallées au fond desquelles elle est obligée de passer. Il est à regretter que dès le début, et comme le voulaient les ingénieurs, on n'ait pas entrepris la route par le bord de la mer ; on aurait eu un chemin praticable de 11,500 m. de longueur, au lieu de celui actuel d'une longueur triple, qui monte jusqu'à 649 mètres au-dessus du niveau de la mer. Le parcours de ce chemin est presque impossible sans de nombreux relais, et fait conserver l'ancien transport par bateaux si fatigant et surtout si dangereux.

En étudiant le tracé de la route par le bord de la mer, on voit qu'elle devrait être presque partout en tunnel, depuis Saint-Denis jusqu'à la grande ravine. De là, elle pourrait être exécutée à ciel ouvert jusqu'au delà de la grande Chaloupe. Enfin, de ce dernier point à la Possession, il y aurait environ un tiers de la route en tunnel.

On a parlé de créer des chemins de fer à Bourbon ; nous ne croyons pas ce mode de locomotion praticable, à cause des difficultés du terrain, lesquelles nécessiteraient des dépenses immenses, en dehors des ressources du pays, et qu'une compagnie n'entreprendra pas, parce que l'exploitation de la ligne à construire ne produirait jamais l'intérêt des sommes engagées.

Outre ces routes, la colonie de Bourbon possède de nombreux bâtiments pour ses divers services. L'hôtel des gouverneurs fut commencé en 1733 par le gouverneur Dumas. Labourdonnais termina le rez-de-chaussée de 1735 à 1738 ; l'étage ne fut élevé qu'en 1764 ; enfin, l'avant-corps, le jardin qui le précède et l'étage des ailes ne furent exécutés qu'en 1828 et 1840.

Le collége, construit de 1751 à 1759, fut depuis transformé en caserne, et sert maintenant à la compagnie indigène d'ouvriers du génie.

Parmi les bâtiments les plus importants, nous pouvons citer encore les magasins des subsistances et des douanes, le nouveau collége et le muséum.

Le Palais de justice, d'une apparence assez monumentale, était autrefois une maison particulière ; elle a été achetée, appropriée aux besoins du service judiciaire, et livrée à sa nouvelle destination en novembre 1844.

Dans les quartiers, on ne peut guère citer que les anciens magasins de la compagnie des Indes et quelques bâtiments communaux dont nous avons parlé en traitant de la topographie des communes.

Parmi les travaux remarquables de la colonie, nous devons noter aussi les divers canaux entrepris par ou sous la direction de l'administration supérieure. Nous mettons en première ligne le canal Saint-Etienne, dont M. Milius, étant à Saint-Pierre, le 22 octobre 1819, ordonna l'exécution. La possibilité de ce travail lui avait été démontrée à la suite de nombreuses études par MM. Frappier de Montbenoît, Joseph Hoarreau Desruisseaux et Augustin Motais. Le 12 décembre 1825, l'eau coula pour la première fois jusqu'à la rivière d'Abord sur un parcours de plus de 9,000 mètres ; elle permit de mettre en culture une grande surface de terres jusqu'alors incultivables. Maintenant, ce canal franchit les rivières d'Abord et des Cafres, et son eau coule jusqu'à la ravine du Pont, ce qui lui donne une longueur totale de 16,000 mètres. Dans sa partie supérieure, il peut être comparé à une véritable rivière.

Vers 1770, M. de Crémont fit entreprendre à Saint-Denis le canal des Moulins, beau travail, qui gêne toutefois maintenant le déversement de toutes les eaux de la rivière Saint-Denis dans la ville, et oblige de laisser couler en pure perte, à la mer, une grande masse d'eau qui pourrait être utilisée.

Un hardi travail est aussi celui qui fut exécuté en 1836 et 1837 pour conduire l'eau de la rivière dans la ville de Saint-Denis. Il a été accolé ou taillé dans le rempart de la rivière, et ne fournit que quarante litres d'eau par seconde ; c'est tout ce qui pouvait être pris sans gêner les concessionnaires du canal des Moulins. Nous pensons qu'il serait sage d'abandonner ces deux canaux, et de déverser toutes les eaux de la rivière Saint-Denis bien au-dessus de la ville.

Citons encore le canal du Champ-Borne ou canal Lancastel, construit en 1829. Ce travail, d'une grande utilité, prend l'eau à la rivière du Mât, et la distribue dans toute la partie inférieure du quartier Saint-André. Il n'offrait du reste aucune difficulté d'exécution, et pouvait irriguer une plus grande surface de terre, si on avait un peu mieux ménagé les pentes.

Bourbon possède de nombreux cours d'eau, tous encaissés, et entre lesquels se trouvent de vastes terrains arrosés seulement par l'eau du ciel. Aussi voyons-nous qu'une ordonnance du 23 novembre 1718 prescrit à toutes les communes de faire établir une prise d'eau dans chaque quartier. Nous avons dit ailleurs ce que nous pensons de l'utilité d'un canal de ceinture qui doublerait la vie de la colonie; nous revenons sur ce sujet, parce que l'eau est à Bourbon la préoccupation de tous, à tel point, que malgré le désenchantement éprouvé par la population de Saint-Denis, à la suite des erreurs commises dans les études faites au Chaudron, elle revient encore sur cette question dont l'élaboration a enfin été confiée à un homme vraiment pratique. L'exécution des travaux qu'il y aurait lieu d'entreprendre dans cette localité, pourrait se lier facilement avec le projet du canal général que nous avons indiqué.

Si l'absence d'eau a fait multiplier les canaux sur le sol de Bourbon, l'absence de port naturel a fait désirer souvent la construction de refuges pour les caboteurs et les navires qui fréquentent ses côtes; car, en outre des garanties de sûreté et de célérité, les prix de fret et de frais de débarquement seraient de beaucoup diminués. Les seuls établissements de batelage de Saint-Denis occupent près de trente chaloupes, et six cents hommes, soit pour les équipages, soit pour les débarquements, qui se font tous au palan à l'extrémité de ponts débarcadères avancés dans la mer.

Labourdonnais, puis de Bellecombe avaient fait construire un de ces débarcadères en bois et en maçonnerie. Le projet ou dessin après exécution existe encore aux archives de la marine. Ce travail fut démoli en partie par l'ouragan de 1751, et emporté presque complétement par celui de 1824. C'est sur les débris de sa culée qu'a été établi, avec des bigues (mode employé dans toute la colonie), le pont actuellement appelé Pont du Roi. Il n'y a d'exceptions à cette règle que pour le pont en fer de la marine Richard au Butor, et les deux ponts, aussi en fer, de Saint-Denis et de Saint-Paul, spécialement destinés au débarquement des personnes. Celui de Saint-Paul, le plus beau, a 142 mètres de longueur.

Le 17 novembre 1819, M. Milius posa la première pierre du Barrachois de Saint-Denis. Ce travail, déjà assez avancé, fut en grande partie détruit, le 10 février 1829, par la mer, qui replia tous les matériaux vers la côte, et forma un petit bassin intérieur auquel on conserve encore, à grands frais, une mauvaise passe, seulement praticable à la haute mer. L'enceinte extérieure de ce bassin a déjà coûté plus d'un million en constructions et entretien.

Citons encore les essais infructueux faits en 1835, 1836 et 1837 à Saint-Gilles, pour y exécuter un port, essais que l'on dut abandonner après une dépense de 228,955 francs.

Les mêmes désirs et les mêmes besoins devenant de plus en plus impérieux, l'administration tourna les yeux vers le bassin de Saint-Pierre, qui depuis un temps immémorial servait de refuge à tous les bateaux de la colonie, et dans lequel on avait même construit et lancé un navire de 400 tonneaux. Nous ne pouvons mieux faire, au sujet des travaux en cours d'exécution sur ce point, que de rapporter ici, avec quelques modifications, l'article que nous avons rédigé pour l'annuaire de 1861.

PORT DE SAINT-PIERRE. (PL. XI.)

De 1773 à 1853, de nombreux projets de ports et bassins de carénage avaient été proposés pour la localité de Saint-Pierre, où un barrachois naturel offrait déjà un refuge aux caboteurs.

Depuis Desforges-Boucher fils, en 1748, jusqu'à MM. Guy de Ferrières et Scieau, en 1838 et 1840, bon nombre d'ingénieurs et d'hommes plus ou moins spéciaux se sont occupés de la possibilité de ce travail. On voit même aux archives de la colonie, que dans le mémoire du roi, du 9 mars 1789, pour servir d'instruction aux administrateurs de la colonie, on leur enjoint de prendre connaissance du projet du sieur Tromelin, et de s'entendre avec les habitants pour l'exécution des ouvrages, parce que, y est-il dit : *C'est dans cet endroit que se charge tout le blé nécessaire au service.*

Qui ne se souvient aussi que les anciennes cartes marines de la colonie, publiées par le ministère, étaient illustrées par le dessin du port projeté à Saint-Pierre par le capitaine Tromelin?

Vers les dernières années du siècle précédent, une jetée en roches et galets avait été faite par les soins de M. Gérard, garde-magasin de l'administration de la marine, qui employait à ce travail les quinze noirs du roi attachés au service de son magasin. Cette jetée, dont il existait encore de notables restes en 1832, a totalement disparu, enlevée par les caboteurs qui en usaient comme d'une carrière où ils ont puisé jusqu'au dernier galet pour en faire le lest de leurs bateaux.

En décembre 1853, M. Hubert-Delisle, alors gouverneur, écrivit au Ministre de la marine qu'il croyait possible de créer un port à Saint-Pierre, et le Ministre lui répondit par une lettre de félicitations et d'encouragement.

En février 1854, le conseil municipal de Saint-Pierre votait une première allocation de 5,000 francs, et le 12 mars suivant M. Hubert-Delisle posait la première pierre de la jetée Ouest.

A la suite de cette cérémonie, une souscription volontaire fut ouverte et produisit 35,000 francs, qui, joints aux 5,000 francs votés par le conseil municipal, permirent de commencer les travaux.

Le 30 août même année, la jetée Est fut commencée, et quelques jours après l'épi qui protège la petite passe. Tous ces travaux, exécutés en matériaux de forte dimension, offrent déjà un abri suffisant aux caboteurs, qui, lors des raz de marée, étaient autrefois obligés de se haler à terre sous peine de se voir brisés par la force des lames. On a aussi entrepris, avec les matériaux non employés dans l'exploitation des carrières, les murs d'enceinte d'un Bassin sur le récif ouest, et commencé le creusement dans ce récif. Il résulte des sondages faits dans le banc madréporique, que ce creusement n'offrira aucune difficulté sérieuse.

Tous ces travaux s'exécutent suivant un plan proposé par M. Bonnin, ingénieur en chef des Ponts et Chaussées, chargé, aussi tout spécialement, de la direction des travaux maritimes dans la colonie.

Les ouvrages exécutés jusqu'à ce jour ont nécessité une installation d'outillage et d'apparaux dont la dépense première se trouve faite, ce qui rendra la suite des travaux plus économique. Au nombre de ces installations, on trouve en première ligne l'achat et la pose de 2,000 mètres de voie ferrée avec gares, croisements de voies, etc., etc.

A la fin du premier semestre de 1861, la longueur des jetées exécutées était de 963 mètres, savoir :

Jetée ouest.	293 m.
Jetée est.	327
Epi de la petite passe.	98
Enceinte du bassin dans le récif ouest.	245
Total égal..	963 m.

A la fin de la campagne, ces travaux dépasseront certainement 1,100 mètres.

Les dépenses faites jusqu'à la fin de 1861, y compris l'achat du matériel estimé à environ 400,000 francs, se répartissent ainsi pour les allocations fournies, soit en journées estimées à 1 fr. 50, soit en argent :

Par la métropole..	1,000,000 fr.
Par la colonie..	890,000
Par la commune de Saint-Pierre.	535,000
Souscriptions particulières.	35,000
Dépense approximative jusqu'au 1er juillet 1861..	2,460,000 fr.

Les enrochements des jetées sont exploités dans un banc de lave basaltique, pesant en moyenne 3,000 kilogrammes par mètre cube. L'exploitation se fait au moyen de fourneaux de mines, contenant de 400 à 1,000 kilogrammes de poudre.

La moyenne des blocs, formant le côté du large de la jetée Est, est de 7 mètres cubes. On en a transporté un certain nombre de 14 mètres cubes, et beaucoup de 12 mètres.

Dans un rapport que nous avons eu à faire à M. le gouverneur, pendant une maladie de M. l'ingénieur en chef Bonnin, lequel a bien voulu approuver notre travail, nous disions que le bassin en construction, qui contiendra de trente à cinquante navires, pourra être agrandi ultérieurement, qu'il sera susceptible de recevoir un certain nombre de navires bien avant que la moitié des travaux ne soit exécutée, et que l'on pourra même utiliser de suite la forme de radoub, soit en creusant tout d'abord la partie du bassin dans laquelle s'ouvre son entrée, soit en creusant un chenal se dirigeant vers cette forme.

Du résultat de notre travail, il ressortait aussi que pour terminer tous les ouvrages portés au projet, il faudrait dépenser encore 7,000,000 francs, savoir :

Pour le musoir du large.	500,000 fr.
Musoir au-dessous de la passe.	200,000
Quais intérieurs.	1,400,000
Creusement du bassin.	2,400,000
Creusement de la passe.	550,000
Forme de radoub.	1,500,000
Expropriations et travaux imprévus	450,000
Total égal.	7,000,000 fr.

On voit qu'à Saint-Pierre, si l'on a beaucoup fait, il reste encore beaucoup à faire pour obtenir un travail complet; espérons que ni la colonie, ni la France, ne voudront perdre le fruit des travaux déjà entrepris, et que les fonds ne manqueront pas à cette œuvre. Les résultats seront plus avantageux encore au commerce métropolitain qu'à la colonie, celui-ci étant, à Maurice, à la merci des Anglais pour la réparation des navires en avarie, et pour le radoub de ceux qui naviguent depuis un certain nombre d'années dans la mer des Indes.

Nous ne pouvons dans ce travail passer sous silence une question des plus palpitantes, qui s'agite en ce moment dans la colonie; nous voulons parler du projet de port à Saint-Paul.

Eu août 1857, le gouvernement français envoya dans la colonie M. Bonnin, ingénieur des Ponts et Chaussées de première classe, avec mission d'étudier tous les points de la colonie où il croirait possible de créer un port. Après des études consciencieuses, il fit un rapport au Ministre, dans le résumé duquel il s'exprimait ainsi :

« La baie de Sainte-Rose et les abords du Cap la Houssaye à Saint-
» Paul, sont les seuls points après Saint-Pierre qui paraîtraient offrir
» des garanties suffisantes contre le danger des ensablements; mais

» on ne pourrait y organiser un port que par la construction d'ou-
» vrages bien autrement considérables et moyennant des dépenses
» huit ou dix fois plus fortes. »

A la suite de ce rapport, l'administration métropolitaine décida
que les travaux de Saint-Pierre seraient continués, et fournit même
un million pour leur avancement. Ce fut vers cette époque, que M.
Mazon entreprit la formation d'une compagnie pour la création
d'un port dans l'étang de Saint-Paul. C'était ne tenir aucun compte
du mouvement des sables sur la côte de cette baie. Il nous semble pourtant qu'il suffit d'examiner l'ensemble de la localité, pour
être convaincu que dans les premiers temps, la mer battait le
Tour des Roches. L'étang dut plus tard être créé par une barre qui
se forma probablement à la suite de quelque grand cataclysme. Il
résulte du reste de nos études personnelles que les sables continuent
à marcher, changeant même à chaque coup de vent l'emplacement
de la passe par où l'étang se déverse à la mer. Pour être renseigné
sur les difficultés que nécessitera la création d'un travail sérieux
à l'étang de Saint-Paul, il suffit de jeter les yeux sur le tableau
suivant :

Distance de la plage au pavillon de la Douane, à diverses époques.

Le 7 septembre 1825, plan n° 422 des archives. . . . . 45 mètres.
   20 juillet 1840,   —   701   —   58
   10 avril 1845,   —   703   —   72
   4 novembre 1847,   —   431   —   85
   17 septembre 1857,   —   624   —   92

Outre ce tableau donnant le résultat d'un certain nombre d'années, nous signalons le suivant, qui donne le mouvement des sables
à la suite des raz de marée, tels que nous les avons relevés nous
même.

Distance de la plage à la culée du pont de fer.

10 Janvier 1857. . . . . : . . . . 88 mètres.
23 Janvier 1858. 54
18 Octobre 1858. 98
4 Janvier 1859. 97
10 Mars   1859 92
4 Août   1859 94

15 Février 1860.. . . . . 93 mètres.
26 Février 1860.. 39
17 Mars 1860.. 69
15 Juin 1860.. 88
11 Septembre 1860.. 94

Ces faits nous semblent condamner sans réplique la création d'un port, dont l'entrée serait ouverte dans une plage qui subit de telles modifications. Mais il ne résulte pas de ces données, qu'il soit impossible de faire un port à Saint-Paul, dont la rade la plus belle, pour ne pas dire la seule belle de la colonie, offre aux navires un magnifique ancrage, où, sauf le cas de coups de vent pendant lesquels ils sont obligés de fuir au large, ils trouvent presque toute l'année une mer calme et tranquille.

Si, se reportant au projet de M. Bonnin, on tourne les yeux vers le trou du Cuisinier et le cap la Houssaye, on trouve une anse bordée de rochers accores, sans alluvions et où il suffirait de construire deux jetées pour obtenir un bassin complétement calme.

Les travaux actuellement en cours d'exécution à l'île de la Réunion, sont les suivants:

Agrandissement du Lycée Impérial.

Lazaret de la Grande-Chaloupe.

Agrandissement de la Léproserie.

Continuation de la Cathédrale.

Maison de campagne du Gouverneur.

Salle du Conseil général.

Ecole professionnelle d'Agriculture.

Monument à élever aux combattants du 9 juillet 1810.

Rectification de la route Impériale.

Route des plaines des Palmistes et des Cafres.

Route de Salazie.

Route Henry-Delisle (deuxième route de ceinture).

Chemin de Mafatte.

Chemin de Cilaos.

Pont de la Roche plate sur la rivière du Mât.

Pont de Vincendo à Saint-Joseph.

Pont de Jacques-Payet à Saint-Joseph.

Pont du Tremblet à Saint-Philippe.

Port de Saint-Pierre.

Outre ses travaux neufs, la colonie est grevée d'une dépense qui va chaque année en augmentant, c'est celle des entretiens, tous fort chers, dans un pays où la main-d'œuvre est si élevée, surtout à cause du peu de travail que produisent les ouvriers.

Le budget de 1861 porte :

Pour entretien des routes et ponts . . . 540,000 francs.

— bâtiments 88,000

— travaux maritimes . . 26,000

L'entretien des routes coûte très-cher, à cause du prix de l'empierrement, qui s'élève quelquefois à 16 francs le mètre cube, qui coûte encore 6 francs dans les Brûlés où les scories de lave couvrent le sol, et dont le prix moyen pour toute la colonie est de 10 francs 50 le mètre cube.

Outre les travaux de la colonie confiés au service des Ponts et Chaussées, il s'exécute à la Réunion des ouvrages pour le compte de la métropole ; c'est le service du génie militaire qui en est chargé. Les principaux travaux exécutés ou en voie d'exécution sont les casernes, dont celle dite du Camp est fort remarquable ; l'hôpital de Saint-Denis qui sera le monument le plus complet de la colonie quand il sera achevé ; les poudrières ; batteries, etc.

Nous devons aussi parler des travaux des communes qui consistent principalement en routes et chemins. Citons toutefois l'hôtel de ville construit à Saint-Denis, bâtiment dont l'ensemble est assez monumental, mais qui pèche dans sa décoration intérieure, très-riche, mais de mauvais goût, et dont les détails laissent beaucoup à désirer.

Saint-Denis possède aussi le seul beau pont en pierre de la colonie, le pont Doret, qui relie le boulevard du même nom avec la ville.

La commune de Saint-Pierre exécute en ce moment sur la place de la mairie un Square qui sera d'un fort bon effet ; mais de toutes les communes, celle qui fait les travaux les plus remarquables et certainement les plus utiles, c'est celle de Saint-Leu, qui relie toutes ses routes au moyen de ponts. Celui sur la grande ravine est surtout très-intéressant à visiter à cause de la difficulté vaincue.

Parmi les travaux particuliers exécutés à Bourbon, en dehors d'assez belles maisons et des bâtiments d'usines fort remarquables, nous dérons citer, avant tout, les nombreux canaux d'irrigation et autres exécutés par divers sucriers. Les plus importants sont, à Saint-Louis, le canal Chabrier; à Saint-Paul, celui Lemarchand; à Saint-Benoît, celui des frères Delisle, et celui Deguigné; à Sainte-Rose, celui de M. Lory, et celui de M. Descottes, qui prennent leur eau à la rivière de l'Est. Citons encore ceux des sucreries de Saint-Joseph, du bras Panon, de Saint-Louis, et bien d'autres dont il serait trop long de donner la liste. Outre les canaux à ciel ouvert, parmi lesquels nous aurions pu citer celui de M. Paul Reilhac, qui amenait l'eau de la plaine des Cafres jusque dans le haut de Saint-Pierre, et que la commune remplace en ce moment par des tuyaux en métal, il a été exécuté une foule de conduites, dont malheureusement la plupart, mal confectionnées, laissent échapper, en pure perte, une partie de leur eau. Une des plus remarquables est certainement celle exécutée avec beaucoup de soin à Saint-Leu par M. P. Deguigné, qui a été obligé de percer un tunnel à travers toute la masse de roche qui sépare la ravine des Avirons de celle du Trou.

Nous terminerons la série des travaux particuliers par le plus remarquable, l'hôtel de la banque à Saint-Denis, dont l'aspect monumental ne laisse rien à désirer, et dont les détails d'exécution sont aussi soignés que ceux des travaux confectionnés en Europe. Cette construction fait réellement honneur à M. Desse, directeur de cet établissement, qui en a dressé lui-même le projet et l'a fait exécuter.

Nous croirions ce travail incomplet, si nous ne parlions pas des matériaux qu'offre le pays.

Nous avons dit ailleurs les qualités du bois puant, du natte à petites feuilles et d'autres avec lesquels on peut obtenir des charpentes presque incorruptibles. Malheureusement, le bois devient très-rare, et l'on en est réduit à employer maintenant le bois de sapin introduit d'Europe. Nous avons donné, au chapitre *Industries diverses*, les tableaux des pesanteurs spécifiques des bois et roches du pays. Nous ajouterons qu'à Bourbon, la pierre à bâtir est de la meilleure qualité, mais très-lourde et très-difficile à travailler. La pierre de taille à arêtes vives et à grains réguliers est surtout peu facile à trouver. Saint-Denis possède toutefois un terrain où l'on rencontre des pierres assez belles, et les trachytes de la rivière Saint-Etienne, quoique fort durs, se travaillent assez bien.

La question des mortiers étant une des plus importantes, nous essayerons de la traiter plus longuement.

Dans tous les pays, parmi les plus précieux éléments des travaux publics, il faut mettre en première ligne les mortiers et surtout les mortiers hydrauliques.

Les mortiers ordinaires au plâtre ne sont employés, à Bourbon, que pour les travaux de luxe et d'intérieur, parce qu'il faut faire venir la pierre à plâtre des pays d'outre mer, et que pour tout constructeur il est évident que Bourbon contient les meilleurs éléments des mortiers ordinaires, savoir : le sable basaltique et la chaux de coquilles ou de corail, dont il suffit de faire un mélange convenable (deux parties de l'un et une de l'autre), pour obtenir un mortier de première qualité.

Quant aux travaux de maçonnerie en eau douce, la chaux citée ci-dessus, mélangée à deux parties de poudre des pouzzolanes ou des tufs provenant des boues volcaniques, produit des résultats on ne peut plus satisfaisants pour les gros ouvrages et pour ceux qui ne nécessitent pas une prise immédiate. Malheureusement la question se complique beaucoup s'il s'agit de travaux en eau de mer.

Tous ceux exécutés à Bourbon avant 1849 ont disparu; la cause en était inconnue. L'administration nomma une Commission chargée d'étudier cette question, et, en qualité de membre de cette commission, nous lui fîmes à sa première séance, le 13 mars 1848, la lecture suivante :

« Si la destruction presque entière de l'enceinte du Barrachois de St-Denis peut être en partie attribuée à l'enlèvement de l'enrochement, je pense que l'action de l'eau de mer sur les mortiers est une des causes les plus importantes de ces dégâts.

» Cette action, que je crois avoir été un des premiers à observer (nous ignorions alors que le fait avait été signalé en France), et dont je suis la marche depuis trois ans, est tellement puissante, que nos meilleurs mortiers, même les plus anciens, n'y résistent pas. J'ai immergé dans le Barrachois des mortiers de toute nature, frais et anciens, même de ceux confectionnés sous Labourdonnais ; tous se sont décomposés plus ou moins rapidement.

» Après de nombreux et infructueux essais, j'en ai, Messieurs, référé à nos maîtres dans la science; j'ai adressé à M. Vicat des échantillons de nos mortiers et de nos pouzzolanes, et n'ai pas encore reçu sa réponse. J'ai été plus heureux auprès de M. Poirel; M. Michel Chevalier, qui avait bien voulu me servir d'intermédiaire, m'a transmis la réponse qu'il en a reçue, et dont j'extrais les phrases suivantes :

« Mon cher camarade, -

. . . .

» Je ne connais jusqu'ici aucune pouzzolane artificielle assez » énergique pour que les mortiers dans la composition desquels elle » entre, puissent être immergés frais dans l'eau de mer : la pouzzo-» lane d'Italie est la seule qui offre toute garantie . . . . . .

» . . . .

» La chaux hydraulique naturelle très-énergique, telle que celle du » Theil, donne également de bons résultats. . . . .

» Quand on n'a pas ces mortiers, mon avis est qu'il ne faut cons-» truire qu'en blocs de béton, préparés à l'avance et séchés à l'air » pendant deux mois. . . . .

» Monsieur Maillard trouvera dans mon mémoire (*qui me fut* » *adressé en même temps*) tous les détails nécessaires . . . . . »

» J'ai étudié, Messieurs, la nature de nos pouzzolanes, et j'ai reconnu qu'elles ne se composent que de couches de terre argileuse torréfiées par le contact des laves qui les ont recouvertes, et plus ou moins cuites, selon que la partie que l'on extrait des carrières était plus ou moins en contact ou près des couches de laves qui en ont déterminé la cuisson. Elles présentent, comme preuve, sur toute la hauteur de couche, des différences de couleur variant du violet au gris terreux en passant par les nuances rouges ou gris-rouge. » Après de longs développements sur nos essais infructueux, nous terminions en proposant à la Commission de demander de la pierre du Theil, et de la cuire sur place, faisant remarquer que nos mortiers hydrauliques ont l'inconvénient de se décomposer au contact de l'air; de sorte que si l'on s'arrêtait aux blocs factices, il faudrait les tenir deux mois immergés en eau douce ou au-moins recouverts de paillassons humides. »

La Commission, après avoir reconnu l'exactitude de nos observations et arrêté l'ensemble des ouvrages à exécuter, décida que, vu l'urgence, les fondations des travaux seraient faites avec du ciment de Pouilly, seule matière se trouvant alors sur place, et que la partie hors de l'eau serait exécutée en mortier ordinaire rejointoyée au ciment. Nous reçûmes enfin, avant la clôture des séances de la Commission, une réponse de M. Vicat, qui déclarait nos matériaux de la plus mauvaise qualité, et conseillait l'emploi de la chaux hydraulique naturelle.

Depuis cette époque, la baisse du prix des ciments nous ayant permis de faire des essais en grand, nous avons pu, au port de St-Pierre, immerger en eau de mer des bétons dont la gangue était composée de deux parties de ciment de Portland, deux de chaux madréporique, quatre de tuf en poudre et deux de sable basaltique. Ils résistent bien depuis quatre ans, et il y a tout lieu de croire à une réussite complète.

Nous faisons suivre ce travail d'une note sur l'amélioration du passage de certaines rivières au droit de la route de ceinture, et sur le moyen de ponter ces rivières. Cette note a été lue en 1858 à la société des sciences et arts de Bourbon.

Les passages de la route de ceinture au droit des rivières à lit variable (rivière des Pluies, du Mât, Sèche, des Orangers, de l'Est, des Galets et St-Etienne) sont sans contredit les parties les plus mauvaises de tout le parcours de cette route, et celles dont l'entretien coûte le plus cher. Aussi est-il évident pour tous que, quel que soit le chiffre de la dépense, il faut se presser de jeter des ponts sur ces torrents.

Jusqu'ici, pour quelques-uns, on s'est élevé au-dessus des points où l'eau commence à divaguer (les rivières des Pluies, du Mât et de l'Est); ce moyen paraît avoir peu satisfait le public, qui, sans tenir compte des difficultés vaincues, ne voit dans le résultat qu'un allongement sensible du parcours de la route, et se plaint aussi de ce qu'en allant chercher les points de passage de ces rivières à l'endroit où le lit commence à se resserrer, on est obligé de gravir des hauteurs considérables pour redescendre ensuite presque au point d'où l'on était parti.

C'est en vue d'obvier à ces inconvénients sérieux que j'ai rédigé la note suivante, dont j'ai puisé les éléments dans les ouvrages d'ingénieurs distingués, en prenant surtout pour exemple le procédé employé en France pour franchir les torrents qui se jettent dans la Durance. Je n'ignore pas que beaucoup d'objections peuvent être élevées contre le mode que je propose : je crois cependant pouvoir lever toutes celles qui me seront faites. En tout cas, j'espère que les personnes qui liront ces notes voudront bien avoir pour ce travail l'indulgence à laquelle a droit tout projet étudié en dehors d'un intérêt personnel, et me tenir compte de ce qu'en entreprenant de traiter une aussi grave question, je n'ai eu d'autre but que l'utilité publique.

Je dirai donc tout d'abord que je propose de ponter nos torrents (rivière St-Etienne, des Galets, des Pluies, etc.), *au droit* de la route de ceinture, et ce, sans travaux d'endiguement dont on a toujours eu lieu d'être peu satisfait. Mon projet consiste dans un mode particulier de construction du pont, mode que j'indiquerai plus loin. Si donc on admet, pour le moment, ce pont construit assez solidement pour résister à l'action du torrent, il suffira de le relier à la route de ceinture par deux levées d'équerre au courant, et dont la hauteur ne serait que d'une fraction de mètre au-dessous du tablier du pont.

Cela paraît d'abord étrange, qu'une simple levée en remblais puisse arrêter nos torrents si fougueux ; mais si l'on réfléchit à la manière dont l'eau arrivera sur ces levées, on restera convaincu de leur suffisante solidité. En effet, supposons qu'un barrage complet ait été fait en travers d'un lit de rivière, l'eau qui, au commencement de la coulée, arrive d'abord avec peu d'abondance s'arrêtera à ce barrage A (Pl. IX, fig. 1), et y formera en amont, une espèce de lac B A, fort tranquille, sur lequel viendra plus tard s'amortir l'effort du courant. A cause de la masse d'eau en repos qu'il rencontrera, il ne pourra aucunement entamer la levée A, à laquelle il suffira de donner une épaisseur convenable pour qu'elle puisse résister à la simple poussée ou pesanteur de l'eau. Or, l'épaisseur moyenne né-

cessaire à la confection d'une route qui n'aura pas moins de
7ᵐ de largeur au sommet du remblai est bien plus que suffisante.

Toutefois, dans l'hypothèse précédente, s'il arrivait un moment
où le barrage serait emporté, ce serait celui où l'eau, s'élevant au-
dessus du sommet A, le franchirait et le détruirait infailliblement
en le prenant par l'arrasement. Mais supposons encore notre pont
exécuté au milieu de la levée, et suffisamment solide pour résister à
l'effort du courant, on voit de suite que ce pont formant déversoir,
l'eau ne saurait s'élever au-dessus du barrage et par conséquent ne
pourrait le renverser. Je dis plus, c'est que le courant aurait
pour résultat de consolider ce barrage, en apportant du remblai près de son pied, et en opérant de la manière décrite ci-dessous.

Supposons que la force du courant se porte sur un point quelconque de la levée, entre son enracinement aux berges en L (fig. 2)
et la culée du pont P.; ce courant C, à cause de sa vitesse, char-
riant des roches et des galets, sera forcé de les déposer au point D, où
il perdra sa force par sa rencontre avec le bassin tranquille formé en
amont de la levée. Ce dépôt, en s'accumulant, forcera le courant à
se jeter d'un côté ou de l'autre. S'il se déverse vers la berge BL, il
ira y former un bassin qui aura pour limite cette berge, la levée
LE et le dépôt D; puis l'eau augmentant de niveau retombera
dans le bassin principal DEF, formé par l'ensemble de la levée, bassin qui, nous l'avons dit, ne peut augmenter de hauteur puisqu'il
a pour déversoir le débouché du pont.

On comprend, du reste, que si le courant versait tout d'abord vers
le pont, ce serait encore plus favorable, puisqu'il irait directement
se réunir au bassin principal D E F. Par l'ensemble de ces dépôts, il
ne serait même pas surprenant de voir se former de nouvelles berges factices en forme d'entonnoir, et le courant se creuser des canaux presque réguliers C C C C (fig. 3), partant d'une certaine hauteur dans le lit et se dirigeant vers le pont P. Pour admettre ce fait,
comme très-probable, il suffit de se rappeler que le pont étant le seul
point où le sol ne sera jamais exhaussé, tant à cause de dispositions
particulières, dont je parlerai en traitant de la forme à donner à ce

pont, qu'à cause de la vitesse du courant, les eaux y seront attirées tout naturellement, parce que les lignes de plus grande pente auront toutes pour point commun le débouché dudit pont, et aussi parce que, si les eaux se portaient sur tout autre point, elles ne trouveraient plus d'écoulement.

Si ce régime s'établissait, ne serait-ce qu'accidentellement, dans ce pays où la végétation est si active, il suffirait peut-être de faire des plantations le long des berges nouvelles pour les voir devenir définitives.

On transformerait ainsi en terrains productifs des lits de rivières dont l'aspect attriste autant le voyageur, que la route coupée en dix endroits fatigue les bêtes de trait et augmente ainsi la dépense générale de la colonie.

Passons maintenant à la question du pont. En présence de l'état avancé des connaissances humaines et de la masse des difficultés vaincues par l'industrie dans ce siècle de progrès, s'il est jamais venu à l'idée de quelques-uns de douter de la possibilité de faire, en un point donné du lit de nos torrents, un pont suffisamment résistant, c'est que ces personnes-là ne se sont pas rendu compte des nombreux moyens qu'offre maintenant l'industrie métropolitaine et locale ; c'est qu'elles ne connaissent pas l'excellence de nos mortiers, quand ils sont convenablement composés ; c'est que ces personnes enfin, si elles ont passé près des merveilleuses constructions exécutées dans la métropole, ont eu des yeux pour ne pas voir; c'est en outre, parce que depuis que l'on construit des ponts à la Réunion, on n'y a pas fait l'emploi des radiers, qui coûtent cher, il est vrai, qui doublent presque la dépense, mais qui donnent à l'ensemble du travail exécuté une unité et une résistance contre lesquelles les forces immenses de nos torrents doivent venir s'épuiser.

Un radier solide et pas de piles arrêtant le courant, voilà la base du système à employer. Avec un radier, plus d'affouillement à craindre aux culées : donnons-lui une forme convenable, qui rejette les eaux loin de son pied, et il ne sera pas affouillé lui-même. Peu importe ensuite que nous fassions franchir l'espace compris entre les culées par un pont américain, par un pont en tôle, système si généralement employé maintenant en France, ou par un de ces ponts suspendus qu'on paraît affectionner dans le pays, bien qu'en Europe les résultats aient été peu satisfaisants, et qu'ils y soient presque abandonnés ; l'important, c'est qu'on rejette à tout jamais les ponts à petites travées en bois, dont les piles gênent le courant, qui coûtent fort cher et qu'il faut renouveler tous les vingt-cinq ans.

Passons maintenant aux formes à donner à notre radier et aux culées ; car ces deux travaux ne doivent en faire qu'un, puisque de leur homogénéité dépend la réussite du système.

Il est de la plus grande importance que l'ensemble du travail ait une forme concave, attendu qu'il faut de la vitesse au courant pour qu'il ait la force d'entraîner les matériaux qu'il charroie, et pour ce, il faut que les petites crues trouvent un petit débouché et que les grandes crues en trouvent un plus grand. Or, la forme concave donnée à la partie supérieure du massif de maçonnerie formant radier et culées, produira ce résultat. Car si la crue est faible, elle sera obligée de passer dans la partie inférieure du creux du radier A B (fig. 4) ; si elle est moyenne, elle trouvera en s'élevant un peu plus d'espace entre les points C D ; enfin si elle est à son maximum, elle aura pour s'écouler tout le débouché du pont É F. La seule chose importante, c'est de ne pas donner trop d'ouverture à ce pont, afin de maintenir une chasse suffisante pour que les dépôts ne puissent se former. Disons tout de suite que la pente en travers du radier empêchera aussi ces dépôts.

La plus petite ouverture entre les culées, que je regarde comme la chose la plus importante dans l'étude du projet, pourra toujours être calculée, en prenant pour base ce qui se passe aux endroits rétrécis des rivières, par exemple à la rivière des Pluies, au pont Desbassayns et dans les autres torrents à des points analogues. La position, la pente et l'étendue des bassins de ces cours d'eau seront aussi à consulter, etc. etc.

Je dois dire encore que la forme concave donnée aux radiers a pour résultat de maintenir la force du courant au point où la hauteur de l'eau est la plus grande, c'est-à-dire au centre de l'ouverture du pont, et par conséquent de protéger les culées.

19

Quant à la coupe en travers A B C du radier (fig. 5), elle indique sa double pente, faiblement inclinée vers l'amont, de B en A, et avec une pente d'environ 15 pour 0/0 vers l'aval, de B à C, afin de rejeter les eaux le plus loin possible du massif de maçonnerie. Ce massif peut être fait assez homogène pour qu'un léger affouillement en aval ne soit pas dangereux. Les affouillements, s'ils ont lieu au pied des radiers, se combattront du reste avec facilité, au moyen de l'immersion de blocs en béton D D D, assez gros pour que le courant ne puisse ni les entraîner ni les faire sortir de l'espèce de puits C D E qui se forme toujours dans le lit des torrents après un étranglement naturel ou artificiel. Il résulte, il est vrai, de ces dispositions bien des plans gauches d'une exécution difficile ; mais c'est l'affaire des hommes spéciaux, qui ne peuvent s'arrêter à de pareilles difficultés.

Donnons encore quelques indications au sujet du plan et de l'ensemble des maçonneries du pont.

Les culées A A (fig. 6) déborderont la largeur des levées B B de tout le rayon des avant et arrière-becs demi-circulaires qui seront nécessaires pour protéger le raccordement des remblais avec ces culées, et qui, par leur forme convexe, faciliteront l'écoulement des eaux. De plus, la partie du massif formant radier aura aussi vers l'aval et en plan une forme convexe C, de manière à ce que la saillie de cette convexité forme une espèce de canal qui éloignera les affouillements.

Disons en terminant cette note, que quelle que soit la dépense nécessitée par l'exécution d'un pareil projet, elle ne sera pas de beaucoup plus grande et restera peut-être souvent au-dessous de celle qu'exigerait l'allongement de la route de ceinture pour aller chercher dans les hauts un passage plus ou moins facile à ponter. Déjà, pour le projet détaillé ici, la route est faite jusqu'aux abords des rivières; les matériaux des levées seront pris à pied-d'œuvre, et la seule dépense importante consisterait dans des massifs de maçonnerie suffisamment solides pour faire masse et résister au courant.

Inutile de faire entrer en ligne de compte la perturbation que le déplacement d'une voie publique apporte toujours dans le régime et la valeur des habitations voisines de la route abandonnée : ces faits sont trop importants pour ne pas être appréciés par tous les hommes sérieux (1).

Nous terminerons ce chapitre par la reproduction d'une note sur sur les poutres à double T, lue à la Société des sciences et des arts de la Réunion, dans sa séance du 2 mai 1856.

« A la Réunion, où la construction des ponts en pierre est d'un prix trop élevé, et souvent impossible, toutes les travées de 10, 12 et 15 mètres se font en bois, sur culées et piles en pierre. Malheureusement, on ne peut espérer voir ces travées durer plus de 20 à 25 ans. Si donc il était possible de les remplacer par de la fonte, coûtant moins cher et ayant une durée presque indéfinie, nous pensons que l'on adopterait avec empressement ce nouveau mode de construction, tant pour les travaux neufs que pour le remplacement des travées des ponts construits antérieurement, à mesure que leur vétusté le nécessiterait, ce qui malheureusement est déjà arrivé pour quelques-uns, et se présentera maintenant chaque année. »

Il résulte de notes prises en France, et de rapports que nous avons adressés en 1853 à la Direction des colonies, qu'en se servant des poutres en fonte, qui ont été employées en France au pont de Bernay, on pourrait, avec une économie de 10 p. 0/0, remplacer les ponts en bois par des ponts en fonte.

Dans les mêmes rapports adressés à M. le Directeur des colonies, nous projetions aussi l'emploi des poutres en tôle et fers corniers pour les plus grandes portées. Nous disions à ce sujet : « bien que coûtant plus cher que celles en fonte, les poutres en tôle doivent être préférées pour les grandes portées, parce qu'elles ont l'immense avantage de pouvoir se démonter en plusieurs pièces, et par conséquent d'être plus facilement transportables. Les ponts construits ainsi coûteraient, il est vrai, pour la partie du tablier, près de deux fois le prix de ceux en bois, mais outre leur durée bien plus grande, ils permettraient, par l'absence de toute poussée, de faire de grandes

---

(1) La planche X indique l'application de ce projet au passage de la rivière des Pluies; les lignes ponctuées sont celles d'un projet de pont et d'endiguage, approuvé par l'administration en 1843 et dont tous les travaux commencés à cette époque ont été emportés en 1845, après avoir coûté plus de 200,000 fr. en argent et en journées. La route teintée en rouge indique notre projet.

économies sur les massifs en maçonnerie. Malheureusement, tous ces rapports adressés alors au gouvernement de Bourbon y sont restés dans les cartons, et ce n'est qu'à l'arrivée de M. l'ingénieur en chef Bonnin, qu'il a été possible de faire prévaloir ces modes de construction. Un rapport spécial avait aussi été consacré aux fers à T. et à double T.; nous pensons que le premier négociant qui en importera dans la colonie, rendra un grand service au pays, tout en faisant une bonne affaire. »

STATISTIQUE.

Nous n'avons pas eu l'intention de faire une statistique complète de l'île Bourbon, les éléments sérieux manquent; puis ce travail nous eût entraîné dans des recherches pour lesquelles nous ne pouvions, à peu d'exceptions près, compter sur le concours de personne, chacun sur les lieux, dans un sens ou dans l'autre, étant plus ou moins intéressé à fausser les résultats à obtenir.

C'est ainsi que s'expliqueront la plupart des variations anormales des tableaux suivants.

La population esclave n'a été réellement connue qu'en 1848, lorsqu'il a fallu procéder au payement de l'indemnité allouée aux propriétaires de noirs. Avant cette époque, les maîtres cachaient le nombre de leurs esclaves, pour diminuer le chiffre des cotes d'impôts à payer.

Le même fait se reproduit maintenant pour les immigrants engagés comme travailleurs, ainsi qu'il résulte de la comparaison du nombre donné par les maires qui sont chargés du dépouillement des recensements, et de celui donné par le syndicat de l'immigration. Ce dernier chiffre est de beaucoup plus fort que le premier.

Les tableaux que nous offrons, rectifiés, autant que possible, aux sources les plus certaines, auront au moins l'avantage de n'avoir été dressés pour les besoins d'aucune cause; aussi ne chercherons-nous à en déduire aucun fait, et les livrons-nous purement et simplement, comme des jalons sérieux d'après lesquels pourront se diriger ceux qui écriront après nous sur cette matière.

Certains chiffres n'ont été donnés qu'en nombres ronds, les unités et surtout les fractions nous ayant paru, dans beaucoup de cas, une prétention à l'exactitude rigoureuse qui ne peut jamais être atteinte en ces matières, parce que, dans tous les chiffres de produits, on n'a pu faire entrer la consommation locale, qui est toujours inconnue.

POPULATION.

L'île Bourbon, visitée par les Portugais dans la première moitié du seizième siècle; par les Hollandais vers 1598, pendant qu'ils habitaient l'île Maurice; par les Anglais en 1613, et enfin par les Français, particulièrement en juin 1638, eut pour premiers habitants, en 1646, d'abord les 12 déportés français qui la quittèrent en 1649, ensuite Antoine Thaureau et ses compagnons qui l'abandonnèrent en 1658, et enfin Louis Payen, son domestique, et 10 Malgaches. Ce faible noyau s'augmenta successivement des envois faits par la compagnie des Indes, peut-être de quelques Français échappés au massacre du fort Dauphin, et aussi de bon nombre de pirates et forbans qui firent successivement leur soumission aux autorités de l'île.

Le tableau suivant donne l'augmentation progressive de la population. Quoique nous ayons puisé aux sources les plus certaines, on remarquera encore bien des anomalies, surtout dans la colonne des esclaves, les propriétaires ayant eu, selon les circonstances, intérêt à augmenter ou à diminuer le nombre porté sur leurs recensements, et l'autorité ayant plus ou moins veillé à l'exactitude de ce moyen unique employé à Bourbon pour le dénombrement de la population.

Nous n'avons pas dressé les tableaux des mariages, naissances et mortalités, parce que les éléments eussent été bien difficiles à recueillir, et qu'ensuite ils n'auraient été comparables à ceux d'aucun pays, à cause de la composition de la population et de ses nombreuses mutations résultant :

1° Du plus grand nombre d'hommes que de femmes dans la population esclave.

2° De la bien plus grande introduction d'hommes que de femmes dans les émigrations d'Europe.

3° De l'absence presque totale d'importation de femmes dans la classe des immigrants étrangers.

Ajoutons, pour être vrai jusqu'à la fin, que le dévergondage des femmes immigrantes, et surtout des Indiennes, est encore une cause dont il faudra tenir compte quand il s'agira d'expliquer le peu de naissances que l'on trouve dans ces populations. Quant à la grande mortalité de leurs enfants, elle doit être attribuée au peu de soin qu'elles en ont généralement.

Tableau de la population à diverses époques.

ANNÉES	BLANCS ET AFFRANCHIS.	IMMI-GRANTS	ESCLA-VES	TOTAUX.	OBSERVATIONS.
1662	2		10	12	
1671	50		40	90	
1717	900		1,100	2,000	Certaines anomalies apparentes s'expliquent ainsi :
1724	1,550		11,000	12,550	
1764	5,200		20,300	25,500	*Blancs et affranchis.*
1767	5,300		22,400	27,700	
1777	6,600		28,500	35,100	En 1835 et surtout en 1854, les re-
1788	7,850 950		37,000	45,800	censements furent plus surveillés et
1797	10,400 1,600		44,800	56,800	donnèrent des chiffres plus forts et
1801	11,000 2,100		46,000	59,100	plus exacts.
1804	12,100 2,700		50,400	65,200	*Affranchis.*
1810	12,700 2,900		52,200	67,800	
1815	14,500 4,500		49,400	68,400	Lors de la période révolutionnaire,
1818	15,200 4,600		54,300	74,100	les affranchissements furent nombreux;
1820	15,800 4,700		51,200	71,700	il y eut aussi une recrudescence pen-
1822	16,400 5,000		48,200	69,600	dant l'occupation anglaise. Après 1830,
1825	17,600 5,300		58,900	81,800	il n'y eut plus de recensements spé-
1826	18,200 6,000		62,900	87,100	ciaux pour cette classe de colons.
1830	27,200	3,100	71,000	101,300	*Immigrants.*
1831	27,700	2,600	70,300	100,600	
1832	28,300	2,400	70,500	101,200	Cette population flottante n'est in-
1835	35,600	1,900	70,400	107,900	troduite qu'en 1830; elle diminue à
1837	36,900	1,400	68,300	106,600	cause de la mortalité jusqu'en 1840,
1838	37,000	1,400	67,200	105,600	époque où commence une nouvelle
1839	37,100	1,400	67,000	105,500	introduction annuelle qui n'est réel-
1840	37,200	1,400	66,100	104,700	lement considérable qu'à partir de
1841	37,700	1,400	65,900	105,000	1849, et nulle en 1860.
1842	37,900	1,350	65,800	105,050	
1843	38,500	1,350	64,700	104,550	*Esclaves.*
1844	39,900	1,800	64,200	105,900	
1845	40,900	2,200	63,100	106,200	L'introduction diminue sous la pé-
1846	41,600	2,400	62,200	106,200	riode révolutionnaire et surtout pen-
1847	43,200	2,800	60,300	106,300	dant l'occupation anglaise; reprise
1848	45,300	4,200	60,800	110,300	activement après 1815, elle faiblit en-
1849	108,800	12,100		120,900	suite jusqu'en 1831, où elle cesse. Si
1850	110,900	18,800		129,700	elle paraît augmenter en 1830, cela
1851	112,100	23,400		135,500	tient à ce qu'avant cette époque on ne
1852	114,000	27,100		141,100	recensait pas tous les esclaves, mais
1853	115,600	29,700		145,300	qu'en présence de l'abolition de la
1854	129,100	41,300		170,400	traite, on fut bien obligé d'en donner
1855	130,700	45,900		176,600	un chiffre à peu près exact, sous peine
1856	131,400	50,200		181,600	de voir saisir, comme introduits en
1857	132,600	53,200		185,800	fraude, ceux qui ne figuraient pas sur
1858	133,500	60,800		194,300	les recensements.
1859	134,700	64,700		199,400	
1860	135,600	64,400		200,000	

Tableau indiquant en centièmes, le nombre d'hommes et de femmes composant chaque classe de la population à diverses époques.

ANNÉES.	ESCLAVES.		LIBRES.		BLANCS.		IMMIGRANTS.		OBSERVATION.
	h.	f.	h.	f.	h.	f.	h.	f.	
1804...	75	25	41	59	54	46	»	»	A l'époque de l'es-
1824...	71	29	40	60	53	47	»	»	clavage on affran-
1844...	63	37	50 h. pour 50 f.				85	15	chissait beaucoup
1850...	60 h. pour 40 f.						87	13	plus de femmes que
1855...	57 — — 43 —						86	14	d'hommes.
1860...	55 — — 45 —						84	16	

Répartition de la Population au 31 décembre 1860.

Extrait des recensements officiels de chaque commune ou district.

COMMUNES ou districts.	POPULATION locale.	IMMIGRANTS divers.	TOTAUX.	OBSERVATIONS.
Saint-Denis....	30,253	5,656	35,909	Ces résultats ne sont que des chiffres proportion- nels, la population réelle doit être comptée ainsi :
Sainte-Marie....	6,825	3,476	10,301	
Sainte-Suzanne.	2,949	4,958	7,907	
Saint-André....	4,354	4,813	9,167	
Saint-Benoît....	10,149	10,250	20,399	Population locale, y compris les non recensés (an moins). 155,597
Sainte-Rose....	1,719	2,080	3,799	Immigrants d'après l'é- tat officiel du syn-
Saint-Philippe..	1,385	615	2,000	dicat. 64,405
Saint-Joseph ...	5,606	1,622	7,228	Total. . . 200.000
Saint-Pierre....	19,636	8,662	28,298	
Saint-Louis.....	12,894	2,987	15,881	La surface totale de l'île, dont la zone littorale est presque seule habitée, est de 2,512 kilomètres car- rés; Bourbon compte donc 79 habitants par kilo- mètre carré, c'est-à-dire bien plus que la France.
Saint-Leu......	5,008	2,110	7,118	
Saint-Paul.....	18,150	6,710	24,860	
La Plaine......	1,216	521	1,737	
Salazie........	3,864	721	4,585	
Totaux....	124,008	55,181	179,189	

Nombre d'animaux existant à diverses époques.

ANNÉES.	CHEVAUX.	MULETS.	ANES.	BŒUFS.	MOUTONS.	CABRIS.	COCHONS.	OBSERVATIONS.
1767...	2,600	»	»	11,200	5,600	18,900	15,100	Le peu d'animaux existant en 1810, s'explique par l'absence
1787...	2,800	»	»	14,800	3,500	14,100	21,000	d'introduction des denrées alimentaires pendant toute la
1810...	1,400	100	90	3,630	3,240	4,800	11,920	croisière anglaise.
1821...	2,760	1,120	390	3,890	3,460	5,390	68,140	Les bœufs et vaches, très-nombreux à la naissance de la colonie,
1833...	4,010	3,240	500	4,070	3,620	6,550	40,630	diminuent rapidement jusqu'en 1810, puis augmentent.
1846...	3,920	5,620	590	4,890	4,700	6,430	30,590	Le nombre des porcs a, outre les causes ci-dessus, été modifié
1860...	3,640	8,280	920	5,610	4,610	10,790	60,570	suivant les phases de l'esclavage et du nombre d'immigrants.

Les objets de consommation ont considérablement augmenté à Bourbon depuis quelques années. Sans entrer dans la discussion des causes qui ont amené ce résultat, et bien que voulant me renfermer dans le simple énoncé des faits, je dois dire que c'est à tort que l'on a attribué la cherté des vivres aux faibles droits de douane et d'octroi, qui depuis quelques années frappent divers articles à l'entrée de la colonie seulement.

Ces droits sont de 5 fr. par bœuf ; 1 fr. par porc, mouton, etc. ; 0 fr. 01 c. par volaille ; 0 fr. 15 c. par 100 kil. de riz ; 2 fr. 10 c. par 100 kil. de gram.; 0 fr. 40 c. par 100 kil. de légumes secs; 0 fr. 20 c. par 100 kil. de sel ; 1 fr. 25 c. par 100 kil. de viande salée ; 0 fr. 02 c. par litre de vin.

Le prix de divers articles s'est ainsi modifié suivant les temps :

ꞓre. . . . . 0 fr. 80 c. en 1819, et. . . . 0 fr. 55 c. en 1836 vaut. . en 1860. . . . . . . 0 fr. 60 c. le kilogramme.

è . . . . 1 00 en 1798, et. . . 1 50 en 1836 — — . . . . . . 2 00 —

ofle. . . . . 7 00 en 1819, et. . . 1 50 en 1804 — — . . . . . . 0 50 —

é. . . . . 0 30 en 1798, et. . . 0 40 en 1819 — — . . . . . . 0 30 —

aïs. . . . . 0 06 en 1783, et. . . 0 15 en 1825 — — . . . . . . 0 30 —

légumes secs. . . . . 0 09 en 1783, et. . . 0 35 en 1829 valent. — . . . . . . 0 60 —

ommes de terre. . . . . . . 0 25 en 1830, et. . . . 0 20 en 1845 — — . . . . . . 0 18 —

z. . . . . 0 35 en 1783, et. . . . 0 27 en 1835 vaut. — . . . . . . 0 35 —

e de Vacoua. . . . . 0 10 en 1783, et. . . 0 40 en 1840 — — . . . . . . 0 55 l'un.

dinde. . . . . 2 00 en 1790, et. . . 5 00 en 1830 — — . . . . . . 25 00 —

oule. . . . . 0 65 en 1790, et. . . 1 50 en 1830 — — . . . . . . 5 00 —

uf. . . . . 0 03 en 1790, et. . . 0 07 en 1830 — — . . . . . . 0 20 —

isson. . . . . 0 10 en 1790, et. . . 1 20 en 1830 — — . . . . . . 4 00 le kilogramme.

œuf. . . . . 0 25 en 1790, et. . . 2 00 en 1830 — — . . . . . . 1 00 —

uton. . . . . 0 30 en 1790, et. . . 4 50 en 1830 — — . . . . . . 4 00 —

oris. . . . . 0 20 en 1790, et. . . 3 00 en 1830 — — . . . . . . 4 00 —

rc. . . . . 0 20 en 1790, et. . . 1 50 en 1830 — — . . . . . . 2 00 —

La valeur moyenne d'un cheval est de. . . . . 1,200 fr. l'un.

——————— mulet — . . . . 1,100 —

——————— âne — . . . . 225 —

——————— bœuf — . . . . 350 —

——————— mouton. — . . . . 30 —

——————— chèvre. — . . . . 25 —

——————— porc. — . . . . 35 —

Valeur des propriétés de toute nature.

ANNÉES.	PROPRIÉTÉS PARTICULIÈRES.					PROPRIÉTÉS DOMANIALES.			TOTAUX.
	Esclaves ou engagés.	Terres.	Usines.	Animaux.	Maisons.	Atelier colonial.	Terres.	Établissements publics.	
	fr.	fr.	fr.	fr.	fr.	fr.	fr.	fr.	fr.
1826. . . .	98,000,000	98,000,000	11,500,000	10,500,000	66,000,000	1,400,000	6,000,000	1,100,000	292,500,000
1834. . . .	110,500,000	86,500,000	16,900,000	10,200,000	69,500,000	2,500,000	8,000,000	1,800,000	305,900,000
1844. . . .	112,300,000	80,500,000	21,200,000	10,000,000	75,000,000	»	10,000,000	2,800,000	311,800,000
1853. . . .	19,500,000	95,500,000	37,000,000	14,500,000	92,000,000	»	12,000,000	3,700,000	274,200,000
1860. . . .	32,200,000	141,900,000	43,000,000	18,100,000	110,500,000	300,000	15,000,000	5,900,000	366,900,000

En 1860, dans la valeur des usines, il faut compter le matériel des.. . . . .

- sucreries, bâtiments, machines, etc., pour. . 61 p. %.
- guildiveries et fabriques de liqueurs, pour. . . 4 —
- caféries et autres épices, pour. . . . . . 5 —
- cultures de céréales, vivres, etc. . . . . . 14 —
- moulins à blé, scieries, etc. . . . . . . 4 —
- établissements industriels et autres, pour. . . 12 —

Surfaces de terres en cultures.

ANNÉES.	HECTARES DE TERRE CULTIVÉE.										TOTAUX.
	CANNES.	CAFÉ.	GIROFLE.	COTON.	RIZ.	CÉRÉALES.	DIVERSES CULTURES.				
							MAÏS.	MANIOC.	EMBREVADES		
1823......	4,200	9,600	6,500	700	1,200	1,800				18,600	42,600
1826......	8,200	8,900	5,000	100	1,300	1,700				35,300	60,500
1836......	14,500	4,200	3,100	»	1,200	1,100				39,000	63,100
1842......	24,000	5,000	2,200	»	1,100	1,000	18,600	4,600		10,100	66,600
1846......	25,300	4,200	1,400	»	600	1,200	17,700	2,200	2,000	14,100	68,700
1853......	55,200	2,500	1,100	»	300	900	18,400	2,500	2,000	5,200	88,700
1860......	62,000	2,200	300	»	100	200	18,700	1,300	2,200	4,000	91,000

En 1853, la surface totale des terres défrichées était de. . . 97,800 hectares.

En 1860, elle est au moins de. . . . . 100,000 —

Importations.

ANNÉES.	RIZ.	GRAINS.	LÉGUMES SECS	VIANDES SAL.	POISSON SALÉ.	VINS.	BOEUFS.	SEL.
	k.	k.			k.	lit.	t.	k.
1816........	501,000	»	»	27,000	55,000	488,000	120	137,000
1836........	11,000,000	»	»	»	»	»	»	»
1858........	34,500,000	4,919,000	1,085,000	641,000	1,370,000	3,329,000	4,683	1,901,000
1859........	36,766,000	7,265,000	701,000	517,000	1,842,000	3,058,000	3,532	630,000
1860........	36,625,000	4,120,000	655,000	827,000	1,661,000	3,428,000	4,663	720,000

Exportations.

Sucre. On a commencé sa culture commerciale en 1815, il en a été récolté, en 1861, plus de 73,000,000 kilogrammes.

Café. Cultivé dès 1715, il produisait en 1817, 3,531,000 kil. Cette culture est presque abandonnée.

Vanille. Les premières fructifications artificielles datent de 1847 ou 1848.

Cacao. Cette culture, sur laquelle les anciens documents nous manquent, est maintenant presque abandonnée.

Girofle. Cultivé depuis 1772, le produit de l'année 1831 a été de 1,683,000 kil. Cette culture est abandonnée.

Blé. La colonie en a produit des quantités considérables, entre autres, en 1783, 4,000,000 de kilogrammes. Elle n'en produit presque plus.

Coton. Comme pour le cacao, les documents nous ont manqué. Cette culture est abandonnée depuis 1828.

Tableau des exportations.

ANNÉES.	SUCRE.	CAFÉ.	VANILLE.	CACAO.	GIROFLE.	BLÉ.	COTON.
		k.	k.	k.	k.	k.	k.
1720....	»	6	»	»	»	»	»
1738....	»	355,000	»	»	»	»	»
1763....	»	1,210,000	»	»	»	550,000	»
1786....	»	2,000,000	—0—	»	30	3,900,000	50,000
1801....	»	3,500,000	»	»	99,000	765,000	48,000
1815....	21,000	1,305,000	»	6,000	100,000	1,500,000	37,000
1820....	4,500,000	1,948,000	»	27,000	466,000	1,500,000	38,000
1825....	7,607,000	2,492,000	»	25,000	472,600	1,670,000	27,000
1829....	15,200,000	663,000	»	20,500	231,000	1,070,000	3,000
1833....	17,037,000	894,000	»	24,000	558,000	730,000	»
1837....	24,900,000	1,228,000	»	12,000	826,000	436,000	»
1840....	29,000,000	839,000	»	7,000	245,000	208,000	»
1843....	30,185,000	1,062,000	»	4,700	262,000	198,000	»
1846....	23,185,000	548,000	»	1,800	538,000	213,000	»
1849....	19,760,000	219,000	3	900	734,000	187,000	»
1851....	23,700,000	70,000	210	350	62,000	190,000	»
1853....	38,000,000	381,000	267	250	92,000	90,000	»
1855	50,900,000	259,000	899	50	229,000	32,000	»
1856....	56,200,000	515,000	728	755	394,000	»	»
1857....	56,950,000	216,000	1,637	373	224,000	»	»
1858....	58,656,000	148,000	3,260	400	18,000	»	»
1859....	62,599,000	200,000	3,617	260	29,700	»	»
1860....	68,469,000	240,000	6,097	»	»	»	»

Valeur des marchandises et objets divers.

ANNÉES.	IMPORTÉES.	EXPORTÉES.	MOUVEMENT TOTAL.
	fr.	fr.	fr.
1804.	»	2,900,000	»
1816.	2,963,000	4,641,000	7,604,000
1821.	5,138,000	8,953,000	13,791,000
1826.	9,719,000	8,932,000	18,651,000
1831.	6,646,000	10,309,000	16,955,000
1836.	7,170,000	13,472,000	20,642,000
1840.	10,100,000	16,500,000	26,600,000
1842.	26,123,000	24,189,000	51,312,000
1844.	21,862,000	22,639,000	44,521,000
1847.	23,982,000	17,637,000	41,619,000
1850.	17,523,000	24,620,000	42,143,000
1852.	24,104,000	25,665,000	49,769,000
1855.	31,240,000	26,370,000	57,600,000
1858.	42,343,000	28,873,000	71,216,000
1859.	42,609,000	34,202,000	76,811,000
1860.	42,524,000	38,342,000	80,866,000

Navigation générale (long cours et cabotage).

ANNÉES.	ENTRÉE DES NAVIRES.		ÉTRANG.	SORTIE DES NAVIRES.		ÉTRANG.	OBSERVATION
	FRANÇAIS.		ÉTRANG.	FRANÇAIS.		ÉTRANG.	
	Nombre.	Tonneaux.	Nombre.	Nombre.	Tonneaux.	Nombre.	
1816.	75	3,700	8	58	4,300	6	Ces tonnages (officiels) sont de beaucoup inférieurs à ceux réels.
1821.	126	26,400	60	125	25,000	54	
1826.	170	40,700	98	175	40,400	94	
1831.	141	81,500	45	119	31.800	41	
1836.	149	35,500	41	126	32,200	38	
1840.	161	41,700	30	140	35,800	31	
1842.	246	55,700	25	191	46,700	27	
1844.	229	35,500	35	190	47,900	32	
1847.	187	47,700	39	203	51,900	41	
1850.	215	56,000	19	205	53,900	17	
1852.	255	68,400	26	274	72,900	19	
1855.	359	116,100	34	354	105,000	32	
1858.	425	149,900	50	385	141,000	44	
1859.	318	101,100	38	337	121,000	36	
1860.	321	111,800	70	296	104,900	70	

BIOGRAPHIE.

Nous ne parlerons ici ni du chantre d'Éléonore (PARNY), l'élégiaque par excellence, né à Saint-Paul, le 6 février 1753, et mort à Paris le 5 septembre 1814 ; ni de BERTIN, le chantre d'Eucharis, « *en amitié fidèle encore plus qu'en amour*, » qui naquit, dit-on, le 10 octobre 1752, et mourut à Saint-Domingue en juin 1790.

Ces poëtes et quelques autres notabilités créoles sont suffisamment connus.

JOSEPH HUBERT.

Joseph Hubert est né à Saint-Benoît le 22 avril 1747. Son intelligence et son goût pour l'agriculture et les sciences naturelles sont connus de tous les savants. Il fut l'ami de plusieurs qui lui prouvèrent le prix qu'ils attachaient à ses travaux en le faisant nommer membre correspondant de la Société d'agriculture de Paris, correspondant de l'académie des sciences, et en donnant son nom aux Ambavilles (*Hubertia ambavilla*), qui couvrent le sommet des montagnes. Dans un voyage qu'il fit à Maurice, à l'âge de 22 ans, il fut remarqué par Poivre qui lui remit des plants d'arbres à épices nouvellement introduits.

Un Giroflier et deux Muscadiers lui furent aussi envoyés en juillet

1772. Il les planta dans sa belle habitation du Bras-Mussard, et c'est à ses soins que le pays dut la propagation du giroflier, et aussi celle de beaucoup d'autres arbres qu'il fit rapporter par des méthodes de greffes ou de boutures savamment appliquées à la nature de chaque plante.

Il créa aussi la charmante habitation du Boudoir, où il reçut Bory de Saint-Vincent, émerveillé de trouver tant de science chez un homme qui n'avait jamais quitté les *Iles Sœurs*.

Nous avons vu nous-même en 1838 les restes du premier giroflier planté par ses soins, et qui, malgré ou peut-être à cause de sa taille colossale (33 mètres), fut déraciné par le coup de vent de 1806. M. Hubert avait fait élever un petit monument dans lequel était placé le tronc de cet arbre historique ; on y avait joint aussi un vieux panier qui, nous assure-t-on, avait servi au transport du jeune plant.

Les observations et collections géologiques de M. Hubert, malheureusement perdues, étaient, dit-on, très-remarquables ; et dans une lettre à M. Gilbert Desmolières il dépeint la marche des ouragans, dont (devançant la science toute moderne de la cyclonomie) il découvrit les mouvements de rotation et de translation.

M. Hubert fut longtemps commandant du quartier Saint-Joseph, qui lui dut sa première administration, et en faveur duquel il obtint une foule de concessions et d'améliorations qui en augmentèrent l'importance.

Les faveurs du pouvoir ne lui firent pas défaut. Outre la croix de chevalier de Saint-Louis, il reçut une des dix médailles d'or accordées en 1820 aux cultivateurs qui, dans toute l'étendue de la France, avaient rendu le plus de services à l'agriculture.

M. Joseph Hubert est mort à Saint-Benoît, le 19 avril 1825, entouré du respect et de l'amour de ses concitoyens.

LÉPERVANCHE-MEZIÈRES.

Ce naturaliste, dont j'ai eu l'honneur d'être le collègue au conseil d'administration du Muséum et dans divers jurys d'exposition, est mort à Sainte-Suzanne, le 28 janvier 1861. Il était né à Saint-André le 29 mars 1808, et appartenait à une des familles les plus intelligentes de la colonie. Ayant perdu son père dès son enfance, il fut élevé par son oncle, M. Bellier-Beaumont, homme fort instruit, et s'adonna spécialement à l'étude de l'histoire naturelle. Il devint le correspondant de bon nombre de membres de l'Académie des sciences : Bory, Mirbel, A. Richard, Gaudichaud, etc., qui, en récompense du concours dévoué qu'il avait donné à leurs études, et des nombreux documents qu'il leur avait adressés, illustrèrent son nom en le donnant soit à des genres, soit à des espèces nouvellement découvertes ou décrites par eux.

C'est à lui que M. J. Geoffroy Saint-Hilaire dut les documents qui lui servirent à décrire l'*Epiornis* (1), qu'il avait (ne sachant pas que ce nom existât dans la science) nommé *Megalornis*.

Bon et affable pour tous, exempt d'ambition, il n'avait accepté du pouvoir que les modestes fonctions de juge de paix ; aussi fut-il plus regretté, s'il est possible, par les pauvres de sa commune, que par ses amis, et par ceux qui, à Bourbon, s'occupaient de sciences naturelles.

LISLET-GEOFFROY.

Homme de couleur au premier degré, il était le seul fils d'une négresse de Guinée, affranchie par M. Geoffroy. Le lieu qui le vit naître était inconnu jusqu'à ces derniers temps. J'eus la satisfaction de le faire découvrir à Saint-Pierre par un ami à qui j'avais adressé une demande de recherches avec les dates et notes nécessaires. Voici l'extrait du registre des actes de l'état civil de la commune de Saint-Pierre.

« 1755, 23 août. Naissance et baptême de Jean-Baptiste, fils de
» Niama négresse de Guinée, libre. Parrain : Jean-Louis, esclave de
» M. Dejean, commandant du quartier Saint-Pierre. — La marraine,
» Ignace, femme de François, Malabar libre. Signé, Desbeurs, prêtre
» missionnaire. »

Élevé par son père, homme fort instruit, dans sa propriété de l'Islet du Bassin plat, d'où lui vint le nom de Lislet, il ne fut reconnu ou

(1) Ce fut à tort que le nom de M. Malavois fut prononcé à ce sujet ; il n'était dans cette découverte que le représentant de la maison de Rontaunay, dont les agents et les navires avaient alors, et à diverses reprises, apporté les débris de cet oiseau géant.

plutôt adopté qu'en 1791. A cette époque, le petit Lislet, malgré son teint noir et ses cheveux crépus, s'était déjà, par ses capacités et son intelligence, élevé de grade en grade à celui de capitaine du génie (chose inouïe alors dans une colonie), et était depuis cinq ans nommé correspondant de l'Académie des sciences. Il serait superflu de parler des titres de Lislet-Geoffroy, dont Arago a dressé une biographie complète. Nous achèverons donc en disant qu'il mourut à Port-Louis, Ile de France, le 8 février 1838, laissant des observations météorologiques qui embrassent une série de cinquante années.

Nicole Robinet de la Serve.

Nicole Robinet de la Serve naquit à Sainte-Suzanne, le 10 avril 1791. Nous extrayons d'une notice plus étendue, publiée par l'*Album de la Réunion*, ces quelques notes sur sa vie, qui se résume dans l'amour de la liberté, du sol natal, et la haine de la domination étrangère.

En 1809, à Saint-Paul, et 1810, à Saint-Denis, il combattit les Anglais, et, ne pouvant en délivrer son pays, il le quitta plutôt que de consentir à leur prêter le serment d'allégeance.

Arrivé à Paris, la Serve se remit à l'étude, et il remportait en 1812 le prix d'honneur de philosophie au concours général.

Ayant encore, en 1814, combattu les Anglais aux barrières de Paris, il ne déposa son fusil, après leur victoire, que pour publier contre les alliés, le 1er mai 1815, l'*Adresse aux bons Français*, à ceux, disait-il, qui, abstraction faite de leurs sentiments particuliers pour Napoléon ou pour les Bourbons, aiment avant tout leur patrie. Depuis lors, jusqu'à son retour à Bourbon, en 1824, il ne cessa de combattre à côté des Lafayette, Foy et autres libéraux notables, dont il fut le disciple, et qui l'honorèrent de leur amitié.

En 1816, il fut reçu avocat et profita de sa position pour défendre ses amis. En 1817, il épousait mademoiselle Chevassus, fille d'un des directeurs du *Constitutionnel*, à la rédaction duquel il travaillait. Enfin, il fit paraître son *Traité de la royauté suivant la Charte et les lois divines et humaines*. Cet ouvrage, traduit aussitôt en plusieurs langues, classa la Serve parmi les publicistes distingués de l'Europe. M. A. Thierry, dans ses *Dix ans d'études historiques,* consacre un chapitre à l'examen de cet ouvrage.

Député à la vente centrale des carbonari de Paris, il fut mis en jugement à la suite d'une complicité de tentative d'évasion des quatre sergents de La Rochelle, et ne dut d'être acquitté qu'au talent de son ami, M. Barthe, aujourd'hui sénateur.

Revenu à Bourbon où l'appelait le désir de revoir sa mère, il s'y fixa et se fit le défenseur des libertés coloniales, devançant alors son pays lui-même, qu'il finit par entraîner à la conquête de la liberté de la presse, de la représentation électorale et locale, enfin à l'autonomie complète.

Il fonda en 1827 l'usine à sucre le *Colosse.* Complétement ruiné en 1830, ses préoccupations personnelles ne lui firent cependant pas oublier son pays, et il créa en 1831 l'association coloniale. Cette association força la main au gouverneur Duval-Dailly, qui convoqua de sa propre autorité, en 1832, un premier conseil général électif, dont la loi du 21 avril 1833 vint sanctionner l'existence sous le nouveau nom de conseil général.

Nicole de la Serve fut naturellement un des membres les plus actifs de cette assemblée, où il osa, le premier, conseiller de ne pas s'opposer aux mesures prises par le gouvernement pour arriver à l'émancipation progressive des esclaves. Il fut aussi un des créateurs du district de Salazie, où il mourut le 18 décembre 1842, ayant abandonné les affaires publiques depuis 1837, pour se livrer à l'éducation de ses jeunes enfants.

Son pays reconnaissant lui a élevé un tombeau où on lit cette seule inscription :

Au défenseur des libertés coloniales !

Nous ne dirons rien des amiraux *Collet, de Villeneuve, Bouvet,* du général *Bailly de Monthyon,* ni du capitaine de vaisseau *Philibert,* tous créoles, mais dont la vie appartient bien plus à l'histoire de la France qu'à celle de la colonie.

Nous ajouterons toutefois quelques mots sur M. *Delanux,* notaire à Saint-Paul, vers le milieu du siècle dernier. Nous avons le regret d'avouer que sur lui pas plus que sur M. Gilbert, dont nous parlerons plus loin, nous n'avons pu trouver aucune note, même parmi les parents qui habitent encore sa ville natale. Ce qu'il y a de certain c'est que M. Delanux avait des connaissances assez étendues dans les sciences naturelles et mathématiques. Il était correspondant de l'Académie des sciences en 1764, et en relation plus directement avec Buffon et Legentil, qui ont parlé de lui dans leurs ouvrages. Arago lui consacre aussi quelques lignes dans son *Astronomie populaire*.

Quant à M. *Gilbert*, ancien capitaine au long cours, ce fut un ingénieur distingué, qui rendit de véritables services à son pays en y introduisant des habitudes d'ordre et de régularité dans la construction des bâtiments et usines. Nous avons quelques notes de lui, où il fait preuve d'une grande sagacité dans ses appréciations géologiques sur la colonie, surtout si on se reporte à l'époque à laquelle ces notes ont été rédigées.

Terminons en citant les noms d'*Amédée Patu*, mort en défendant son pays contre l'invasion anglaise, le 9 juillet 1810, et de *E. Dayot*, né à Saint-Paul le 8 avril 1810, et mort le 19 décembre 1852. On possède de ce dernier des écrits et des poésies qui mériteraient de voir le jour sur un plus grand théâtre.

Nous ne dirons naturellement rien des créoles qui encore aujourd'hui illustrent leur pays dans les arts, la poésie, la marine et l'armée ; nous ajouterons seulement, qu'on pourrait en former une longue liste, qui commencerait au Sénat et finirait à l'humble sous-lieutenant ayant gagné ses épaulettes dans les tranchées de Sébastopol ou sous les balles de Solferino.

LANGAGE.

L'un des hommes qui ont le mieux compris toutes les grâces naï-
ves et charmantes du langage créole, M. Héry, disait aux dames de
Bourbon, en leur dédiant ses délicieuses fables en langage du
pays :

> Le créole naïf et tendre
> Dans votre bouche est enchanteur ;
> Lorsque vous le parlez qui ne voudrait l'apprendre,
> Rien n'est plus doux, c'est la langue du cœur.

Ceci est surtout vrai dans la bouche des dames, et nous en savons
qui en ont acclimaté toute la *morbidesse* naïve jusque dans les hauts
salons parisiens. Dans leur bouche, ce n'est plus un patois, ce n'est
plus un langage, ce sont des demi-mots, des insinuations aux mille
replis capricieux dans lesquels l'intonation est tout. A quoi bon
des phrases ? Des mots, quelques syllabes suffisent. Que ne di-
sent-elles pas avec le *heu heu*, ou *un un*, ou *en en*, dont nos caractères écrits se refusent à donner l'expression. Véritable Protée, ce
double son dit tout ou ne dit rien ; il est susceptible de toutes les
significations et sert à l'interrogation, au doute, au mépris, à l'ad-
miration, à l'affirmation, à la négation, et à bien d'autres choses in-
nommées. Qui ne sent tout le prix d'un mot pareil ? Quant à nous il
nous semble le fils bien légitime et bienvenu de ce doux *far niente*,
imposé aux gracieuses créoles par le climat de notre île intertropicale ;

heureuse expression qui leur permet de remplacer par un mot toute la fatigue d'une longue phrase.

A côté du *heu heu*, il faut placer le *comme ça même*, locution admirable, charmante, mais inexplicable, qui tient lieu de toute explication difficile à donner. — *Pourquoi as-tu fait cela ?* — *Comme ça même.* Cela veut dire: je ne sais pas trop, sans but arrêté; ou: je n'ai pas envie de le dire. — *Quel est ce monsieur?* — *Un blanc comme ça même.* — *Et cette dame? — Une femme comme ça même.* Comme dans cette circonstance surtout, ces quelques mots ont une portée incomparable! De plus, si vous ajoutez à la phrase une intonation particulière, elle peut arriver à exprimer le plus profond mépris.

Le mot *même* revient du reste à chaque instant dans la conversation, et a une foule de significations selon le moment où on l'emploie. Il sert surtout à appuyer une idée, à affirmer un fait. Racontez-vous quelque chose dont on reconnaît l'exactitude? on vous répondra immédiatement, *ça même*, pour c'est cela, ce que vous dites est exact.

Nous n'en finirions pas, si nous cherchions à expliquer la valeur de tous les mots du langage créole, qui, s'il n'est pas riche par le nombre des expressions, l'est certainement par la variété des intonations qui changent quelquefois du tout au tout la valeur du mot prononcé.

Le patois créole est formé de français altéré, mêlé à une foule de termes de marine : *failli,* pour faible ou paresseux; *amarrer,* pour attacher, lier, etc., etc.; et surtout d'expressions empruntées au langage cafre, indien ou malgache. Exemple : *Jordi moin le' m'avouz!* aujourd'hui, je me sens mal disposé, je ne suis pas en train, je me sens un peu malade (*mavouz* vient du malgache). Enfin, il y a une foule d'expressions, dont le point de départ, le mot primitif, a été tellement dénaturé, qu'il serait impossible de les rapporter à aucune langue.

Le patois créole varie encore selon la classe qui le parle. C'est ainsi que les petits créoles ne le parlent pas comme les nègres d'autrefois, maintenant les citoyens, et qu'il éprouve encore de nombreuses modifications, quand il est employé par un Malgache, par un Cafre ou par un Indien.

Nous avons parlé en commençant de M. Héry et de son aptitude pour le langage créole ; nous terminerons ce chapitre par une de ses fables, que nous empruntons à l'*Album de l'île de la Réunion*, publié par M. Roussin.

CAILLE ENSEMB' SON PITITS.

Ein Manman caill' dans n'fatac Saint'-Izan'n
Proç li coin ein çamp d'riz l'atait cacièt son nid.
     L'atait tout au bord la savan'n...
Mais di riz dépass' mîr. Par malhèr, çaq pitit
L'atait tout-tend', tout-tend', encore tout ni.
     Pa Zozoq' li maître di plantaze
Vient aguett' son di riz, li soir après l'ouvraze :
« Ah ! soupelet, bon Dié ! mon di riz la perdi,
» Si di vent souff' a c't'hère, trop sîr va grain' a li.
     » Ein récolt si zouli si plein !
» Cours, zenfants, vitement la caz' toute vouésin,
» Dis a zaut' rondement vient donn' a nous la main. »
La Manman caill' y dit à son pitit famille
La pas cacab' bouzer. « Brann' pas dans n'vout' couquille :
     » N'a pas dimain zour l'embarras. »
     Li boug' vouésin y vini pas !
Pendant trois zours v'y enten'n pas tapazè :
N'a point vouésin vé quitte son l'ouvraze.
Pa Zozoq' vient encore : « Ah rien moin n'aura pas !
     » N'a n'a dezà qu'la timbe en bas...
» Cours z'enfants, dis zamis : viens vitement sans faute,
     » Manq' pas vini, mi compt' si zaut. »
Tout zamis rest' mavouz' autant comment vouésin,
     Y vient pas, z'aut, serre li grain.
Pendant tout ci temps là, pitit caill' y proufite,
Plim' dans n' la z'aile y pouss' vite.
Troisièm' fois Pa Zozoq' y vient aguett' son çamp ;
     A forc' colèr ly pliç son dent.
Y dit son garçon : « D'main grand matin prends faucille,
» Mi fier pas davantaz' vouésins ensemb' famill,
     » Nous va commenç quand' qu'nous y vé ;
     » Nous va fini quand qu'nous y pé. »
Hen !!! Manman Caill' y dit : « Allons lèv, nout' bagaze,
» File, dépèç' a nous, tarde pas davantaze... »
Pitit caill' capé cap la train' son patt' déhors,
L'endimain dans n'la plain' l'atait caçièt z'aut corps.
     Vous n'a quéq çoz' pressé pour faire ?
     Fais vit'ment vous même vout' z'affaire.
Si vou' y rod' parents, si vou' y fié z'amis,
     Vou va s'trouve engazé, vous va reste camis.

CHANTS, MUSIQUE, DANSES,

BEAUX-ARTS.

———

La musique occupe une large place dans les loisirs des différentes classes de la population de l'île de la Réunion. Elle est cultivée, soit dans les classes riches et aisées, avec les bonnes traditions apportées par les professeurs qui nous arrivent d'Europe ; soit par les petits créoles sous la forme exclusive de contredanses et valses jouées sur le violon ; soit chez les travailleurs qui nous sont venus de l'Inde, des côtes d'Afrique et de Madagascar, avec les chants et les instruments particuliers à chaque peuple; enfin on la retrouvait, naguère encore, chez les affranchis de 1848, sous forme de mélange de musique européenne et africaine.

Au commencement du siècle, les contredanses et les valses jouées sur le violon par les ménétriers qu'on appelait *jouars* (joueurs), formaient à peu près la seule musique qu'on entendait. Ces ménétriers se réunissaient quelquefois le soir et le dimanche pour s'habituer à jouer ensemble, et ces répétitions, en vue d'un bal prochain, leur fournissaient l'occasion de se perfectionner sur l'instrument, en prenant pour modèles ceux qui faisaient école. Arrivait ensuite le jour de la représentation, c'est-à-dire le bal. Les *jouars* s'alignaient escortés par un ou deux tambours de basque et un triangle, et alors on entendait l'éternelle *Liberté*, exécutée avec assez de rondeur et accompagnée de fioritures laissées à la discrétion du virtuose qui s'en chargeait... Cette rondeur venait du genre de musique qu'on exécutait, et surtout de la tradition qu'avaient laissée quelques maîtres dont le style pourrait être appelé *sabreur*. En effet, ils avaient l'air de sabrer la musique en jouant par saccades et par secousses. Il serait impossible de se former une idée de cette manière de jouer sans l'avoir entendue, et même, après l'avoir entendue, il serait difficile à un musicien de la reproduire... Malgré cette école déplorable, nous avons eu des ménétriers qui avaient véritablement du talent, et qui, après avoir entendu quelques musiciens, avaient réussi à prendre d'eux le coup d'archet long, le phrasé d'assez bon goût, et joignant à cela la justesse de touche et la qualité de son qu'ils avaient naturellement, étaient arrivés à se faire écouter avec plaisir, et à se faire désirer pour les bals du grand monde. On se rappelle encore les Martin, les Guillaume, etc., etc. Ces messieurs ont eu peu d'imitateurs et n'ont laissé aux jouars d'aujourd'hui qu'un jeu flasque, une phrase éternellement monotone et un son petit et criard. Ce qui rend encore plus monotone la musique qu'ils exécutent, c'est que tous jouent le chant à l'unisson, et qu'on n'entend jamais un accompagnement, quelque discret qu'il puisse être.

Aujourd'hui les ménétriers ont disparu des soirées des villes. On a, pour remplacer avantageusement leur musique, celle que les dames exécutent sur le piano dans les réunions intimes, et celle exécutée, soit par des amateurs en *quintettes* et en *sextuors*, soit par la musique militaire de la milice et de la garnison.

Il fallait commencer par faire connaître ce qu'on appelait autrefois musique, pour arriver naturellement à l'art véritable qu'on cultive à la Réunion avec assez de succès. D'abord, les jeunes créoles qui revenaient de France après leurs études, avaient cultivé plus ou moins la musique, et accompagnaient les dames et demoiselles que quelques rares professeurs de l'île Maurice avaient initiées au jeu de la guitare, de la harpe et du piano. Les dispositions naturelles de quelques jeunes personnes avaient conduit leurs pères à faire eux-mêmes leur éducation musicale, ou à profiter des professeurs qu'on trouvait, voire même à en faire venir de France. D'un autre côté, les artistes dramatiques commençaient à fréquenter l'île, et emmenaient avec eux des instrumentistes, qui, la plupart, se sont fixés dans le pays et s'y sont mariés. Ces musiciens ne se sont pas contentés de donner à leurs élèves le mécanisme des instruments, ils leur ont inspiré *le goût*, qui est tout en musique, et quelques-uns sont parvenus à faire des élèves que ne désavoueraient pas les bons professeurs de Paris.

Malheureusement la musique n'est enseignée et apprise que presque exclusivement pour le piano. Les autres instruments sont, sinon laissés de côté, du moins cultivés d'une manière très-incomplète, et seulement pour accompagner un quadrille ou une valse au piano, ou éluder le lourd fusil de munition de la milice en se mettant dans la musique. Comme, alors, l'étude n'a pour but qu'une diminution de poids dans l'instrument à porter aux revues et exercices, il s'ensuit qu'elle s'arrête aux éléments, et qu'on considère comme musicien celui qui peut jouer la partie d'un pas redoublé où il y a quatre noires et dix croches.

Cependant la colonie possède quelques instrumentistes très-forts; mais ceux-là ont été se perfectionner en France. Il est regrettable que généralement ils abandonnent leur instrument et leur art peu de temps après leur retour, et laissent la place aux instrumentistes, de grand mérite aussi, que la France nous envoie.

Le chant est peu cultivé, du moins d'une manière sérieuse. Le créole chante juste généralement, mais n'a pas de voix. Sa grande facilité pour la musique le conduit à reproduire aussitôt les airs qu'il entend; mais aussi cette grande facilité, jointe à l'effet du climat, l'empêche d'étudier le mécanisme de la voix, et lui fait considérer comme chant un air reproduit avec les paroles, mais sans pose, sans bonne concision de son et sans goût. A côté de cette généralité viennent se placer heureusement de nombreuses exceptions.

Passons maintenant à la musique des Indiens, Malgaches et Cafres.

L'Indien est essentiellement antimusical, si l'on regarde ce qui constitue généralement l'aptitude à la musique, c'est-à-dire justesse d'intonation, mesure, rhythme et ensemble. Les Indiens chantent généralement faux et n'ont point d'ensemble, puisqu'il leur leur suffit de dire la même chose que le voisin, mais à une demi-mesure en retard, et souvent à un, deux ou trois tons au-dessus ou au-dessous, selon le diapason des voix. La mesure est nulle, et rappelle assez le plain-chant, avec lequel, du reste, leur musique a plus d'une ressemblance. Quant au rhythme, il n'est pas général; cependant on le rencontre quelquefois, et alors il devient pour ainsi dire exagéré. Somme toute, ce n'est pas de la musique, et l'on abandonnerait volontiers le théâtre de leur réunion en les entendant chanter, si par avance on ne s'en était tenu éloigné à cause de l'accompagnement obligé de tambours, de timbales dans tous les tons, et de flûtes de bambous à trois notes. Les Indiens sont éminemment comédiens, et il est vraiment regrettable que de telle musique accompagne la mise en scène de leurs fêtes; elles ne sont pas dénuées d'intérêt et sont ordinairement accompagnées de jongleries et de danses toujours intéressantes par leur originalité.

Le Malgache est assez musicien; mais cette musique se réduit presque à une mélodie mélancolique sans rhythme, ayant pour texte un amour malheureux ou la patrie absente. En effet nous entendons souvent ce chant plaintif formuler le regret de ne pas être à *Tani-bé* (*grande terre, Madagascar*); demander dans le moment où peuvent se trouver père, mère et femme, accusant le temps qui creuse les rides sur le visage et qui éloigne les amoureux. Dans les danses, ce chant mélancolique se retrouve en commençant, au moment où la danseuse invite, par ses poses, un danseur à entrer avec elle dans le cercle formé par les spectateurs. Celui-ci s'élance, lève les bras comme un maître d'armes qui s'efface, s'approche de sa danseuse par côté, et marque la mesure en déplaçant graduellement les pieds. Quelquefois, il agite les mains en les faisant trembloter. Du moment où la danse prend ces caractères par l'entrée du danseur dans le cercle, les chants cessent, et les différents temps de la mesure sont marqués par un bruit de bouche d'une nature particulière. Du reste les réunions de Malgaches qu'on appelle *Kabars*, ayant pour prétexte la mort d'un parent, ou la cérémonie de la circoncision, etc., etc., se réduisent à des discours très-longs pour lesquels ils ont une grande prédilection, et à des libations encore plus longues. Cette monotonie dans le chant, et cette absence presque complète de rhythme, tiennent au peu de goût qu'ont les Malgaches pour les choses nouvelles. Mais, que ce peuple se frotte à des Européens ou à des créoles à la Réunion, et l'on voit se dessiner des dispositions musicales se traduisant par la répétition des chants qu'il entend, et par la grande justesse d'intonation. Les femmes qui n'ont pas fait abus de liqueurs fortes, ont généralement la voix juste et douce.

Arrivons au Cafre. Voilà le véritable musicien des pays chauds! Tout se trouve réuni chez lui : mélodie, harmonie, accompagnement par les instruments, voix forte et juste, rhythme approprié au chant, et mesure irréprochable. Si on peut regretter chez lui un peu de rudesse dans la mélodie, on abandonne bien vite ce petit point, en entendant cette richesse d'harmonie, et cette variété infinie dans l'accompagnement, le tout sur une mesure parfaitement frappée ; le temps fort par le plus grave des instruments, et les autres temps et les subdivisions par les instruments aigus.

Dans leurs réunions, où la danse s'allie à la mimique, l'orchestre prélude par quelques coups de tambour : le chef redit plusieurs fois le commencement de l'air que l'on doit chanter ; les autres instrumentistes frappent aussi sur leur tambour comme pour prendre l'accord. Hommes et femmes s'alignent en chantonnant et marquant la mesure des pieds, du corps et de la tête. Peu à peu, l'orchestre prend de la force : chanteurs et chanteuses divisés en plusieurs groupes ayant commencé à chanter séparément, mêlent leurs voix et arrivent à cet ensemble parfait qui n'a pour loi que le tact musical exquis qu'ils possèdent naturellement. Alors un danseur entre dans le cercle, et par les poses les plus lascives invite une danseuse à entrer dans l'arène. Souvent les supplications sont longues, et donnent au danseur l'occasion de montrer toutes les ressources de son imagination, traduites par les mouvements du corps et des membres : tantôt, c'est la cohabitation dans un séjour enchanteur qu'il montre comme récompense à celle qui l'acceptera ; tantôt, il flatte son amour-propre en lui faisant comprendre qu'elle est la plus belle et la plus gracieuse à la danse. Enfin, la danseuse accepte, et alors commence une de ces scènes qui laissent derrière elles tout ce qu'on a pu voir dans les

ballets. L'homme bondit près de sa maîtresse et lui exprime ses désirs ; la femme fait quelques difficultés, a l'air de lui dire qu'il y a
d'autres amoureux plus habiles que lui à la danse. L'amant redouble
de zèle, fait voir ses meilleures poses ; enfin la femme se laisse per-
suader et consent à le suivre. Pendant tout le temps que dure cette
scène mimique, les danseurs et les danseuses continuent à tourner
autour des acteurs, en dansant et en chantant ; ils marquent la conquête de l'amant par une explosion de chants et par les subdivisions
de la mesure frappées si justes et si serrées, qu'il est impossible de
rester indifférent, et que souvent les spectateurs se surprennent à
battre la mesure avec les acteurs.

   Voyons maintenant le Cafre qui a terminé sa journée de travail, et
qui assis à la porte de sa case chante en s'accompagnant du *Bobre*,
soit pour charmer sa femme, soit en perspective des jouissances
que lui promet le bouillonnement de la marmite qui est sur le feu,
soit enfin par instinct. Son chant quitte la rudesse dont nous avons
parlé, devient mélancolique, et, bien que ce soit sur le même rhythme,
arrive à produire des effets de tristesse, d'espérance et de force, en
modifiant la mesure et l'accompagnement de son primitif instrument.

   Les Cafres ont aussi un instrument qu'ils fabriquent, en relevant
des lanières d'écorce sur un nœud de bambou, et en mettant dessous
des coins en guise de sillets, de manière qu'étant isolées du corps de
bambou, et n'y étant retenues que par les extrémités, ces lanières
forment autant de cordes qui vibrent dans plusieurs tons. On voit
même des Cafres, qui après avoir coupé des morceaux de bois sonore
de différentes longueurs, les réunissent sur deux traversins en paille,
et en forment une espèce de clavier à étendue d'un dixième, sur lequel ils frappent avec deux baguettes.

   Les affranchis de 1848, les anciens esclaves, avaient formé une
musique mixte, qui avait un certain charme quand elle accompagnait
les travaux des champs. La mesure y était irréprochable, et l'on y
trouvait aussi le rhythme et les parties accompagnantes de la musique des Cafres.

   Les bals et les soirées de la saison fraîche sont pour les dames
créoles une occasion de gracieuses toilettes ; mais elles aiment cer-

tainement aussi la danse pour elle-même, et semblent prendre à ce mouvement et à ce bruit si contraires à leurs habitudes, un plaisir que l'on ne peut expliquer que par l'attrait des contrastes. Nous avons vu souvent des jeunes demoiselles dans leurs réunions intimes danser entre elles au son du piano, meuble que l'on retrouve dans toutes les maisons; cet attrait pour la danse nous a fait assister à une scène assez curieuse. Étant allé passer quelques jours dans un des oasis de l'intérieur de l'île, où déjà s'étaient réunies quelques familles, nous trouvâmes les demoiselles en train d'apprendre note par note, au ménétrier du lieu, les airs du *Lancier*, qu'elles parvinrent ainsi à danser deux ou trois fois après plusieurs jours de leçons données au pauvre râcleur, tout étonné d'arriver, à force de tâtonnements, à jouer assez couramment les airs que lui chantaient ces demoiselles, lui qui ne savait tout au plus que jouer de routine les *segas* créoles.

Un des grands plaisirs de la population coloniale est le théâtre; malheureusement, deux causes tendent à les en priver souvent : d'abord, chez les dames, le luxe de toilette qui élève outre mesure les dépenses qu'entraîne ce plaisir, déjà assez coûteux par lui-même, et ensuite l'exigence des amateurs qui ne tolèrent sur leur scène que des artistes d'un certain mérite, et demandent toujours à chaque directeur une troupe d'opéra largement montée, voire même quelques danseuses. Il en résulte naturellement que si, à l'arrivée, cette troupe largement payée fait à peine ses frais, au bout de quelques mois elle fait moins encore; et l'on peut dire qu'il est à peine un directeur qui soit venu à bout de remplir en entier l'engagement de 18 mois qu'il est d'usage de contracter avec les artistes et envers le public. Quand donc arrive la débâcle les troupes se désunissent; chaque artiste tire de son côté. Heureux les amateurs de la scène, s'ils parviennent à décider quelques sujets de choix à rester sur leur sol, et à y continuer les représentations, qui alors se réduisent naturellement au vaudeville et à quelques bonnes comédies. Dans ce cas, il est vrai, le théâtre n'est suivi que par les vrais amateurs; mais en se multipliant, les quelques artistes restés parviennent encore à faire leurs frais, et regrettent quelquefois qu'un nouveau directeur privilégié arrivant avec une troupe neuve de drame, d'opéra, etc., etc., vienne mettre fin à leur modeste mais quelquefois fructueuse exploitation.

Disons, en passant, que quelques troupes équestres ont aussi fait escale à la Réunion, et qu'elles ont toujours réalisé de copieuses recettes ; ce genre de plaisir étant tout à fait du goût de la classe moyenne.

En dehors de la musique et de la danse, les arts sont bien peu cultivés à Bourbon. La sculpture y est presque inconnue, la peinture très-peu appréciée, et nous pourrions citer tel peintre qui a dû se faire cultivateur, ou tel autre lithographe pour arriver à entretenir honorablement sa famille.

L'un d'eux, M. Roussin, a créé sous le titre d'*Album de l'île de la Réunion*, une publication imprimée avec un certain luxe et fort intéressante, donnant chaque mois quelques lithographies et une feuille de texte. Or, c'est à peine si cette publication fait ses frais, à l'aide d'une légère subvention que lui vote pourtant le conseil général de la colonie.

Terminons par un fait assez significatif indiquant le peu d'attrait qu'offre à la population de Bourbon, la vue des productions artistiques.

Il y a une douzaine d'années, le gouvernement fit don à la colonie de deux belles tapisseries des Gobelins. Or, on les chercherait vainement, cachées qu'elles sont dans la chapelle particulière de l'évêque, où la plus belle a même été repliée et clouée, de manière que son centre seul est visible et sert de devant d'autel.

EXPOSITIONS, COURSES

ET NOTES DIVERSES.

EXPOSITIONS.

Les expositions de l'agriculture, de l'industrie et des beaux-arts sont à Bourbon une innovation toute récente. La première fut essayée en 1853, le 7 octobre, sous une modeste tente dressée au milieu du jardin botanique. Le résultat dépassa de beaucoup les espérances des fondateurs ; aussi les renouvelèrent-ils les 20 novembre 1854, 12 octobre 1855, 22 novembre 1856, et 8 octobre 1858. Dans cette dernière exposition, on avait convié l'île sœur (Maurice), et elle n'a pas manqué à l'appel. Aussi Bourbon s'empressa-t-il de répondre à l'invitation qu'elle lui adressa, lors de l'exposition faite au Port-Louis, l'année suivante. Disons tout de suite que le succès de chacune des deux colonies fut balancé ; que si Maurice l'a emporté sous le rapport industriel, Bourbon a gardé sa prééminence agricole, et que même, sous le rapport des beaux-arts, la colonie voisine n'a jamais contesté sa supériorité.

Les essais d'exposition tentés de 1853 à 1858 ont naturellement été pour beaucoup dans la prééminence qu'a conservée Bourbon sur les autres colonies françaises, tant à l'exposition universelle de 1855, qu'à celle de l'agriculture de 1860.

Ses produits, classés à l'exposition permanente des colonies, donnent une idée de ce que le pays peut offrir sous ce rapport.'

Si des épidémies et autres calamités sont venues entraver pour quelque temps l'ouverture, dans la colonie, de nouveaux champs de lutte pour l'agriculture et l'industrie, il y a lieu d'espérer que l'année 1862 verra ces utiles institutions reprendre leur cours régulier, et que le pays ne sera pas privé plus longtemps de ce moyen de progrès si efficace.

Rien de charmant comme ces expositions coloniales. Sans nous occuper des produits industriels et artistiques réunis dans un vaste chalet, contentons-nous de citer l'aspect gracieux de toutes ces plantes tropicales rassemblées dans une immense salle mauresque aux colonnes élancées, laissant partout circuler l'air et la lumière sur les guirlandes des fruits les plus savoureux mêlés aux élégants palmiers et bananiers à la feuille si gracieuse. Là encore, les modestes produits du jardinage attirent les regards par leur fraîcheur et leur beauté; nul besoin de serre chaude ou tempérée : est-ce qu'aux produits tropicaux du bord de la mer, ne sont pas venus se joindre ceux des régions moyennes envoyés par des cultivateurs du mont Saint-François, et du Brûlé de Saint-Denis? Est-ce que la zone quelquefois glacée de la plaine des Cafres n'a pas envoyé ses magnifiques produits, parmi lesquels figurent des plantes fourragères et des céréales à faire envie aux herbagers de la grasse Normandie? Parsemez au milieu de cela les fleurs de tous les pays du monde, puis laissez votre imagination enfanter toutes les fantaisies produites par d'harmonieux contrastes joints à un classement véritablement artistique, et vous aurez une faible idée de l'aspect d'une exposition agricole à la Réunion.

Mais j'oubliais les accessoires : d'abord l'emploi obligé de tout embellissement de ce genre, l'eau, que verse tantôt une charmante fontaine perdue sous des gerbes de fleurs et de fruits, tantôt un modeste rocher aux eaux jaillissantes ou aux simples gouttelettes, qui viennent se transformer en perles d'argent sur les larges feuilles de la *songe*. Mettez le tout au milieu du vaste jardin botanique qui a fourni sa belle part à la décoration, semez les allées de ce jardin des gracieuses boutiques d'une foire qui ouvre et ferme en même temps que l'exposition, et vous aurez un aperçu de la fête du jour. Arrive la nuit, une brillante illumination, comme il n'est possible d'en créer qu'entre les tropiques, viendra transformer en une véritable féerie ce jardin d'ordinaire si tranquille. Aussi, la foule se pressera-t-elle toujours à ces fêtes, inondant les rotondes des cafés improvisés, ou circulant à grand'peine sous la voûte des manguiers de la grande allée, et sous les vastes palmiers dont les feuilles supportent des globes de feu aux mille couleurs.

N'oublions pas de faire connaître que chaque exposition se termine par une distribution de médailles ou de récompenses pécuniaires aux exposants les plus méritants. On a dit, peut-être avec raison, que ces récompenses avaient été trop nombreuses ; toutefois, nous pensons qu'il était nécessaire d'en agir ainsi à la création d'une institution nouvelle, au développement de laquelle ces médailles ont certainement contribué. Les chiffres suivants suffisent pour démontrer les progrès que lesexpositions ont faits à Bourbon.

Il résulte des listes tenues par le jury, que le nombre des exposants était, en 1853, de 90 ; — en 1854, de 181 ; — en 1855, de 277 ; — en 1856, de 327, et enfin en 1858, de 482, y compris une soixantaine de l'île Maurice.

En vertu d'une décision de l'Assemblée nationale, chaque année le Ministère de la marine adresse à la Réunion un certain nombre de médailles et de sommes en argent pour être distribuées aux affranchis de 1848, qui, dans chaque quartier, ont mérité d'être désignés par les conseils de commune comme dignes d'une distinction, soit par leur constance au travail, soit par tout autre acte méritoire. Ordinairement, cette distribution de récompenses se fait après celle des médailles décernées aux exposants, et vient encore rehausser l'éclat de cette fête toute coloniale.

Il est aussi à Bourbon une autre institution assez importante, qui date d'un peu plus loin que les expositions, et qui se partage avec elles la faveur du public ; nous voulons parler des COURSES, qui, par suite de l'entente des deux jurys, se font ordinairement à Saint-Denis, à la même époque que l'exposition coloniale.

Autrefois, on élevait à Bourbon une espèce de chevaux dits chevaux créoles, qui descendait de race abyssine et arabe ; mais cette race dégénéra, et l'élève des chevaux était presque abandonnée, lorsqu'en 1846 quelques amateurs se réunirent pour instituer des courses, dont ils firent un essai la même année. Il fallut tout créer, même les jockeys; heureusement que Maurice, plus avancée sur ce point, vint en aide à sa voisine.

L'essai ayant réussi, il se continua d'année en année; en 1849, cette institution fut définitivement régularisée, et n'a plus cessé de fonctionner.

L'ensemble des courses, à Saint-Denis, présente un aspect fort remarquable. Du sommet des tribunes, ou plutôt d'un amphithéâtre de gazon couvert de tentes et garni de banquettes, 2000 privilégiés dominent l'hippodrome de la plaine de la Redoute, dont le centre est occupé par le tombeau des Anglais morts à l'attaque de l'île en 1810. Une légère montée, située près de la poudrière, écueil des chevaux faibles, sert encore à aviver l'entrain donné par le signal du départ des concurrents. Hurrah! pour le vainqueur s'il est enfant du pays; mais hurrah aussi et toujours, même quand le cheval victorieux appartient à un des gentlemen de l'île sœur qui ne dédaignent pas de venir lutter avec les chevaux que les créoles de Bourbon ont tirés à grands frais d'Europe, du cap de Bonne-Espérance ou de Sidney : A charge de revanche, disent les Bourboniens; nous irons à notre tour vous disputer les palmes du champ de course de Port-Louis !

Ce qui rend les courses de Bourbon si pittoresques, ce n'est ni la vitesse de ses coursiers, qui ne seraient pourtant quelquefois pas déplacés sur les hippodromes de France, ni le nombre de chevaux engagés, qui, pour chaque course, ne dépasse guère 4 ou 5; c'est l'aspect du terrain réservé à ces fêtes, et celui du paysage qui l'entoure.

Derrière la tribune s'élèvent les hautes montagnes de l'île; à droite, le lit profond de la rivière Saint-Denis, et au delà la ville, qui se dessine sur l'arrière-plan des campagnes verdoyantes de la partie du vent. A gauche, le plan incliné de la montagne Saint-Denis, avec sa route en lacets et sa vigie pour couronnement, le tout formant de vastes gradins d'où la population et les Indiens aux costumes bariolés viennent s'étager pour jouir du coup d'œil de la fête.

Si vous donnez pour fond à ce tableau le beau bâtiment de la nouvelle caserne et le monticule couronné par la redoute, le tout se détachant sur l'horizon sans bornes d'une rade, garnie de nombreux navires pavoisés, vous aurez un des aspects les plus féériques qu'il soit donné de voir à Bourbon. Aussi les courses, jointes aux expositions, sont-elles à Saint-Denis l'objet d'une réunion de population que l'on croirait impossible dans une si modeste ville. Là chacun rappelle les brillantes victoires auxquelles il a assisté. Que de fois sont prononcés les noms des anciens vainqueurs, le brillant Hamlet, le rapide Pussy, Flyndoë, Question, et tant d'autres qui les premiers ont illustré le turf bourbonien.

Nous donnons ici le nombre des prix distribués en 1856, dix ans après la création des courses. On a depuis créé un autre prix, celui du Maiden, dont le montant varie entre 5 et 10,000 francs.

COURSE.

Première journée. Dimanche, 5 *octobre* 1856.

Grand prix de la Société des courses, 2,500 francs; 3 kilomètres en parties liées 4' 10", entrée 125 francs.

Deuxième prix de la Société des courses, 1,500 francs; 3 kilomètres en parties liées 4' 10", entrée 100 francs.

Troisième prix de la Société des courses pour les chevaux non entraînés, 500 francs; 1 kilomètre en parties liées.

Course des poneys : pour le premier 100 francs et le second 50 francs (1 kilomètre).

Deuxième journée. Jeudi, 9 *octobre* 1856.

Prix du Gouvernement, 2,000 fr.; 3 kilomètres en parties liées 4' 10", entrée 100 fr.

Prix de la Société des courses, 1,500 fr.; 3 kilomètres en parties liées 4' 10", entrée 100 fr.

Prix du Commerce, 1,100 fr.; 2 kilomètres en parties liées 2' 42", entrée 75 fr.

Poneys, 100 fr. pour le premier et 50 fr. pour le second (1 kilomètre).

Troisième journée. Dimanche, 12 *octobre* 1826.

Prix de la Commune, 2,000 fr.; 3 kilomètres en parties liées 4' 10", entrée 100 fr.

Prix des Sucriers qui sera ultérieurement fixé ; 3 kilomètres en parties liées 4' 10", entrée 100 fr.

Bourse des Dames, 750 fr., entrée 75 fr. joints au prix.

Poneys, 100 fr. pour le premier et 50 fr. pour le second.

Si les courses ont été instituées pour faire revivre à Bourbon l'élève de la race chevaline, il est un autre genre d'élèves qui a aussi son importance et que le jury des expositions eut à couronner plus de fois encore que celle des chevaux et mulets, nous voulons parler de l'élève des races bovine, ovine, caprine et porcine. Nous insistons surtout sur la première de ces races, autrefois si nombreuse et à l'état sauvage dans les plaines de la colonie. Il est à regretter que l'administration, par des encouragements bien entendus, ne parvienne pas à augmenter l'élève de ces animaux. La plaine des Cafres est encore le seul lieu où ces races soient l'objet de soins spéciaux. Un fait remarquable, c'est que les bœufs élevés sur les hauts plateaux de Bourbon refusent toujours de changer de localité, et qu'il est fort difficile de les faire descendre de la plaine des Cafres. Legentil, dans le voyage qu'il fit à Bourbon en 1761, avait déjà fait cette remarque, qu'il est presque impossible de conduire à l'abattoir les bœufs élevés dans les plaines de la colonie.

Puisque nous avons traité ici des diverses races domestiques, disons un mot de la race canine, qui y est représentée à peu près par toutes ses variétés. Un fait assez remarquable à consigner est le suivant : malgré la quantité de chiens disséminés dans toutes les zones de la colonie, il n'y a jamais été constaté aucun cas de rage, et l'hydrophobie est une maladie complétement inconnue à la Réunion.

NOMS PRIMITIFS

DE PLUSIEURS POINTS DE L'ILE.

Saint - Denis...	Cap Bernard	Cap de l'Assomption.
—	Batterie Rouillée........	Batterie de Rouillé.
—	Rivière du Butor........	Rivière des Bitors.
—	Pointe des Jardins.......	Pointe Royale.
—	Ravine à Jacques........	Ravine à Jacquot.
—	Etang des Hauts de la ville.	Etang des Merles.
—	Ruisseau des Noirs......	Ruisseau propre à Moulin.
Sainte-Marie...	Pointe de la rav. des Chèvres	Pointe des Chèvres.
Sainte-Suzanne.	Pointe du Bois rouge....	Pointe française.
—	Etang du Quartier français.	Etang de l'Assomption.
—	Quartier Sainte-Suzanne.	Habitation de l'Assomption.
—	Rivière Sainte-Suzanne..	Rivière de l'Assomption.
—	Pointe du Bel-Air.......	Pointe Beler.
Saint-André....	Pointe de la Ravine Creuse.	Pointe de Parat.
—	Rivière du Mât.........	R. Dumas, du Mas., Mast., Malte, Maltais.
Saint-Benoît ...	Rivière des Marsouins....	Ravine du Marsouin.
Sainte-Rose.....	Le Piton rouge.........	La Montagne rouge.
—	Pointe du Piton rouge....	Pointe de Conty.
—	Pointes des Cascades.....	Pointe des Bambous, cap Rouge.
Saint-Philippe.	Ravine Baril............	Ravine de Barry.
—	Pointe des Sables blancs..	Pointe Delcy.
—	Pointe de la Table.......	Pointe d'Orléans, du Boucan.
—	Pointe de la ravine d'Ango.	Pointe de M. Parat.
Saint-Joseph...	Ravine de la Basse-Vallée.	Rivière Noire.
—	Ravine Vincendo........	Ravine Vincent d'O., Vincent d'eau.
—	Anse de la Basse-Vallée..	Anse à Payet.
—	Rivière de Manapany....	Ravine de Miséricorde.
Saint-Pierre...	Ville de Saint-Pierre.....	Quartier de la rivière d'Abord.
—	Bras de Douane.........	Bras Doine.
Saint-Louis.....	Quartier Saint-Louis.....	Quartier du Gol ou Golfe.
—	Etang du Gol..........	Etang du Golfe.

—	Pointe de l'Etang-Salé...	Pointe des Hauts-Sables.
Saint-Leu......	Le Bourg de Saint-Leu...	Boucan de Laleu, Repos Laleu.
—	Baie de Saint-Leu.......	Baie du Malheur, des Malheureux.
—	Pointe de Saint-Leu......	Pointe de Bretagne.
Saint-Paul	Ravine d'Yvon..........	Ravine d'Hybon.
—	Baie de Saint-Paul.......	Baie du meilleur Ancrage.
—	Ravine des Trois-Bassins.	Ravine des Bassins.
—	Bas d'Houssi............	Bas de Houssi.
—	Pointe des Aigrettes......	Pointe de Berry.
—	Pointe des Galets........	Pointe Dauphine.
—	Rivière des Galets........	R. du Gallet, à Gallet.
—	Cap la Houssaye.........	Pointe de Champagne.
La Possession...	Village de la Possession...	La Possession du Roi.
—	Cap de la Possession.....	Cap Saint-Bernard.

OUVRAGES CONSULTÉS.

Album de l'île de la Réunion. Saint-Denis, 2 vol. in-4°; 1860-62.

Almanach Américain, Africain et Asiatique, Paris, col. In-12. 1783.

Annales maritimes. Notes sur Bourbon, Paris, col. in-8°; 1816-61.

Annuaires de l'île Bourbon. Saint-Denis, in-16, 12, 8°; 1817-62.

Archives de l'île de France. Port-Louis, 5 vol. in-8°; 1816-20.

ARAGO. Biographies. Paris, 1 vol. in-8°; 1827.

BARROS (de), Asia. Lisbonne, 12 vol. in-fol.; 1673.

BILLARD. Voyage aux col. orient. Paris, 1 vol. in-8°; 1829.

BORY DE SAINT-VINCENT. Voyage aux îles d'Afrique. Paris, 4 vol. in-8°; 1804.

BOUVET. Récit des campagnes, Paris, 1 vol. in-8°; 1840.

BRIDET. Ouragans (sur les). Saint-Denis, 1 vol. in-8°; 1861.

BREON. Catalogues de Plantes, Saint-Denis, 2 cah. in-8°; 1828.

BROWN. Lettres édifiantes, Paris, 26 vol. in-12; 1780-83.

BRUNET. Voyage à l'île de France, Paris, 1 vol. in-8°; 1825.

CARPEAU DU SAUSSAY. Voyage, Paris, 1 vol. in-12; 1722.

CAUCHE. Relation de voyage, Paris, 1 vol. in-4°; 1651.

CHALLAYE (de). Sur le travail libre, Paris, broc. in-8°; 1844.

CHATEAUVIEUX (de). Histoire Saint-Leu, Saint-Denis, 1 vol. in-12; 1862.

Codes des Iles Bourbon et de France. Port Louis et Saint-Denis, 1804-61.

DAVELU. Notes historiques, Paris, manuscrit arch. marine.

DE LA HAYE. Journal de voyage, Orléans, 1 vol. in-12; 1698.

DESMOLIÈRES. Météorologie, Saint-Denis, 2 cah. in-8°; 1844.

DILLON. Relation de voyage, Paris, 2 vol. in-12; 1685.

(DUBOIS). D B. Voyage à Madagascar, Paris, 1 vol. in-12; 1674.

DUCHESNE. Plantes utiles, Paris, 1 vol. in-8°; 1836.

DUCROS. Lettres édifiantes, Paris, 26 vol. in-12; 1780-83.

DUPETIT-THOUARS. Histoire naturelle, Paris, 1 vol. in-4°; 1832.

DUQUESNE. Relation, la Haye, 3 vol. in-12; 1721.

FLACOURT (de). Voyage à Madagascar, Paris, 1 vol. in-4°; 1658.

GALLOIS. Les Corsaires français, Paris, 2 vol. in-8°; 1847.

GUENÉE. Suites Buffon, Paris, 3 vol. in-8°; 1852.

GUILLAIN. Voyage à Madagascar, Paris, 1 vol. in-8°; 1845.

GUILLAIN. Voyage à la Côte d'Afrique, Paris, 3 vol. in-8° (1857).

Histoire des voyages, collection. Paris, 64 vol. in-12; 1761.

HERBERT. Voyages, Paris, 1 vol. in-4°; 1743.

IMHAUS. Produc. Nat. de Bourbon, Paris, Rev. Coloniale, 1857-58.

(DUPONT DE NEMOURS?) Notice sur Poivre, Philadelphie, 1 vol. in-8°; 1786.

Journaux et Gazettes de la Colonie. Saint-Denis, Saint-Paul, 1815-61.

LABOURDONNAIS. (Mahé de) Mémoires. Paris, 1 vol. in-8°; 1827.

LACAILLE. Journal de Voyage, Paris, 1 vol. in-12; 1763.

LANCASTEL (de). Statistique, Saint-Denis, 1 vol. in-8°; 1827.

LAROQUE. Voyage dans l'Arabie, Paris, 1 vol. in-12; 1716.

LEGENTIL. Nouveau Voyage, Paris, 3 vol. in-12; 1727.

LEGENTIL. Voyage, Paris, 2 vol. in-4°; 1781.

LEGAT. Voyages et Aventures, Londres, 2 vol. in-12; 1721.

MALAVOIS. Culture de la canne. Paris, 1 vol. in-8°; 1861.

MAUDAVE. Voyages, Paris, manuscrit; 1758.

NANTEUIL (de). Législation de Bourbon, Saint-Denis, 3 vol. in-8°; 1843-61.

Notices officielles sur les Colonies, Paris, 2 vol. in-8°; 1837-38.

PAJOT (Elie). Notice Historique, Paris, Rev. Coloniale; 1846.

PINGRÉ (le P.). Voyages, Paris, manuscrit; 1760-63.

POIVRE. Voyage d'un Philosophe, Paris, 1 vol. in-12; 1794.

RAPHAELIS. Lettres édifiantes, Paris, 26 vol. in-12; 1780-83.

Recueil d'Agriculture, Bulletin du comité. Saint-Denis, Cah. in-8°; 1839-58.

RECUEIL de Voyages; notes sur Bourbon, Rouen, coll. in-12; 1725.

RENNEFORT (Souchu de). Voyage, Paris, 1 vol. in-4°; 1668.

Revue du Monde colonial. Par A. Noirot, Paris, 5 vol. in-8°; 1859-62.

RICHARD (Achille). Plantes de l'Ile de France, Paris, 1 vol. in-4°; 1828.

RICHARD (Claude). Cat. du Jard. Botanique, Saint-Denis, 1 vol. in-8°; 1856.

ROCHON. Voyages, Paris, 1 vol. in-8°; 1791.

SAINT-PIERRE (Bernardin de). Voyage, Amsterdam, 2 vol. in-8°; 1773.

SARAIVA (le cardinal). Indice chronologico. Lisbonne, 1 vol. in-8°; 1849.

SONNERAT. Voyages, Paris, 3 vol. in-8°; 1782.

SOUILLAC (de). Mémoires, Paris, 1 vol. in-4°; 1791.

TEXTOR DE RAVISY. Études sur les Plaines, Saint-Denis, 2 Cah. in-8°; 1850.

THOMAS. Statistique, Paris, 2 vol. in-8°; 1828.

TOMBE. Voyage aux Indes, Paris, 2 vol. in-8°; 1811.

VOIART. Histoire de Bourbon, Saint-Denis, 1 vol. in-8°; 1844.

WIMPFEN. Voyage à Saint-Domingue, Paris, 1 vol. in-8°; 1797.

DOCUMENTS HISTORIQUES

ET RECTIFICATIONS.

En terminant cet ouvrage dont le cadre s'est agrandi pendant le cours de la publication, nous croyons devoir donner, avec divers *Errata*, quelques Notes Historiques complémentaires du travail que nous avions rédigé à Bourbon. Ces notes sont en partie dues à l'obligeance de M. Margry, conservateur des Archives historiques de la Marine, qui a bien voulu mettre à notre disposition les nombreux extraits qu'il a tirés, non-seulement des documents confiés à ses soins, mais encore d'autres sources. Ces extraits sont venus confirmer en grande partie les renseignements que nous tenions de M. Legras, qui lui-même a eu entre les mains une certaine quantité des extraits que M. Margry nous a autorisé à consulter.

Nous devons encore citer ici M. de Froberville qui, tout en s'occupant d'un travail sur Madagascar, a recueilli et mis à notre disposition une foule de matériaux sur Bourbon. Il est à regretter que le cadre de notre ouvrage ne nous permette pas de publier *in extenso* les pièces rares et curieuses que M. de Froberville possède, soit en originaux, soit en copies authentiques.

Nous devons aussi des remercîments à M. Ferdinand Denis, dont les immenses connaissances bibliographiques nous ont été d'un si grand secours, et qui nous a laissé puiser si largement dans sa riche bibliothèque.

Cela dit, nous rentrons dans les données de ce chapitre, en indiquant, par ordre de pagination, les matières qu'il y a lieu d'ajouter au présent travail ou de modifier, suivant les nouvelles indications que nous avons recueillies.

P. 9. *Dernier alinéa.* L'Ile Bourbon fut aussi nommée quelquefois l'*Ile de la Perle*, et, dit Thomas Herbert qui y passait le 5 juillet 1630(?), l'*Ile Pulo Puar.* Il dit aussi qu'ils y déposèrent quelques cochons, boucs et chèvres.

P. 15. 1545. Epoque donnée par, *lisez :* époque donnée à tort par.

P. 16. 1638, *lisez :* **1638 juin.**

P. 17. *Ligne* 2, *ajoutez :* La prise de possession se fit vers le 15 novembre 1649, par Roger le Bourg, capitaine du Saint-Laurent.

P. 17. 1654, 20 septembre. Parti à cette date, *Antoine Thaureau* arriva à Mascareigne le 2 octobre. Lui et ses compagnons s'établirent sur le rivage de la baie de Saint-Paul.

En outre des six Français qui étaient volontairement avec lui, il y en avait un septième que Flacourt désigne sous le nom de *Dian-Marovoulle* que lui donnaient les Malgaches. Il résulte des recherches de M. de Froberville que cet individu que Flacourt déportait parce qu'il avait voulu *livrer sa tête aux chefs Malgaches*, s'appelait Antoine Couillard.

Le 5 juin 1658 les huit Français et les six nègres partirent pour l'Inde sur le *Thomas-Guillaume.*

P. 18. 1667, 24 février, le Cordelier arrivé à cette date s'appelait le père Louis de Matos.

P. 18. 1671, 1ᵉʳ mai. Cette note est prise dans Dubois. Dans la Haye les dates sont un peu différentes ; le *vice-roy* arrive à Saint-Denis le 27 avril, — le 6 mai il prend possession de l'Ile en présence de tous les habitants *qui sont cinquante Français,* — le 12 il défend la chasse.—Enfin, le 17 juin, il part de Saint-Paul pour Madagascar.

Les pays habités étaient à cette époque, Saint-Paul et le beau pays, composé de Saint-Denis, Sainte-Marie et Sainte-Suzanne. Il est dit aussi que Regnaud avait fait cinq fois le tour de l'Ile, mais que personne n'avait encore voulu visiter le volcan.

Jacob de la Haye (est-il dit dans l'Histoire générale des Voyages), qui n'était qu'amiral, se laissait donner et prenait même le titre de vice-roi des Indes.

P. 18. 1673. Seize jeunes filles tirées des hôpitaux de Paris furent envoyées à Bourbon, mais il est presque certain qu'elles n'y sont pas arrivées. Etant en relâche à Madagascar, sur le navire la Dunkerquoise, capitaine Beauregard, la mauvaise mer poussa le navire à la côte où il se brisa le 5 mars 1674, elles furent obligées de rester au fort Dauphin, et subirent toutes les péripéties détaillées dans la note suivante.

P. 18. 1674. Bien que cité par une foule d'auteurs, le fait de l'arrivée à Bourbon des blancs échappés au massacre du fort Dauphin est encore très-douteux. Ce qui est bien certain, c'est que la plus grande partie (300 environ) s'entassa sur le navire le *Blanc Pignon*, déjà infecté de scorbut. La moitié de ces malheureux périt pendant une traversée qui dura sept mois, pour aller du fort Dauphin, à Mozambique, d'où après une relâche de plus de quatre mois, une partie se rembarqua sur le même navire, le 26 juillet 1675, et arriva à Surate le 19 décembre même année.

P. 19. 1674. De la Haye revint à Bourbon le 19 novembre et en repartit le 2 décembre. Quinze à vingt de ses hommes restèrent volontairement à Bourbon.

P. 19. 1689, 18 décembre (*Ordonnance de M. de Vauboulon*). Défense, sous peine de mort, à tous habitants ou autres, de s'absenter du lieu de leur demeure, plus de 15 jours, sans permission écrite.

P. 19. 1690, |20 aoust (*Extrait du journal de l'Ile Bourbon par Firelin*). «Le R. P. Hyacinthe capucin et M. l'abbé (Camenhen) dirent la messe, dont il y eust une négresse qui se maria » avec un des nègres de M. le Gouverneur, laquelle avoit esté con- » damnée d'estre pendue et estranglée, pour avoir esté cause du vol » de vin et eau-de-vie fait par les autres nègres, et avoir mesme vollé » trois pots d'eau-de-vie au maître charpentier d'icy ; mais comme » le dit nègre fut content de l'espouzer il luy sauva la vie. »

P. 20. 1715, 20 septembre. Un document des archives indique à tort le 13 septembre comme date de la deuxième prise de possession de l'Ile de France; cette île ne fut du reste habitée par les Français qu'à partir du 21 décembre 1721.

P. 20. 1718, ou fin de 1717. Café. Un document des Archives de la Marine dit qu'il fut introduit de Moka; qu'on le confia aux soins de Laurent Martin du quartier Saint-Denis, et que cet arbuste produisit des graines en février 1719. C'est donc à tort que dans une lettre rectificative, M. Hubert Montfleury affirme que le café moka fut apporté de France et tiré du Jardin des Plantes de Paris.

M. Davelu dit, dans ses notes sur l'Ile Bourbon, qu'il y avait deux plants dont l'un fut cultivé chez M. Houbert, curé de Sainte-Suzanne, et que les premiers grains s'en vendirent à raison de 16 pour une piastre.

M. Margry nous affirme avoir vu un document prouvant que le café de Moka vint directement de la Mer Rouge en 1715, sur un navire commandé par de la Boissière, le même qui ramena M. Parat en France.

Pour nous, nous avons eu sous les yeux un rapport où il est dit que les habitants de Bourbon, en voyant des branches et des baies de café rapportées en 1715 par un navire venant de la Mer Rouge, reconnurent immédiatement que la même plante existait dans les forêts de l'Ile, et que c'est à la suite de la constatation de ce fait que M. Parat partit sur *l'Auguste*.

Enfin, dans un mémoire sur le café (20 septembre 1718), nous lisons que Justamont écrivait aux directeurs de la Compagnie, le 6 avril 1717, *que de tous les arbres de café, portés de Moka, il n'y a que deux pieds qui aient repris et poussé du bois, que tous les autres sont morts.*

La conclusion de tous ces faits nous paraît être, que les plants du café moka ont été apportés directement de cette localité vers octobre 1715, par le sieur de la Boissière, capitaine du navire *l'Auguste*.

P. 20. 1718, 21 novembre (*Extrait d'un règlement du Conseil provincial*). « Il n'y a plus rien à faire à la rivière des Galets, le bras qui débouchait dans l'étang de Saint-Paul s'étant bouché de lui-même dans le dernier ouragan. »

Ce fait nous paraît intéressant à signaler parce qu'il constate une des nombreuses perturbations des cours d'eau de l'Ile.

P. 21. 1721. FORBANS ET PIRATES. Ces aventuriers paraissent avoir toujours cherché à vivre en bonne intelligence avec les habitants de l'île, près desquels ils venaient se ravitailler, avec l'autorisation des gouverneurs ; on voit même que quelques-uns laissaient leurs enfants à Bourbon pour y être élevés. Ils apparurent dans la mer des Indes dès l'année 1684 et surtout en 1686. Leur quartier général était Madagascar, la plupart étaient Anglais ou Danois.

La Compagnie des Indes adressa des plaintes très-sévères au sujet des rapports qu'on entretenait à Bourbon avec les forbans ; mais cet état de choses dura jusqu'à l'arrivée de M. Parat envoyé en 1710 pour réprimer ces désordres. Cependant on voit encore en 1719 que le capitaine forban White, qui était en relâche à Bourbon, y mourait et y était enterré.

De 1710 à 1720, les Pirates firent peu parler d'eux, mais à cette dernière époque surgirent les Taylor, les Condent, les England et surtout le nommé la Buze, qui réussirent dans les entreprises les plus audacieuses ; entre autres (le 8 avril 1721) dans l'enlèvement du navire et des richesses du comte d'Ericeira, vice-roi de Goa, sur la rade de Saint-Denis. Le vice-roi, un archevêque, plusieurs personnes de distinction et tout l'équipage furent mis à terre moyennant une rançon de 2000 piastres. Ces Portugais repartirent pour l'Europe dans le courant de l'année suivante.

Plus tard, les pirates, suffisamment enrichis, se retirèrent à Madagascar où ils périrent en partie, les uns de maladie, les autres par le poison ou d'autres manières ; le seul qui sut parfaitement se tirer d'affaires, fut Condent, qui s'établit à Sainte-Marie avec d'autres pirates. Il paraît toutefois qu'il reprit la mer, car le 25 novembre 1720, le gouverneur Beauvollier rendit une ordonnance d'amnistie en sa faveur et en celle des 135 forbans formant l'équipage du navire le *Dragon* dont il était capitaine, et les autorisait à rester à Bourbon. On croit même que Condent rentra en France et s'établit négociant à Saint-Malo.

Une autre ordonnance du 26 janvier 1724, rendue par Desforges Boucher, amnistia le forban Cleyton et l'équipage de son bateau ; enfin on voit encore dans quelques pièces officielles, des traces d'une amnistie accordée le 4 novembre 1724 à quelques autres pirates.

Ajoutons qu'en 1730 le sieur l'Hermitte, capitaine du vaisseau *la Méduse*, prit à Madagascar le fameux forban Olivier Levasseur, dit la Buze, natif de Calais, celui qui avait pris en rade de Saint-Denis le vaisseau du vice-roi de Goa.

Le Conseil supérieur de Bourbon fit le procès dudit forban, qui fut pendu le 17 juillet.

P. 21. 1728. C'est vers cette année, sous M. Dumas, que la Compagnie envoya cent hommes de troupes pour faire le service.

P. 21. 1729, Juin. *Épidémie.* M. Davelu, ancien curé de Saint-Paul, dit dans ses notes sur Bourbon, que cette épidémie était causée par la variole apportée par une traite d'Indiens. Il dit que la maladie sévit principalement à Saint-Paul, et y fit périr 1500 personnes.

P. 22. 1735. Avant les chemins dont il est parlé à cette date on avait commencé, le 7 juin 1728, un sentier entre Saint-Paul et la rivière d'Abord. Ce sentier fut exécuté au moyen de journées de réquisition. Ajoutons, d'après l'abbé Davelu, que le chemin de la Plaine fut ouvert et balisé dans le commencement de l'année 1752.

P. 22. 1752, 4 janvier. Pose de la première pierre d'un bâtiment destiné à servir de collége.

P. 24. 1767, 5 novembre. Une lettre de *de Bellecombe* dit le 4 novembre.

P. 25. 1769. Et d'autres travaux — *lisez* : et édifier d'autres travaux.

P. 26. 1776. Chartres coloniales — *lisez* : chartes coloniales.

P. 38. Ligne 2 *ajoutez* : c'est vers le commencement de 1669 que REGNAULT transporta son habitation à Saint-Denis.

P. 38. DE LA HEURE s'était fait détester par ses violences.

P. 38. D'ORGERET avait fait oublier les violences de son prédécesseur ; il fut très-regretté des colons.

P. 38. BERNARDIN DE QUIMPER. L'Isle Bourbon est entièrement changée depuis le départ du défunt Bernardin et l'eschouement (*pendant le gouvernement de Drouillard*) d'un grand navire portugais, appelé le Saint-François-Xavier, où il y avait 200 hommes d'équipage, qui pendant deux ans qu'ils y ont esté, ont tout détruit ; en sorte que tout y est rare et qu'il faut aller loin pour trouver quelque chose. (*Extrait des mémoires de Houssaye.*)

Ces Portugais échoués à Bourbon, le 1er avril 1687, y commirent de grands désordres, ils se rembarquèrent pour Goa vers mars ou avril 1689? sur le navire *le Louré*, capitaine Mosnier, qui trouva l'île Bourbon sans commandant?

P. 38. DROUILLARD. Son élection eut lieu le 23 novembre 1686; il la fit renouveler le 15 mars suivant. Peut-être ne resta-t-il pas jusqu'au 10 décembre 1689? Ce doute résulte non-seulement de la note précédente, mais encore d'autres documents d'où il ressort qu'un sieur de CHAUVIGNY aurait fait un intérim avant l'arrivée de Vauboulon.

P. 38. DE VAUBOULON serait arrivé, au dire de M. Margry, le 5 décembre au lieu du 11.

P. 38. 1690, 14 septembre. Le sieur de CHAUVIGNY quitte la colonie, ainsi qu'il résulte des extraits suivants.

(*Mémoire de Houssaye, capitaine du vaisseau* les Jeux).

« Il (*de Chauvigny*) me demanda si je ne pourrois pas passer dans
» mon bord un honeste homme pour retourner en France, qui pût éclai-
» rer Messieurs de la Compagnie de tout ce qui se passoit dans l'Ile....
» Il me dit que la Compagnie estoit volée...... par ordre du Gouver-
» neur..... que les habitans estoient réduits à un estat si pitoyable
» qu'ils gémissoient tous les jours en attendant d'envoyer leurs
» plaintes; et me dit que le *R. P. Hyacinthe* m'informeroit de tout
» plus particulièrement, ce que j'ay fait et trouvé très-véritable.... »

Enfin le sieur de Chauvigny n'ayant fait voir le désespoir où estoit tous les habitans, et si grand, qu'ils avoient pris résolution de lier et garotter le dit Gouverneur, et de m'en charger avec leurs raisons pour le repasser en France, et de restablir le sieur de Chauvigny pour leur Gouverneur, et que la proposition lui en avoit esté faite non-seulement par les pauvres habitans, mais mesme par le R. P. Hyacinthe...... ce que j'ay trouvé très vray de l'aveu mesme du R. P. Hyacinthe......

De manière, pour conclusion, que j'ay jugé à propos de donner passage au dit sieur de Chauvigny...... pour vous donner une entière lumière de toutes choses ainsy que les lettres du R. P. Hyacinthe qui vous confirmeront toutes ces vérités. »

P. 39. MICHEL FIRELIN. En 1696, le sieur Lemayeur ou Lemayer, capitaine *du Florissant*, ramenait en France le garde-magasin

22

Firelin, pour y rendre compte de l'arrestation de Vauboulon. Ledit sieur Lemayeur et le sieur de Serquigny avaient installé à Bourbon un commandant provisoire. Probablement *Joseph Bastide*.

P. 39. DE PRADES. M. Davelu dit que les habitans *assistés du père Hyacinthe* arrêtèrent DE VAUBOULON et le mirent en prison où il mourut.

Nous avons vu dans les archives de la colonie, qu'ensuite ce fut FIRELIN qui gouverna et qu'il était encore en fonctions le 11 août 1693 ; mais il restait dans nos notes une lacune entre cette époque et l'installation de BASTIDE. Les papiers que nous avons trouvés dans les archives de la marine, viennent lever le voile qui couvrait cette époque de l'histoire de la colonie ; elle fut alors administrée par six habitants prenant pour titre les SIX ÉLUS DE SAINT-PAUL. Ce sont les nommés ATHANASE TOUCHARD, LOUIS CARRON, RENÉ HOARREAU, FRANÇOIS MUSSARD, LEZIN ROUILLARD et ANTOINE PAYET.

Quant à DE PRADES c'était le commandant d'un des navires de la Compagnie qui ne fit que passer à Bourbon et qui installa peut-être ou signa seulement avec les six élus, le règlement sur la chasse en date du 3 décembre 1694.

Les élus signèrent seuls d'autres règlements, entre autres celui du 29 août 1695 où ils s'appuient sur les décisions de M. de Prades et celui du 23 janvier 1696 qui ne permet de chasser que deux jours par semaine, le vendredi et le samedi.

Cet état de choses cessa le 1er août 1696, à l'arrivée de M. DE SER-QUIGNY, qui fit faire à cette époque un recensement de la population, reçu à Saint-Paul par M. LE MAY, directeur pour la royale Compagnie. M. de Serquigny paraît n'avoir fait que passer à Bourbon ; M. l'abbé Davelu dit que c'était le commandant d'un des navires de la Compagnie, mais il paraît avoir eu ou pris des pouvoirs étendus.

P. 39. DE VILLIERS. C'est en 1703 sous ce gouverneur que le Cardinal Légat *Thomas* MAILLARD DE TOURNON passa à Bourbon.

P. 39. 1709, 5 août. *Lisez :* **5 mars. (Ar.)**

P. 39. 1709, 10 septembre. *Lisez :* **7 mars. (Ar.)**

P. 40. J. BEAUVOLLIER signait à Bourbon le 21 novembre 1718 (Ar.), et M. Margry dit dans ses notes qu'il y était déjà en juillet.

P. 40. 1739, 28 septembre. *Lisez :* **30 septembre. (Ar.)**

P. 41. 1747, 15 avril. *Lisez :* **14 avril.** (**Ar.**)

P. 41. DESFORGES BOUCHER, dit Davelu, avait bâti le *château du Gol* en 1748, sur un vaste terrain que son père s'était concédé dans ce quartier.

P. 42. JOSEPH BRENIER fut installé le 6 septembre, par M. David, gouverneur général des deux îles, venu exprès de l'Ile de France et qui arriva à Bourbon immédiatement après la mort de de Ballade.

P. 42. 1752, 15 décembre. *Lisez :* **14 décembre.** (**Ar.**)

P. 42. 1757, 8 juillet. Brouvet s'absenta seulement le 12; il partit avec l'escadre de la mer des Indes dont il avait pris le commandement.

P. 42. 1757, 27 juillet. *Lisez :* **12 juillet.**

P. 42. de BELLECOMBE s'absenta en septembre 1769, et ce fut M. de Crémont qui fit l'intérim.

P. 43. 1772, septembre. MM. de Bellecombe et de Crémont partirent pour Maurice à cette époque, ainsi qu'il résulte d'une lettre de M. de Crémont (Ar.). Ce voyage explique l'intérim de Savournin.

P. 43. DE SOUILLAC nommé gouverneur général des deux îles partit pour l'Ile de France, où il fut reconnu le 23 avril 1779.

P. 43. 1779, 8 juillet. *Lisez :* **25 mai,** date de la prestation de serment du commandant **DE SAINT-MAURICE** en séance du conseil à Saint-Denis.

P. 44. 1792, 17 novembre. *Lisez :* **1792. octobre.** (*Tombe.*)

P. 44. 1795, novembre. *Lisez :* **2 novembre.**

P. 66. *lig.* 16. Concédés. *Lisez :* concédées.

P. 68. *lig.* 6. Brulu. *Lisez :* Brulé.

P. 73. *lig.* 16. Rendant. *Lisez :* rendent.

P. 78. *Moyenne annuelle des pluies à Saint-Denis,* 685-2. *Lisez :* 1685-2.

P. 84. Tremblements de terre. M. Davelu dans ses notes sur Bourbon dit qu'il y eut un violent tremblement de terre en 1704 et un autre le 26 avril 1751 ; on ressentit trois secousses; l'église de Saint-André en fut endommagée.

Les annales maritimes en citent aussi un du 15 février 1820.

P. 90. A la liste des coups de vent il y a lieu d'ajouter les suivants :

Fin Décembre	1654	4 Mars	1731
1er Janvier	1657	4 Avril	1737
Avril	1658	16 Mai	1778
Premiers mois de	1730	14 Janvier	1779

P. 111. *ligne* 16. Teintées. *Lisez :* teintés, *lignes* 31 *et* 32. Ravine à Jacques *pour* grande Ravine *et réciproquement.*

P. 125. *Ajoutez :* à son retour en France, en 1716, DE PARAT affirmait qu'il y avait des pierres dorées et des mines à Bourbon. Le gouverneur DESFORGES BOUCHER reçut ordre de vérifier ces faits.

P. 132. 1821. — Laves arrivant à la mer, cendres. Vers 10 heures du matin, le 29 février, dit une relation, on entendit comme un coup de tonnerre, à la suite duquel le cratère vomit une colonne de feu et de fumée ; dans la nuit suivante, il en sortit trois rivières de lave, dont une traversa la route le 9 mars, et arriva à la mer le même jour. Le 1er avril, il y eut une éruption de fumée très-intense.

P. 135. *lig.* 19. DE LA SALAZIE. *Lisez :* de Salazie.

P. 137. *lig.* 2. Elle est. *Lisez :* cette source est.

P. 140. *lig.* 2. Ses climats secs. *Lisez :* ses localités sèches.

P. 143. *lig.* 21. Boraginées. *Lisez :* borraginées.

P. 144. *lig.* 30. Bois du bassin. *Lisez :* bois de bassin.

P. 145. *lig.* 12. Panicula. *Lisez :* Paniculata.

P. 150. LE MARTIN, dit M. Davelu, fut introduit par ordre de M. Dumas en 1755. Il y a probablement là une erreur. Peut-être est-ce Poivre qui l'apporta, à cette époque, étant simple voyageur. En tout cas, il faut modifier à notre page 150, ou la date de 1765, ou le nom de Poivre, qui alors était en France.

P. 151. CAFÉ. Modifier les dates d'introduction conformément à la note rectificative de la **P. 20.** CAFÉ.

P. 164. POISSONS. Aux nouvelles lunes de chaque mois, une infinité de très-jeunes individus de la famille des *Gobioïdes* remontent par l'embouchure des rivières. On les pêche avec des nasses très-serrées (*vouves*), ou simplement avec un morceau d'étoffe. Ils se vendent en très-grande quantité sous le nom de *Bichiques*, et servent de nourriture à la classe pauvre, sans toutefois être dédaignés par·celle plus aisée.

P. 176. *lig.* 6 *et* 7. Les deux *Heteropsammia* cités sont de petits madrépores roulant sur le sable du fond de la mer dans les rades de Bourbon ; ils sont entés sur la coquille d'un mollusque (*Cryptobia*), qui sera décrit dans l'annexe E. Nous pensons que c'est faute de renseignements suffisants que les auteurs ont fait deux espèces de ces Heteroptammia. Nous en possédons une collection assez complète où se trouvent tous les passages de l'une à l'autre.

Il y a lieu d'ajouter à notre liste, après ces deux madrépores, les suivants, au sujet desquels on peut faire la même observation. *Heterocyathus œquicostatus*, M. Edw. et J. H. *Stephanoseris Rousseaui*, M. Edw. et J. H.

Ces deux espèces, qu'il faut réunir en une seule, sont aussi implantées sur un Cryptobia un peu différent de celui cité ci-dessus.

P. 195. *lig.* 22. Végète, *lisez* souffre.

P. 199. *lig.* 15, et avaient, *lisez* et qu'ils avaient.

P. 202. Framboise. Celle citée ici est cultivée dans quelques jardins. La framboise de Bourbon est une ronce à fruits roses (*Rubus rosœfolius*, Bory. *R. Borbonicus* D. C.). On cultive aussi l'espèce à fruit blanc (*R. albus*, Aiton.).

P. 203. *lig.* 24. Vaugueria, *lisez* Vangueria.

P. 204. Morelle. Cette plante, cuite à l'eau avec quelques condiments, est ce que les créoles nomment *Brédes*, la Bréde par excellence ; ce nom étant aussi donné à d'autres plantes cuites, le cresson, les cœurs de citrouille, etc., etc.

P. 227. — *Ajoutez* : Dans un long mémoire adressé à M. de Montaran, directeur de la Compagnie des Indes, M. Delanux proposait d'élever des vers à soie à Bourbon ; il entrait dans de longs détails sur la facilité que rencontrerait cette industrie, à laquelle le climat et le sol de l'île offraient toutes les garanties de réussite.

P. 228. Tacamahaca blanc,	Calophyllum,
Lisez : Tacamaca blanc.	Calophyllum tacamahaca.

P. 274, *dernier alinéa.* Le massif ou culée en maçonnerie du pont de débarquement, dit Pont du Roi ou Pont Labourdonnais, qui existe devant l'hôtel du Gouvernement, a été construit, en 1768, par MM. de Bellecombe et de Crémont, pour remplacer, disent ces administrateurs, le pont en bois exécuté par Labourdonnais, pont que les ouragans enlèvent souvent, et qui nécessite de constantes réparations.

P. 303. Biographie. M. Margry nous a fait remarquer que BERTIN pourrait bien être né à Maurice, où son père, François-Jacques, était employé de la Compagnie, et se mariait le 29 juillet 1743, avec Françoise-Christine Mathieu de Saint-Remy de Merville. Ce qu'il y a de certain, c'est qu'il nous a été impossible de retrouver son acte de naissance sur aucun des registres de baptême de Bourbon, tandis que nous avons trouvé ceux de ses frères et sœurs sur les registres de Port-Louis ; savoir : François Bertin, 17 janvier 1745, — André, 3 juillet 1747, — Jeanne-Louise, 7 septembre 1749, — et Louise, 1ᵉʳ juin 1751. Malheureusement, le registre des baptêmes de Port-Louis pour l'année 1752 manque aux archives de la marine, ce qui nous a empêché de vider définitivement cette question.

Nous devons ajouter que, vers cette époque, François-Jacques Bertin vint habiter l'île Bourbon, dont il fut plus tard commandant, puis gouverneur (de 1763 à 1767). On voit même, dans les pièces officielles qu'il y était employé de la Compagnie en janvier 1754.

Continuant nos recherches sur le pays que nous avons essayé de faire connaître, il vient d'en résulter qu'au moment de donner le bon à tirer de cette dernière feuille, nous avons trouvé à la bibliothèque impériale un document fort intéressant, d'où il ressort que *les Iles Mascareignes* étaient connues des habitants de la côte d'Afrique à l'époque où les Européens doublèrent le cap de Bonne-Espérance; car, quand même les noms donnés à cette époque aux trois Iles de ce groupe n'en seraient pas une preuve suffisante, il est bien connu des historiens, qu'à la date de 1508, date où fut revendiqué le document que nous venons de consulter, les navigateurs européens n'avaient encore parcouru que la côte orientale d'Afrique en passant par le canal de Mozambique, et n'avaient même probablement pas fait le tour de Madagascar. Les géographes des premières années du 16e siècle n'ont pu figurer les Iles qui nous occupent qu'en les prenant sur des cartes arabes, ou en les traçant sur les leurs d'après le dire des navigateurs de cette race, qu'ils déclarent avoir souvent rencontrés en mer et auprès desquels ils ont souvent pris des renseignements très-importants.

Ce qu'il y a de certain c'est qu'en 1508 le géographe de Ruych traçait une mappemonde sur laquelle MADAGASCAR porte le nom d'*Ile Camorocada;* BOURBON, celui de *Marganbyn;* MAURICE, celui de *Dinarobin*, et RODRIGUES celui de *Dinanoroa*, et que ces trois dernières îles sont même placées avec plus d'exactitude que sur d'autres cartes dressées après les prétendues découvertes des navigateurs européens. Ainsi se trouve confirmée la supposition que nous avons émise dans le deuxième paragraphe de la page 9 de ces notes.

Nos recherches nous ont aussi confirmé dans ce que nous avons dit du nom de *Sainte-Appollonia*; en effet, sur la mappemonde dressée par Sébastien Cabot, pilote major de Charles-Quint, dans la première moitié du seizième siècle, BOURBON porte le nom de *Santa Polonia* et celui de *Mascaregnas*.

Sur la mappemonde de Gérard Mercator (Duisbourg, 1569), BOURBON est encore appelé *Sainte-Apollonia*, et MAURICE, *Mascarenas*.

Dans la Géographie d'Ortelius (Anvers, 1670), BOURBON porte toujours le nom de *Sainte-Appollonia* et MAURICE celui de *Mascarenas*.

Enfin, dans l'édition de Mercator, publiée par Hondius, BOURBON est représenté par deux îles portant les noms d'*Apollonia* et *Mascarhenas*; MAURICE y porte les trois noms de *Domingos*, *Sirné* et *Mauritii*, RODRIGUES celui de *Diego Roïs*.

Sur presque toutes les cartes citées ci-dessus et sur une grande partie de celles de la même époque, on voit figurer au sud du groupe des Mascareignes et par le travers du cap Sainte-Marie, une île qui porte le nom de Saint-Jean de Lisboa; or, il résulterait d'une carte manuscrite italienne du commencement du 16e siècle, qui est conservée à la Bibliothèque Impériale, que ce nom a été donné à l'ILE BOURBON; car, sur ladite carte elle est nommée *Ile di ioan di lisboa padro*; MADAGASCAR y étant désigné sous celui de *Ile Sancti lavrentii;* MAURICE sous celui de *Ile che de discobrio il fra dil piloto*, et RODRIGUES, sous celui de I. Dinazari.

L'île que les cartes du 15e siècle désignent sous le nom de Saint-Jean de Lisboa, n'est donc probablement autre que Bourbon, placé dans une fausse position géographique, et faisant ainsi double emploi avec l'île réelle placée elle-même avec plus ou moins d'exactitude et souvent figurée en double, comme dans la géographie de Mercator. On voit même des cartes où le groupe des Mascareignes est représenté par cinq, six et même sept îles, non compris les îlots du coin de Mire de l'île Plate et de l'île Ronde, qui y sont figurés autour de l'île destinée à représenter Maurice.

FIN DE LA PREMIÈRE PARTIE DE CET OUVRAGE.

www.ingramcontent.com/pod-product-compliance
Lightning Source LLC
Chambersburg PA
CBHW060136200326
41518CB00008B/1054